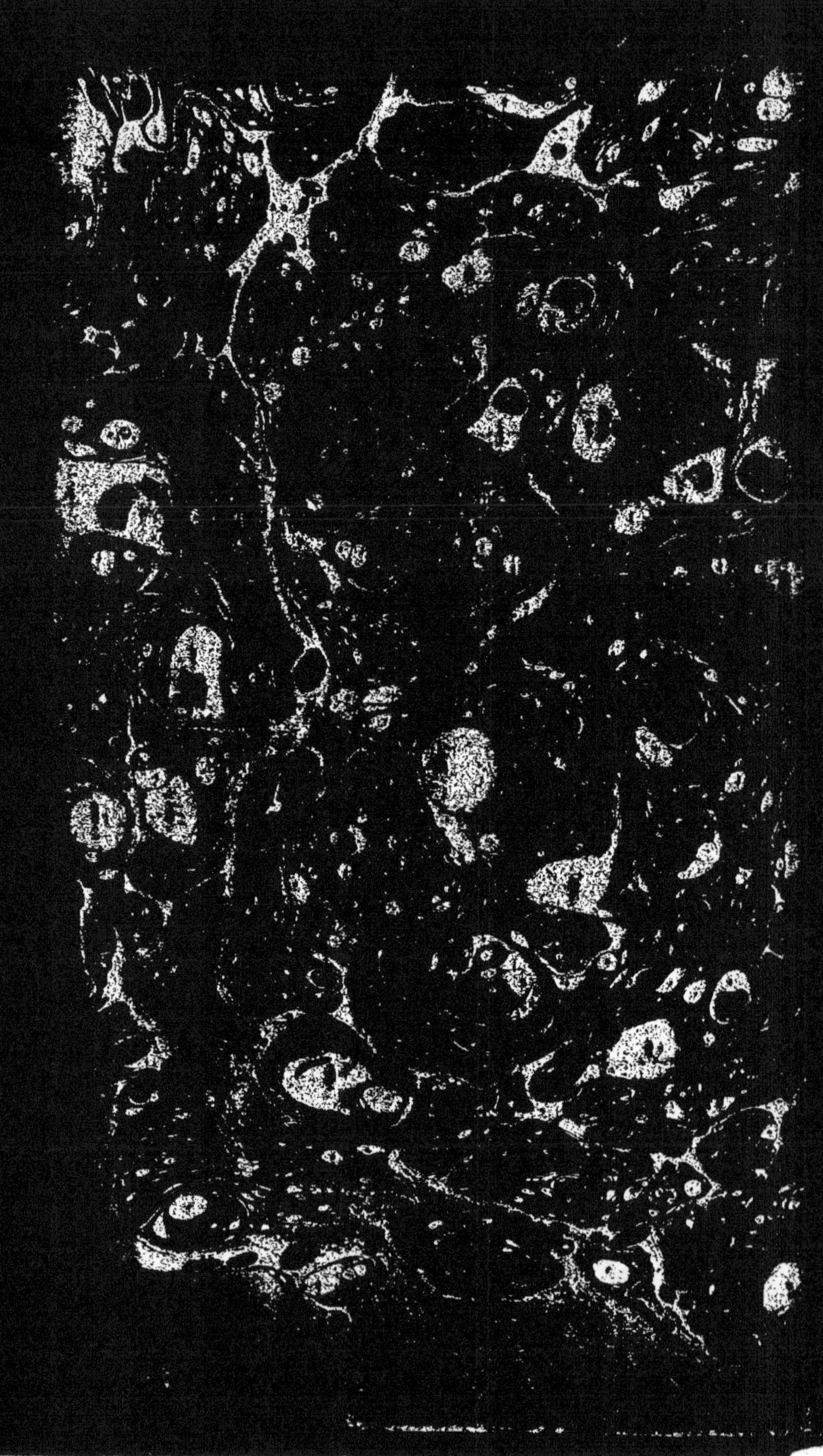

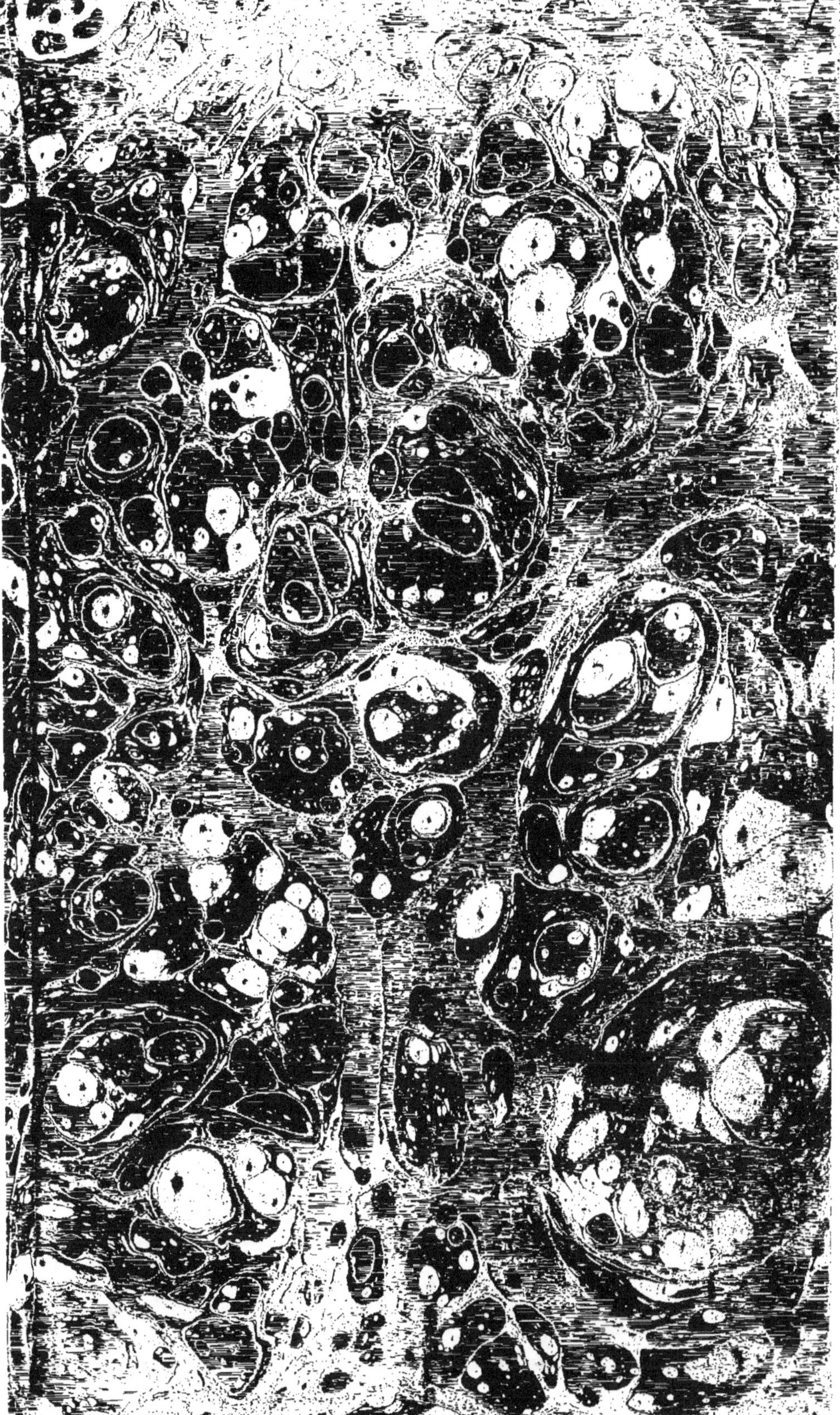

ÉLÉMENS

D'HISTOIRE NATURELLE

ET

DE CHIMIE.

TOME SECOND.

ÉLÉMENS

D'HISTOIRE NATURELLE

ET

DE CHIMIE,

TROISIÈME ÉDITION;

PAR M. DE FOURCROY, *Docteur en Médecine de la Faculté de Paris, de l'Académie Royale des Sciences, de la Société Royale de Médecine, de la Société Royale d'Agriculture, Professeur de Chimie au Jardin du Roi.*

TOME SECOND.

A PARIS,

Chez CUCHET, Libraire, rue & hôtel Serpente.

M. DCC. LXXXIX.

Sous le Privilège de l'Académie Royale des Sciences.

ÉLÉMENS

D'HISTOIRE NATURELLE

ET

DE CHIMIE.

Suite de la seconde Section de la Minéralogie ou de l'histoire des matières salines (1).

CHAPITRE V.

Ordre II. *Sels secondaires ou neutres.*

Nous comprenons sous le nom de sels secondaires, toutes les matières qui sont composées de deux substances salines primitives com-

---

(1) Il faut se rappeler que cet Ouvrage est divisé en quatre Parties. La première, traitée dans le premier volume, comprend dans huit Chapitres les généralités de la Chimie.

Tome II.   A

binées ensemble. Ces sels ont été nommés neutres, parce qu'ils n'ont point les caractères des sels primitifs; c'est-à-dire qu'ils ne sont en général ni acides ni alkalins. Cependant il en est plusieurs, comme le borax, la craie & les alkalis unis à l'acide carbonique, qui jouissent de quelques-unes des propriétés des sels primitifs, mais dans un degré beaucoup moins marqué qu'eux. Ces sels secondaires n'ont point une saveur aussi forte que la plupart des sels primitifs; leur tendance à la combinaison & leur dissolubilité sont moins considérables; mais ce qui les distingue sur-tout des premiers, c'est qu'ils ne peuvent point communiquer les propriétés salines à d'autres corps comme les sels primitifs; leur forme cristalline constante est encore un caractère marqué dont l'étude appartient au naturaliste & qui quelquefois indique leur nature,

---

La seconde renferme le règne minéral ou la minéralogie; la troisième contient l'histoire chimique des végétaux, & la quatrième celle des substances animales.

La minéralogie a été partagée en trois Sections. La première, contenue dans le premier volume, expose dans quatre Chapitres les caractères physiques & chimiques des terres & des pierres. La seconde Section est destinée aux matières salines; ce volume commence par un des Chapitres de cette seconde Section.

quoiqu'elle foit fouvent capable d'induire en erreur.

On appelle ordinairement bafe, la matière la plus fixe qui entre dans la compofition des fels neutres. Comme cette bafe, qui quelquefois eft volatile, donne plufieurs caractères généraux affez conftans aux diverfes combinaifons qu'elle forme avec les acides, nous prendrons le nom de la bafe pour diftinguer les genres que nous établirons dans les fels fecondaires. Nous diviferons donc ces fels en autant de genres qu'il y a de bafes falines ou alkalines qui peuvent être unies aux acides.

Le premier genre comprendra ceux qui font formés par l'union des deux alkalis fixes avec les acides ; nous les appelerons *fels neutres parfaits*, parce que leur union eft très-intime.

Le deuxième genre renfermera ceux qui font compofés par l'alkali volatil ou l'ammoniaque combiné avec les acides. Ils feront défignés fous le nom *de fels ammoniacaux*, d'après le nom de leur bafe adopté par les modernes. On pourroit auffi les connoître fous celui de fels imparfaits, parce qu'ils font beaucoup plus décompofables que les premiers.

Dans le troifième genre nous rangerons les fels neutres dont la chaux eft la bafe. Ils font en général moins parfaits que ceux du fecond genre, quoique la chaux ait plus d'affinité avec les acides que n'en a l'ammoniaque, comme les détails le feront voir. Ces sels auront le titre de *sels neutres calcaires*.

La magnésie combinée avec les divers acides, constituera le quatrième genre des sels neutres. Ces sels font plus décomposables que les précédens, parce que la chaux & les alkalis ont plus d'affinité avec les acides que n'en a la magnésie. Ils retiendront le nom de *sels neutres magnésiens* ou *à base de magnésie*.

Le cinquième genre sera destiné à ceux qui ont la terre argileuse pure on l'alumine pour base. Comme l'alun est la principale de ces combinaisons, on leur a donné le nom générique de *sels alumineux*. Les alkalis, la chaux & la magnésie décomposent en général les sels neutres alumineux.

Enfin dans le sixième genre nous placerons les sels neutres à base de baryte ou terre pesante. Ces sels ainsi que la plupart de ceux des deux genres précédens, ne font que très-peu connus. On les appelle *sels barytiques*.

On conçoit que ces différentes bases combinées avec les acides dont nous avons examiné les propriétés doivent donner un grand nombre de sels neutres, & que ce nombre peut même aller beaucoup au-delà, si l'on admet avec Bergman, pour des composés particuliers, ceux qui résultent de l'union de ces mêmes bases avec les acides qu'il appelle *phlogistiqués*, & qui font privés d'une partie de leur oxigène suivant la doctrine moderne. Mais ces derniers n'étant que des modifications peu durables, qui s'altèrent par le contact de l'air, & qui passent assez promptement à l'état des véritables sels neutres, nous croyons ne pas devoir multiplier ces substances dont le nombre n'est déjà que trop considérable; & nous nous proposons d'indiquer les différences que présentent ces sels suivant l'état de leurs acides. Nous observons encore que les bases alkalines dont nous venons de faire l'énumération combinées avec l'eau régale, donnant des sels nitreux & muriatiques mélangés qu'on peut obtenir isolés & qui font parfaitement semblables à ceux que forment ces deux acides séparés, nous ne parlerons que des combinaisons de ces mêmes bases avec les acides simples. Comme nous n'avons encore examiné que les six principaux acides, nous ne traiterons que des combinaisons salines neutres de ceux-ci.

Quant au rang & à la disposition des différentes sortes de sels neutres, nous avons cru devoir suivre l'ordre de la force d'attraction des acides : ainsi dans tous les genres nous commencerons par les fels fulfatiques, & nous pafferons de fuite aux fels nitriques, aux muriatiques, à ceux dans lefquels entre l'acide boracique, puis à ceux qui font formés par l'acide fluorique ; & enfin nous terminerons ces détails par les fels qui contiennent l'acide carbonique, parce que cet acide eft le plus foible de tous.

Nous adopterons pour défigner tous ces fels les noms compofés des acides & des bafes, afin que cette nomenclature exprime la nature de chacun, & qu'il ne puiffe plus y avoir d'erreur fur ce point ; nous aurons foin d'y joindre une fynonimie pour faire connoître les différens noms que chaque fel neutre a reçus à diverfes époques.

Genre I. *Sels neutres parfaits, ou à base d'alkalis fixes.*

Sorte I. Sulfate de potasse.

Le fulfate de potaffe qui a été nommé *tartre vitriolé, fel de duobus, fel polychrefte, arcanum duplicatum*, eft un fel neutre parfait, réfultant de la combinaifon de l'acide fulfurique avec la potaffe, comme ? nom adopté l'indique. Il n'exifte que très-rarement dans le règne minéral ; quelques végétaux en contiennent une petite quantité.

Ce sel est communément sous la forme d'un corps transparent, plus ou moins blanc & régulier. Ses cristaux varient suivant les circonstances de sa cristallisation. Quand elle a été faite en petit & avec lenteur, elle donne des pyramides transparentes à six pans, taillées à-peu-près comme des pointes de diamans en roses, ou plus rarement des prismes à six faces terminés par une ou par deux pyramides hexaèdres, à-peu-près comme le cristal de roche. Mais si l'évaporation a été très-prompte, tous les cristaux s'agglutinent & se confondent sous la forme d'une croûte solide, dont la surface est hérissée de pointes ou de pyramides irrégulières ; tel est celui du commerce. Enfin, lorsque pour avoir des cristaux très-réguliers de ce sel, on expose sa dissolution à évaporation lente & spontanée, opérée par la chaleur de l'atmosphère, on obtient souvent des solides à douze faces, formés par deux pyramides hexaèdres, réunies à leur base, & quelquefois séparées par un commencement de prisme à six pans. Il est vrai que ces derniers cristaux sont ordinairement sales, & n'ont jamais la blancheur ni la transparence de ceux qu'on obtient par la première évaporation. Mais c'est une difficulté qui existe dans la plupart des sels neutres. Ils sont presque toujours blancs aux dépens de la forme, ou réguliers aux dépens de la transparence.

Le sulfate de potasse a une saveur amère, assez désagréable ; il n'éprouve que peu d'altération de la part du feu. Lorsqu'on l'expose sur des charbons ardens, il se brise avec bruit en un grand nombre de petits fragmens ; ce phénomène, qu'on appelle décrépitation, dépend de la raréfaction subite de l'eau de sa cristallisation. Lorsque le sulfate de potasse a décrépité, il n'a rien perdu de ses propriétés essentielles. Si on l'expose dans un creuset à l'action du feu, il décrépite également, & devient sec, friable & même pulvérulent en perdant l'eau de sa cristallisation ; il rougit avant de se fondre ; il lui faut même un feu assez violent pour entrer en fusion ; exposé au froid lorsqu'il est fondu, il se prend en une masse opaque, friable, dissoluble, qui n'a éprouvé aucune altération dans ses principes, puisqu'on peut lui rendre sa forme transparente & cristalline en le dissolvant de nouveau dans l'eau. Tenu en fusion dans un vaisseau ouvert, il se volatilise, mais toujours sans se décomposer.

Le sulfate de potasse n'éprouve aucune altération à l'air ; il reste dans son état cristallin sans rien perdre, ni de sa forme, ni de sa transparence. Il est peu dissoluble dans l'eau, mais cependant dans des degrés très-différens, suivant la température de ce fluide. Suivant Spielman, il faut environ dix-huit parties d'eau froide pour dissoudre une partie de ce sel neutre; lorsqu'elle est bouillante elle paroît en dissoudre presque le quart de son poids, puisque M. Baumé assure que quatre onces d'eau bouillante dissolvent sept gros quarante-huit grains de sulfate de potasse. Il se cristallise en partie par refroidissement, & plus encore par évaporation; il ne retient que peu d'eau dans ses cristaux; c'est ce qui fait qu'il ne change point d'état lorsqu'on l'expose à l'air.

Le sulfate de potasse n'a point d'action sur les terres simples. On a observé que celui qui est par hasard uni aux sels fondans, dont on se sert pour faire le verre, se retrouve dans les scories, & on le retire en assez grande quantité du fiel de verre.

La baryte ou terre pesante décompose le sulfate de potasse suivant Bergman, parce qu'elle a plus d'affinité avec l'acide sulfurique que n'en a la potasse. Si l'on verse une dissolution de cette terre dans une dissolution de ce sel, il se forme un précipité de sulfate barytique ou *spath pesant* tout-à-fait insoluble, & dont nous examinerons plus bas les propriétés. La potasse reſte pure & cauſtique en diſſolution dans la liqueur.

La chaux & la magnéſie n'ont aucune action ſur le ſulfate de potaſſe, mais pluſieurs acides en ont une très-marquée ſur ce ſel. Rouelle a découvert qu'il étoit poſſible de combiner avec ce ſel une plus grande quantité d'acide ſulfurique, que celle qu'il contient naturellement. Son procédé conſiſtoit à diſtiller de l'acide ſulfurique concentré ſur le ſulfate de potaſſe ; ce dernier reſte impregné d'acide, & acquiert des propriétés nouvelles ; celles de rougir la teinture de violettes, d'être plus diſſoluble dans l'eau, d'avoir une ſaveur aigre, & de faire efferveſcence avec les alkalis ſaturés d'acide carbonique, même après avoir été diſſous & criſtalliſé. M. Baumé a ſoutenu que cet acide n'étoit point réellement combiné, & qu'on pouvoit l'enlever au ſel neutre en le faiſant ſimplement égoûter ſur du papier gris ou ſur le ſable. Cependant Macquer remarque que l'acide ſulfurique adhère avec une force aſſez conſidérable au ſulfate de potaſſe, & croit que cette adhérence eſt due à une affinité particulière de ces deux ſubſtances, puiſque ſuivant lui l'action du feu & celle de l'eau ne peuvent la détruire. J'ai fait pluſieurs fois cette combinaiſon d'acide ſulfurique concentré & de ſulfate de potaſſe à la manière de

Rouelle ; c'est-à-dire, par la distillation dans des cornues de verre , & j'ai observé des phénomènes dont on n'a pas fait assez mention dans la discussion savante qui s'est élevée sur cet objet. Le sulfate de potasse s'est fondu en une espèce de verre ou d'émail blanc opaque, d'une saveur fort acide ; mais cette fritte vitreuse n'a point attiré l'humidité de l'air , elle s'est au contraire comme effleurie , lorsque l'acide ne faisoit que le quart du poids total ; il y a donc, comme l'a pensé Macquer , une adhérence assez forte entre ce sel neutre & l'acide ; & cette adhérence est due sans doute à une combinaison particulière.

M. Baumé a observé que le sulfate de potasse éprouvoit une altération très-marquée de la part de l'acide nitreux. Si l'on fait bouillir de l'eau forte sur ce sel , l'acide nitreux s'empare d'une partie de la potasse & en dégage l'acide sulfurique ; en laissant refroidir ce mélange , il se cristallise du véritable nitre. On avoit cru d'abord que cette décomposition ne s'opéroit qu'à l'aide de la chaleur ; mais l'esprit de nitre fumant versé sur du sulfate de potasse en poudre, dépose des cristaux de nitre au bout de plusieurs heures. On avoit aussi avancé que le mélange devenant froid, l'acide sulfurique reprenoit ses droits , & décomposoit à son tour le nitre de potasse ;

cependant j'ai confervé plufieurs années des mélanges de fulfate de potaffe & d'efprit de nitre, au fond defquels il eft refté conftamment des criftaux falins qui détonnent fur les charbons, & qui n'ont point changé de nature, quoiqu'ils foient plongés dans l'acide fulfurique, féparé par l'acide nitreux. M. Cornette a obfervé que l'acide muriatique concentré décompofe auffi le fulfate de potaffe même à froid. Il fembleroit d'après ces deux faits, que la loi d'affinité relative aux différens acides, n'eft pas fi conftante qu'on l'avoit cru ; cependant il faut obferver avec Bergman, 1°. qu'il n'y a qu'un tiers de fulfate de potaffe décompofé dans ces expériences, quelle que foit la quantité d'acides nitreux & muriatique employée, tandis que l'acide fulfurique, en dofe modérée, décompofe complètement les fels nitreux & muriatiques ; 2°. que ces décompofitions n'ont lieu que lorfque le fulfate de potaffe contient un peu d'acide fulfurique excédent à fa neutralifation.

La décompofition la plus importante du fulfate de potaffe eft celle qui a lieu par beaucoup de matières combuftibles, notamment par le charbon & par plufieurs fubftances métalliques. (Voyez *mes Mémoires de Chimie*, pag. 225.) Si l'on chauffe fortement dans un creufet un mélange de ce fel & de charbon, le fulfate de potaſſe n'exiſtera plus, & l'on ne retrouvera que du ſoufre uni à l'alkali fixe. Sthal a regardé cette expérience comme très-propre à démontrer la préſence du phlogiſtique ; les chimiſtes modernes l'expliquent par la théorie pneumatique ; nous expoſerons ces diverſes théories dans l'hiſtoire du ſoufre.

Un quintal de ſulfate de potaſſe criſtalliſé contient, ſuivant Bergman, environ 52 parties de potaſſe, 40 d'acide ſulfurique, & 8 d'eau de criſtalliſation.

Ce ſel n'exiſtant que rarement & en petite quantité dans la nature, celui qu'on emploie en médecine eſt toujours le produit de l'art. On peut le faire de trois manières ; premièrement en combinant directement l'acide ſulfurique avec la potaſſe ; il en réſulte ſur-le-champ du ſulfate de potaſſe qu'on peut diſſoudre dans l'eau & faire criſtalliſer, comme nous l'avons dit. Le ſecond moyen, c'eſt de décompoſer à l'aide de l'acide ſulfurique, les ſels neutres formés par l'union de la potaſſe aux autres acides, tels que le nitrate, le muriate & le carbonate de potaſſe, &c. il réſulte toujours du ſulfate de potaſſe de ces décompoſitions. La troiſième manière de former ce ſel, c'eſt de décompoſer les ſels ſulfuriques terreux & métalliques par la potaſſe. Cette dernière précipite les fubftances falino - terreufes & les foxides métalliques unis à l'acide fulfurique. Nous reviendrons fur ces deux dernières manières de préparer le fulfate de potaffe, lorfqu'il fera queftion des fels neutres qu'on emploie pour cette préparation.

Ce fel n'eft d'un grand ufage qu'en médecine. C'eft un purgatif affez bon. On le donne quelquefois feul à la dofe d'une demi-once ou d'une once. Le plus fouvent on ne l'adminiftre qu'à celle d'un ou de deux gros, affocié comme auxiliaire, à d'autres médicamens purgatifs. On l'emploie auffi comme fondant dans les maladies chroniques & fur-tout dans les dépôts laiteux. On le donne alors à la dofe de quelques gros dans des boiffons appropriées; mais fa vertu fondante eft fort inférieure à celle de plufieurs autres fels neutres plus folubles & plus fapides.

L'acide fulfureux, ou l'acide fulfurique avec excès de foufre, uni à la potaffe, forme un fel neutre un peu différent du précédent, que Stahl appelloit fel fulfureux, & que nous nommerons *fulfite de potaffe* ; ce fel criftallife en polyèdres à dix faces, ou en deux pyramides tétraèdres coupées vers leurs bafes ; il eft trèsamer, très-diffoluble, légèrement déliquefcent; prefque tous les acides minéraux& plufieurs acides végétaux en dégagent l'acide fulfureux fous la forme de gaz & avec effervefcence. Expofé à l'air, le fulfite de potaffe abforbe peu à peu de l'oxigène & devient fulfate de potaffe.

Sorte II. SULFATE DE SOUDE.

Le fulfate de foude nommé jufqu'à préfent *fel de Glauber*, d'après le nom du Chimifte allemand qui l'a découvert, eft un fel neutre parfait formé, comme l'indique fon nom, par l'union de l'acide fulfurique & de l'alkali minéral ou foude. Ce fel a beaucoup de propriétés communes avec le fulfate de potaffe, & il en a quelques-unes de particulières ; il eft également criftallifable ; il a une faveur amère ; il eft très-peu fufible ; il eft foluble dans l'eau ; il ne s'unit point aux terres ; il eft en partie décompofable par les acides nitreux & muriatique, comme le fulfate de potaffe ; cependant plufieurs de fes propriétés s'éloignent beaucoup de celles de ce dernier, comme nous allons le voir en les parcourant plus en détail.

Le fulfate de foude eft ordinairement un corps plus ou moins blanc ou tranfparent, d'une forme régulière. Ses criftaux font des prifmes à fix faces inégales & ftriées, terminés par des fommets dièdres. Il eft rare qu'ils aient cette forme régulière, le nombre des faces varie ainfi que leur étendue, leur position, leurs stries, comme l'a exposé fort en détail M. Romé de Lille dans sa cristallographie. Ses cristaux varient aussi en étendue depuis celle de prismes très-fins ou de petites aiguilles, jusqu'à celle de gros prismes de près d'un pouce de diamètre, & de 6 à 8 pouces de longueur, comme on les obtient dans des cristallisations en grand. La saveur de ce sel est d'abord fraîche, puis d'une amertume très-forte. Il n'altère point les couleurs bleues végétales.

Lorsqu'on l'expose à l'action du feu, il se liquéfie assez promptement, mais bientôt il se desséche & devient d'un blanc mat ; dans cet état, il ne peut être fondu qu'à une chaleur considérable, comme le sulfate de potasse. Pour bien concevoir ce qui se passe dans cette action du feu sur le sulfate de soude, il faut distinguer deux espèces de fusion dans les matières salines ; l'une qui est due à l'eau qui entre dans la formation de leurs cristaux, & qu'on appelle fusion aqueuse ; elle n'a lieu que pour les sels qui sont plus solubles dans l'eau chaude que dans l'eau froide ; & elle est due à ce que la portion de ce fluide qui entre dans la constitution des cristaux salins, s'échauffe & devient alors capable de dissoudre la matière saline ; cette fusion aqueuse n'est donc qu'une dissolution

tion par l'eau chaude; aussi le sulfate de soude fondu se prend-il en masse lorsqu'on le laisse refroidir. Mais si l'on continue de le chauffer, après l'avoir fait liquéfier, il se defsèche & devient blanc; alors la fusion qu'on opère à l'aide d'une plus grande chaleur est vraiment due au feu, & se nomme fusion ignée. Le sulfate de soude est donc tout aussi peu fusible que le sulfate de potasse; comme lui, il se volatilise à la dernière violence du feu, mais il n'éprouve aucune altération dans ses principes par l'action de la chaleur.

C'est encore à la grande quantité d'eau que contiennent les cristaux de sulfate de soude, qu'est due la propriété qu'ils ont de se réduire en une poussière blanche très-fine, lorsqu'on les laisse exposés à l'air. On donne à ce phénomène le nom d'*efflorescence*, parce qu'en effet les cristaux se couvrent d'une espèce de duvet pulvérulent, semblable par la blancheur & par la forme, aux matières sublimées que l'on connoît en chimie sous le nom impropre de *fleurs*. Ce n'est que parce qu'il perd l'eau qui entre dans la composition de ses cristaux, que ce sel tombe ainsi en poussière par le contact de l'air; aussi son efflorescence n'est-elle jamais plus rapide & plus marquée que lorsque l'air est très-sec & par conséquent très-avide d'humidité. Ce phénomène est donc très-analogue au defséchement opéré par la chaleur ; tous les deux dépendent uniquement de l'évaporation de l'eau qui fait partie conſtituante des criſtaux. Cependant comme l'eau qui entre dans les criſtaux de ſulfate de ſoude & dans ceux de tous les ſels effloreſcens en général, eſt exactement combinée avec la matière ſaline, il paroît que c'eſt par une eſpèce d'attraction élective entre l'air & l'eau que l'effloreſcence a lieu. Ce phénomène doit être regardé comme une décompoſition des criſtaux, opérée en raiſon de l'affinité plus grande qu'il y a entre l'eau & l'air, qu'entre l'eau & la matière ſaline. C'eſt ainſi que j'ai toujours conçu l'effloreſcence, & je ne vois pas qu'on puiſſe l'expliquer autrement. (Voyez *mes Mémoires de Chimie.*) Le ſulfate de ſoude perd preſque la moitié de ſon poids dans cette altération ; mais ſa nature n'eſt pas changée, on peut lui rendre ſa forme criſtalline, en lui reſtituant l'eau qu'il a perdue. Quoiqu'aucun auteur de matière médicale n'ait fait cette obſervation, il nous paroît important de connoître exactement la quantité d'eau que perd le ſulfate de ſoude dans ſon effloreſcence, pour preſcrire en médecine une doſe toujours égale de ce ſel dans ces deux états. On doit le donner effleuri à un peu plus d'un tiers de moins que lorſqu'il eſt en beaux criſtaux tranſparens.

Le sulfate de foude eft très-diffoluble dans l'eau. Il ne faut que quatre parties d'eau froide pour en diffoudre une partie. Cette quantité d'eau néceffaire à fa diffolution, diminue en proportion de la chaleur de ce fluide. Une partie d'eau bouillante diffout prefque fon poids de ce fel. C'eft fur cette propriété qu'eft fondée la manière de le faire criftallifer. Comme il eft plus foluble dans l'eau chaude que dans l'eau froide, il fuffit de laiffer refroidir une diffolution bien chargée de ce fel, & elle donne des criftaux d'autant plus beaux & plus réguliers, que la diffolution eft faite à plus grande dofe, & qu'elle fe refroidit avec plus de lenteur. En faifant cette opération en grand dans les pharmacies, on obtient fouvent des prifmes ftriés de plufieurs pouces de longueur, dans lefquels on peut facilement reconnoître la forme régulière de ce fel.

Le fulfate de foude n'a pas plus d'action fur les terres filicée & alumineufe que le fulfate de potaffe ; il n'entre pas plus que lui dans la formation des verres à caufe de fon peu de fufibilité. La baryte le décompofe comme le fulfate de potaffe, mais les autres fubftances falinoterreufes ne l'altèrent en aucune manière.

La potaffe pure & cauftique mêlée à une diffolution de fulfate de foude le décompofe, parce qu'elle a plus d'affinité avec l'acide fulfurique, que n'en a la foude. Pour fe convaincre de cette vérité, il fuffit de verfer une leffive de potaffe cauflique dans une diffolution chaude & bien faturée de fulfate de foude. Cette diffolution qui auroit donné des criflaux de ce dernier fel par le refroidiffement, ne fournit que du fulfate de potaffe par l'évaporation ; l'eau mère contient la foude cauflique.

L'acide fulfurique fe combine avec le fulfate de foude, & y adhère de la même manière qu'au fulfate de potaffe.

Les acides nitreux & muriatique le décompofent alors avec les mêmes circonflances que ce dernier fel.

Lorfqu'on chauffe fortement le fulfate de foude avec du charbon & quelques métaux, l'acide fulfurique paffe à l'état de foufre, comme nous le dirons plus en détail dans l'hifloire de ce corps combuflible.

Toutes les propriétés du fulfate de foude, qui different de celles du fulfate de potaffe, font voir que les deux alkalis fixes, qui fe reffemblent parfaitement lorfqu'on les confidère dans leur état de pureté, font cependant très-différens l'un de l'autre, puifqu'ils forment des fels très-diffemblables avec le même acide. D'ailleurs la proportion des principes de ce fel differe beaucoup de celle qui conflitue le fulfate de potaſſe ; puiſqu'un quintal de ſulfate de ſoude contient, d'après les recherches de Bergman, 15 parties de ſoude , 27 parties d'acide ſulfurique , & 58 parties d'eau.

Ce ſel eſt plus abondant dans la nature que le ſulfate de potaſſe. On le trouve en aſſez grande quantité dans les eaux de la mer, dans celles de certaines fontaines ſalées , & ſur-tout dans pluſieurs eaux minérales. L'art peut d'ailleurs lui donner naiſſance par les trois moyens dont nous avons parlé à l'article du ſulfate de potaſſe. Il n'eſt pas plus employé dans les arts que ce dernier ; mais il l'eſt beaucoup plus que lui en médecine. On le donne comme fondant, apéritif & purgatif, depuis un demi-gros juſqu'à une once & demie, ſuivant les cas où on l'adminiſtre ; ſes effets ſont même plus marqués & plus prompts que ceux du ſulfate de potaſſe, parce qu'il eſt beaucoup plus ſoluble dans nos humeurs, & parce que ſa faveur eſt plus vive.

On ne connoît pas les propriétés du ſulfite de ſoude, ou de la combinaiſon de l'acide ſulfureux avec l'alkali de la ſoude.

Sorte III. Nitrate de potasse ou Nitre ordinaire.

Le nitrate de potaſſe, le nitre commun ou ſalpêtre, eſt un ſel neutre formé par la combinaiſon ſaturée de l'acide nitrique avec la potaſſe. Ce ſel a une ſaveur fraîche ; il eſt parfaitement neutre ; il n'altère point la couleur du ſirop de violettes. Ses criſtaux font des priſmes à ſix faces, terminés par des pyramides dièdres ou en biſeau, & ſouvent creuſés par un canal dans toute leur longueur.

Il exiſte en très-grande quantité dans la nature ; il ſe forme journellement dans les lieux habités par les animaux. On le trouve aſſez abondamment ſur les murs abrités de la pluie ; on l'appelle alors ſalpêtre ou nitre de houſſage.

Il paroît qu'il y a trois circonſtances principales qui favoriſent ſa formation. La première, c'eſt la préſence de la craie ou d'un ſel calcaire quelconque ; c'eſt ainſi que ſe forme le nitre de houſſage que l'on ramaſſe ſur les murs recouverts de plâtre ; c'eſt ainſi que les démolitions des vieux édifices contiennent de grandes quantités de nitre. Ce ſel ſe trouve encore tout pur dans des craies ; M. le duc de la Rochefoucault en a retiré juſqu'à une once par livre d'une craie de la Roche-Guyon.

La ſeconde circonſtance dans laquelle ce ſel ſe produit, c'eſt la putréfaction ou la décompoſition ſpontanée des matières végétales & animales. C'eſt un fait très-connu que les lieux arroſés de liqueurs animales ou qui contiennent des matières animales en putréfaction, tels que les fumiers, les étables, les latrines, produifent beaucoup de nitrate de potaffe. On a profité de cette obfervation conftante pour former des nitrières artificielles ; on conftruit des foffes ou des hangards couverts, mais expofés à l'air par les côtés ; on les remplit de fubftances putrefcibles conme du fumier, des excrémens de quadrupèdes, des fientes de volailles, des débris de végétaux ; on arrofe ces matières de tems en tems, & fur-tout avec des eaux chargées de fubftances animales ou végétales fufceptibles de fe pourrir, & on les agite pour renouveller toutes les furfaces. Lorfque la putréfaction eft avancée, on prend une petite portion de ces matières & on la leffive pour s'affurer de ce qu'elle contient de nitre : fi on la trouve affez chargée on leffive toute la matière.

La troifième circonftance qui paroît favorifer la production du nitre, c'eft le contact de l'air. Telle eft la raifon de la formation du falpêtre de houffage ; c'eft auffi celle pour laquelle on agite les mélanges des nitrières artificielles, pour que l'air les touche dans tous leurs points. Enfin les craies qui contiennent naturellement du nitre, n'en fourniffent qu'à une certaine profondeur, & point du tout au-delà de cet efpace. Si ces trois circonftances font réunies, la production du nitre fera très-abondante ; tels font les principes fur lefquels il faut conftruire des nitrières artificielles.

On ne connoît que depuis peu de tems la théorie de la formation du nitre. Glauber & plufieurs autres chimiftes qui l'ont fuivi, penfoient que ce fel étoit tout formé dans les végétaux, qu'il paffoit delà dans les animaux, & que la putréfaction ne faifoit que le dégager de fes entraves ; mais on a bientôt reconnu que les végétaux n'en contenoient point une affez grande quantité pour fuffire à celle que l'on retire dans les nitrières artificielles. M. Thouvenel qui a remporté le prix de l'académie fur la formation du nitre, a fait beaucoup d'expériences pour en déterminer la caufe, & il a reconnu que l'acide nitrique étoit produit par la combinaifon d'un fluide élaftique dégagé des matières animales en putréfaction & de l'air vital. Il a également établi que cet acide une fois formé, fe combine avec la terre calcaire lorfque l'on n'emploie que des matières animales pour les nitrières, & que les débris des végétaux font utiles pour fournir l'alkali fixe ou la potaffe, qui eft la bafe du nitre ordinaire. Mais M. Thouvenel n'avoit point déterminé la nature du gaz qui fe dégage des matières animales en putréfaction, & c'eft M. Cavendifch qui a démontré que ce gaz eft le même que celui qui conftitue un des principes de l'atmofphère, fous le nom d'air phlogiftiqué, de mofette atmofphérique, ou de gaz azotique ; il a fait de véritable acide nitrique par la combinaifon de ce gaz avec l'air vital au moyen de l'étincelle électrique.

Le nitrate de potaffe eft très-altérable par la chaleur : fi on l'expofe à l'action du feu dans un creufet, il fe liquéfie affez vîte, & cette liquéfaction eft une fufion ignée ; car quoiqu'on le tienne quelque tems dans cet état, il ne fe defsèche pas, & peut rougir fans prendre la forme sèche. Si on le laiffe refroidir après l'avoir fait fondre, il fe fige en une maffe opaque que l'on nomme criftal minéral, & qui eft auffi pefant, auffi fufible & auffi diffoluble que le nitrate de potaffe. Le criftal minéral des pharmacies differe du nitre pur fondu, en ce qu'il contient un peu de fulfate de potaffe produit par la combuftion du foufre qu'on ajoute, à la dofe d'un gros par livre de nitre, fuivant la pharmacopée de Paris.

Si on laiffe le nitrate de potaffe expofé à l'action du feu après fa fufion, il fe décompofe & il s'alkalife de lui-même. Cette opération faite dans une cornue réuffit de même, & inftruit en même-tems fur la décompofition de l'acide nitrique. En effet au lieu d'obtenir cet acide pur, il paffe une grande quantité d'un fluide aériforme qu'on peut recueillir au-deffus de l'eau, & qui eſt de véritable air vital mêlé de gaz azotique. L'alkali réſidu fait ordinairement fondre très-vîte la cornue, & on né peut pourſuivre l'opération juſqu'à la fin qu'avec une cornue de grès très-réfractaire. Voilà donc l'acide nitrique entièrement décompoſé en air vital & en gaz azotique, par le moyen de la chaleur qui ſeule ſépare les deux principes. Si l'on ne pouſſe point le feu juſqu'à décompoſer entièrement le nitrate de potaſſe, l'alkali reſte chargé d'une certaine quantité d'acide nitreux, ou nitrique avec excès de gaz nitreux ; on en dégage cet acide avec le vinaigre ; ce ſel dans cet état eſt ce que nous appellons *nitrite de potaſſe*, en raiſon de l'état de l'acide nitreux ſurchargé d'azote ; comme on nomme ſulfite de potaſſe, la combinaiſon de l'acide ſulfureux avec cet alkali ; ſi l'on chauffe plus fortement le nitrate de potaſſe, l'alkali reſte pur & cauſtique. On conçoit d'après la facilité avec laquelle la chaleur décompoſe le nitrate de potaſſe, que pour faire du criſtal minéral par la ſimple fuſion il ne faut pas tenir ce ſel trop long-tems au feu ; ſans cette précaution ce médicament contiendroit un excès de potaſſe dont l'effet ſeroit beaucoup trop violent.

Le nitrate de potaſſe ſe décompoſe avec d'autres phénomènes, lorſqu'on l'expoſe à l'action du feu avec des corps combuſtibles : appliqué ſur un charbon, il produit une flamme blanche, vive, accompagnée d'une eſpèce de décrépitation ; c'eſt ce qu'on appelle détonation ou fuſion du nitre, on dit alors que ce ſel détonne ou fuſe, & c'eſt à ce caractère qu'on le reconnoît facilement. Stahl croyoit que ce phénomène étoit dû à la combinaiſon rapide de l'acide du nitre avec le phlogiſtique ; & M. Baumé d'après cette théorie penſoit qu'il ſe formoit dans cette expérience un ſoufre nitreux qui s'enflammoit ſur-le-champ. J'ai lu en 1780 à l'académie un mémoire dans lequel j'ai démontré que le nitrate de potaſſe n'eſt pas combuſtible par lui-même & ne forme pas de ſoufre nitreux dans ſa détonation, mais que ce phénomène n'eſt dû qu'à ce que la matière combuſtible, qu'il eſt néceſſaire d'ajouter à ce ſel pour le faire détoner, brûle plus ou moins rapidement, à l'aide de l'air vital qui ſe dégage en grande quantité du nitrate de potaſſe fortement chauffé. Cette théorie eſt complètement prouvée, 1°. parce que ce ſel ne fuſe jamais ſeul ; 2°. parce qu'après ſa détonation à l'aide d'une matière inflammable, cette dernière eſt entièrement brûlée ; 3°. parce que plus la quantité de nitrate de potaſſe eſt grande relativement à celle du corps combuſtible, plus la combuſtion de ce corps eſt complète ; 4°. enfin parce que la détonation a lieu aussi bien dans les vaisseaux clos qu'à l'air libre, ce qui ne peut se faire qu'à l'aide de l'air vital fourni par ce sel. Cette assertion est entièrement démontrée par ce qui se passe dans l'opération des clyssus de nitre, qui ne sont que des détonations de ce sel avec différentes matières combustibles dans des vaisseaux fermés. Nous ne citerons ici que celle qui se fait avec le charbon. On adapte deux ou trois ballons enfilés à une cornue de terre ou de fer, à laquelle on a pratiqué dans la partie supérieure une ouverture que l'on peut boucher avec un couvercle. On fait chauffer ce vaisseau, & lorsque son fond est rouge, on projette peu-à-peu le mélange de nitrate de potasse & de charbon par la tubulure que l'on ferme promptement. Pendant la détonation les ballons sont remplis de vapeurs dont une partie se condense en une liqueur fade nullement acide & souvent alkaline; le résidu n'est que de la potasse chargée d'acide carbonique: l'acide nitrique est donc entièrement décomposé, il se produit une grande quantité de gaz que j'ai recueilli en adaptant à la partie supérieure des ballons qui étoient tubulés dans cette région, ou une vessie ou des tubes dont les extrêmités étoient reçues sous des cloches pleines d'eau. Ce gaz étoit en grande partie de l'acide carbonique, mêlé d'un peu de gaz inflammable & de gaz azotique, l'un des principes de l'acide nitrique. Le gaz inflammable provient de la décompofition d'une partie de l'eau du nitre par le charbon.

Le réfidu de la détonation du nitrate de potaffe avec du charbon faite dans un creufet, porte le nom impropre de *nitre fixé par les charbons* ; c'eft de la potaffe combinée avec l'acide carbonique.

Le nitrate de potaffe bien pur ne s'altère en aucune manière à l'air.

Il eft très-diffoluble puifque trois ou quatre parties d'eau froide en diffolvent une partie, & l'eau bouillante en diffout le double de fon poids. Auffi criftallife-t-il très-bien par refroidiffement ; c'eft fur ces deux propriétés qu'eft fondé l'art d'extraire le nitrate de potaffe des plâtras où il eft contenu. Les falpêtriers mettent les plâtras concaffés dans des tonneaux dont le fond percé d'un trou dans fon milieu eft couvert de cendres. Ils y font paffer de l'eau jufqu'à ce qu'elle en foit très-chargée, obfervant de mettre l'eau pure fur des plâtras déjà lavés pour les épuifer tout-à-fait, & l'eau déjà falée fur des plâtras neufs pour la charger entièrement. Ils font enfuite évaporer leur leffive dans des chaudières de cuivre. Ils en retirent les premières pellicules qui ne font que du muriate de foude ou fel marin contenu dans les plâtras. Ils nomment ce fel *grain*, & ils font obligés par leurs réglemens de le rapporter aux rafineries. Lorfque l'eau eft affez évaporée pour qu'elle fe fige par le refroidiffement, ils la mettent dans des baffinaux où le nitrate de potaffe fe criftallife : ce fel eft très-impur & très-fale ; c'eft ce qu'on appelle le nitre de la première cuite. Quelques chimiftes ont cru que les cendres employées par les falpêtriers ne fervoient qu'à dégraiffer le nitrate de potaffe, & cette opinion paroiffoit fondée fur ce que ces matières ne contiennent prefque point d'alkali, & fur-tout fur ce que les falpêtriers du Languedoc emploient les cendres de tamarifc, qui ne contiennent que du fulfate de foude. Mais ce fel ainfi que le fulfate de potaffe eft tout auffi bon pour décompofer le nitrate calcaire qui fe trouve en grande quantité dans les plâtras, par la voie des attractions électives doubles, ainfi que M. Lavoifier l'a obfervé pour les cendres leffivées employées par les falpêtriers de Paris : nous reviendrons fur ce fait avec plus de détail à l'article du nitrate calcaire.

Le nitrate de potaffe de la première cuite eft toujours fort impur ; il contient outre le nitre pur cinq autres fortes de fels ; favoir, du muriate de foude, du nitrate de magnéfie, du nitrate calcaire, du muriate de magnéfie & du muriate calcaire, qu'il s'agit de féparer pour avoir le nitrate de potaffe dans fon état de pureté. On parvient à le purifier en le faifant rediffoudre dans le moins d'eau poffible, en clarifiant cette liqueur bouillante à l'aide du fang de bœuf dont le coagulum albumineux formé par la chaleur, entraîne toutes les impuretés en s'élevan dut fond de la liqueur à fa furface; on fait enfuite évaporer cette feconde leffive, & on en obtient par le refroidiffement un nitrate de potaffe, qui eft beaucoup plus pur & qu'on nomme nitre de la feconde cuite. Il eft encore altéré par une certaine quantité de muriate de foude & d'eau mère. On le purifie une troifième fois par le même procédé, & il devient beaucoup plus blanc & plus pur; c'eft le nitre de la troifième cuite. Comme on le fait criftallifer très-promptement, il eft en groffes maffes affez confufes; il fe forme cependant dans le milieu des baffinaux une couche de criftaux allongés & réguliers qu'on appelle nitre en baguette. Ce dernier eft rejeté dans les arfenaux, parce qu'il eft moins propre à former de bonne poudre à canon, que le nitre en groffes maffes informes, à caufe de l'eau qu'il retient dans fa criftallifation, & qui nuit à la combuftion de la poudre.

Les chimistes & les pharmaciens purifient encore le nitre de la troisième cuite par de nouvelles dissolutions & cristallisations : de cette manière ils font certains d'avoir un nitrate de potasse très-pur, & qui ne contient plus aucune matière étrangère, sur-tout les muriates à base de soude, de chaux & de magnésie, dont on ne peut presque jamais enlever les dernières portions dans les rafineries en grand (1).

Le nitrate de potasse paroît éprouver quelques altérations de la part de la terre silicée, puisqu'on en retire l'acide en le distillant avec du sable. Cet acide passe sans couleur, il répand quelques vapeurs ; le résidu est plus ou moins vitreux,

____

(1) Rien n'est si singulier aux yeux des naturalistes & des chimistes, que la production de six sortes de sels dans les plâtras, & sur-tout l'union constante de chaque base alkaline à un acide particulier. La potasse se trouve toujours unie à l'acide nitrique, & la soude est toujours combinée avec l'acide muriatique. Il semble qu'il y ait un rapport particulier entre ces différentes espèces de sels primitifs, & qu'ils se choisissent mutuellement ; car, pourquoi ne trouve-t-on pas de muriate de potasse ou du nitrate de soude ? On pourroit observer la même chose pour les sels terreux : en effet, il y a bien plus de muriate de magnésie & de nitrate calcaire, que de nitrate de magnésie ou de muriate calcaire ; cela indique que la magnésie a une affinité particulière avec l'acide muriatique, & que la chaux en a de même une avec l'acide nitrique.

suivant

suivant la quantité de sable employé, & suivant le degré de chaleur qu'on a donné. Il paroît que le sable décompose le nitre de potasse par la tendance qu'il a pour se combiner avec sa base alkaline, puisqu'en distillant le nitre sans intermède, on n'obtient point d'acide nitreux, mais de l'air vital mêlé de gaz azotique. Je crois que cela vient de ce que dans la distillation du nitre de potasse sans intermède, l'alkali réagit sur l'acide & contribue à sa décomposition; tandis que lorsqu'on chauffe ce sel mêlé avec du sable, ce dernier tendant à s'unir à la potasse pour former du verre, l'empêche de réagir sur l'acide qui passe alors sans altération. Les terres argileuses décomposent aussi le nitre. On se sert communément d'une argile plus ou moins colorée. C'est une pareille terre que les distillateurs d'eau-forte de Paris emploient. Ils introduisent deux livres de nitre de la seconde cuite avec six livres d'argile colorée de Gentilly dans des cornues de terre d'une forme particulière qu'on nomme des *cuines*, & qui sont placées les unes à côté des autres sur des fourneaux allongés, connus sous le nom de galères; leur col est reçu dans une bouteille de même forme qui sert de récipient. Ils retirent, par ce moyen, d'abord une liqueur transparente peu acide, qu'ils nomment flegme de l'eau-

forte, enſuite de l'acide de plus en plus concentré. Le réſidu eſt une ſubſtance terreuſe
rouge & très-dure, qui ſert à faire une eſpèce
de mortier. Cette expérience n'eſt rien moins
que propre à prouver que l'argile décompoſe
le nitre de potaſſe. 1°. Les diſtillateurs n'emploient qu'un nitre fort impur, & qui contient
beaucoup de nitre terreux. 2°. Ils ſe ſervent
d'une argile très-compoſée & ſouvent remplie
d'une grande quantité de pyrites dont l'acide
vitriolique peut décompoſer le nitre. Pour
compter ſur cette décompoſition, il faut la
aire avec de l'argile blanche, & mieux encore
avec la baſe de l'alun ou l'alumine. Cette terre
n'ayant pas autant de tendance pour s'unir à
l'alkali que le ſable, & ne formant pas de
verre avec ce ſel, ne paroît pas pouvoir décompoſer auſſi complètement le nitre de potaſſe
que le ſable. Cependant M. Baumé dit avoir
obtenu l'acide du nitre de potaſſe par la porcelaine & l'argile cuite en grès, qui ne contiennent
point d'acide ſulfurique, quoiqu'il ait cru que
c'étoit à cet acide, contenu dans les argiles,
qu'étoit due la décompoſition de ce ſel.

La baryte décompoſe le nitre de potaſſe &
en ſépare l'alkali. Bergman dans ſa table d'affinités, place cette ſubſtance ſalino-terreuſe
avant les alkalis & immédiatement après l'acide
nitrique.

La magnéfie, la chaux & les alkalis n'ónt aucune action fur le nitre.

Les acides en ont une très-marquée fur ce fel, fur-tout l'acide fulfurique qui a réellement plus d'affinité avec les alkalis que n'en a l'acide nitrique. Si on verfe de l'acide fulfurique concentré fur du nitre de potaffe bien fec, il fe produit une effervefcence confidérable, & l'on voit s'élever des vapeurs rouges qui ne font que de l'acide nitreux. En faifant cette opération dans une cornue à laquelle eft ajufté un récipient, on recueille cet acide connu fous le nom d'efprit de nitre : cette opération eft appelée dans les laboratoires diftillation de l'efprit de nitre à la manière de Glauber, parce que c'eft ce chimifte qui le premier l'a décrite affez clairement. Dans ce procédé on étoit obligé de laiffer au ballon un petit trou ouvert pour donner iffue aux vapeurs d'acide nitreux ; on avoit remarqué que ces vapeurs étoient très-difficiles à condenfer, & qu'elles occafionnoient deux accidens : le premier étoit la perte d'une quantité notable du plus fort efprit de nitre qui fe diffipoit par la tubulure du vaiffeau ; le fecond confiftoit dans le danger que couroit l'artifte expofé à ces vapeurs très-âcres & très-corrofives ; c'étoit donc un procédé très-défectueux. M. Woulfe favant chimifte anglois a trouvé le moyen de remédier à ces inconvéniens : au lieu d'employer un récipient percé d'un petit trou, il se sert d'un ballon à deux pointes ; il place dans l'extrêmité de ce vaisseau opposée à la cornue, un tube dont un bout qui fait angle droit avec l'autre plonge dans une bouteille ; cette bouteille a deux tubulures sur ses côtés ; chacune de ces tubulures reçoit un syphon qui passe dans une autre bouteille, placée de chaque côté de la première. Les deux bouteilles collatérales sont jointes par le moyen d'un syphon avec deux vaisseaux pareils dont les tubulures latérales restent ouvertes. La première bouteille reste ordinairement vide, les bouteilles collatérales contiennent une certaine quantité d'eau dans laquelle plonge l'extrêmité inférieure & la plus longue du tube qui communique de l'une à l'autre ; la partie supérieure de ces bouteilles reste vide, & lorsque la vapeur d'acide passe au-dessus de l'eau des premières, elle est portée par les autres tubes jusque dans l'eau des bouteilles suivantes. Par cet appareil ingénieux il ne se perd rien du tout, & l'artiste n'est nullement incommodé. L'acide nitreux en vapeur passe dans le ballon & va dans les premières bouteilles où il est absorbé par l'eau. Celui qui ne peut pas l'être, passe dans les secondes bouteilles collatérales, & s'y unit à l'eau qu'elles contiennent. Il fe dégage par la tubulure ouverte des dernières bouteilles une quantité plus ou moins grande d'air vital qu'on peut recueillir dans des cloches. Cet appareil tel qu'il vient d'être décrit a un avantage dont il doit être fait mention; à la fin de l'opération lorfqu'on laiffe refroidir la cornue, il fe fait un vide dans les vaiffeaux, & l'air extérieur preffant fur l'eau des dernières bouteilles ouvertes, la force de remonter par les fyphons dans les premières bouteilles collatérales, & de celles-ci dans la bouteille moyenne & la plus voifine du ballon. Si la première bouteille n'étoit pas vide & n'avoit pas affez de volume pour contenir toute l'eau des fuivantes, les liqueurs acides pafferoient dans le ballon; & comme l'acide nitreux le plus fort eft contenu dans ce vaiffeau, il fe trouveroit mêlé avec toutes les liqueurs des bouteilles, & il n'auroit pas le degré de force qu'on y recherche; cet inconvénient feroit encore plus préjudiciable pour d'autres diftillations dont nous parlerons par la fuite, parce qu'au lieu de diminuer fimplement la force du produit il en altéreroit la pureté.

Pour faire cette opération dans un laboratoire, on met quatre livres de nitre de potaffe pur & fondu en criftal minéral dans une cornue de grès tubulée placée dans un fourneau de réverbère : on peut aussi se servir de cornues de verre tubulées que l'on place sur un bain de sable. On verse tout-à-la-fois par la tubulure deux livres & demie d'acide sulfurique concentré, & on bouche la cornue. On l'adapte & on la lutte promptement à l'appareil décrit ci-dessus qu'on a eu soin de monter la veille. On la chauffe par degrés jusqu'à ce qu'il ne passe plus rien ; on peut régler la conduite de l'opération d'après le dégagement & le passage du gaz dans les bouteilles. S'il est trop rapide, la chaleur est trop violente, & on doit la diminuer de peur que toute la masse de la cornue ne se gonfle trop & ne passe dans le ballon ; si le jeu des bouteilles est trop lent, on augmente le feu pour éviter l'absorption ; ainsi cet appareil a encore l'avantage d'avertir l'artiste sur la marche de son procédé.

Le résidu de cette décomposition est du sulfate de potasse, formé par l'union de l'acide sulfurique avec l'alkali base du nitre : ce sel résidu est connu en pharmacie sous le nom de sel *de duobus*, ou *arcanum duplicatum*. Il est ordinairement en une masse blanche opaque à demi-vitrifiée remplie de cavités qui annoncent son boursoufflement ; ce sel est fort acide, en raison de la quantité d'acide sulfurique que l'on emploie, & c'eſt cet excès d'acide qui fait fondre le ſel, comme nous l'avons vu dans l'hiſtoire du ſulfate de potaſſe. L'acide nitreux qu'on obtient par ce procédé eſt très-rouge & très-fumant, en raiſon de la chaleur forte qu'on emploie dans cette diſtillation, & qui dégage une portion d'air vital. Comme il eſt toujours mêlé d'une certaine quantité d'acide ſulfurique, on le rectifie en le rediſtillant ſur un quart de ſon poids de nitre. On doit encore obſerver qu'il eſt néceſſaire d'employer du nitre de potaſſe bien pur pour avoir de l'acide nitreux ſur les effets duquel on puiſſe compter. Celui qu'on retire du nitre de la ſeconde cuite contient de l'acide muriatique, & agit dans les diſſolutions à la manière de l'eau régale. On peut purifier cet acide & lui enlever l'acide muriatique qu'il contient par une diſtillation bien ménagée, comme l'ont démontré MM. de Laſſone & Cornette. (*Acad. 1781, pag. 653 à 656.*)

L'acide boracique concret décompoſe le nitre à l'aide de la chaleur, & en dégage un acide nitrique aſſez concentré; il paroît que c'eſt en raiſon de ſa fixité qu'il opère cette décompoſition, comme le penſent MM. les Académiciens de Dijon; cependant il faut auſſi l'attribuer en partie à l'attraction qui eſt entre l'acide boracique & la potaſſe baſe du nitre.

Le nitre de potasse est d'un très-grand usage dans les arts. Il est le principal & le plus utile des ingrédiens de la poudre à canon, dont nous parlerons à l'article du soufre. Brûlé avec différentes doses de tartre, il forme des matières fondantes nommées flux, qu'on emploie en docimasie, pour fondre & réduire les substances métalliques, &c. &c.

On s'en sert fréquemment en médecine, comme d'un médicament calmant, rafraîchissant, diurétique, anti-septique, &c. On l'administre dans une boisson quelconque à la dose de dix à douze grains, jusqu'à celle d'un demi-gros & plus. Les médecins en obtiennent tous les jours de très-bons effets.

Sorte IV. NITRATE DE SOUDE.

Le nitrate de soude que l'on a nommé *nitre cubique*, *nitre quadrangulaire*, *nitre rhomboïdal*, est le sel neutre parfait, résultant de la combinaison saturée de l'acide nitrique & de la soude.

Ce sel est ordinairement en assez gros cristaux rhomboïdaux très-réguliers ; le nom de nitre rhomboïdal lui convenoit donc mieux que celui de nitre cubique.

Sa saveur est fraîche & un peu plus amère que celle du nitre de potasse.

Le feu le décompofe comme ce dernier ; mais il décrépite & fe fond moins facilement que lui. Au refte, il donne de l'air vital mêlé de gaz azotique & s'alkalife comme le nitre de potaffe.

Il eft un peu plus altérable à l'air que ce dernier, & il en attire légèrement l'humidité.

Il fe diffout affez bien dans l'eau froide & même plus abondamment que le premier, puifque deux parties d'eau à la température ordinaire de 10 degrés, en diffolvent une partie ; l'eau bouillante n'en diffout prefque pas davantage ; auffi pour l'avoir criftallifé régulièrement, on eft obligé d'évaporer lentement fa diffolution. En expofant une leffive bien claire de ce fel dans un endroit fec, on y trouve au bout de quelques mois des criftaux rhomboïdaux de fix à huit lignes, & quelquefois de près d'un pouce d'étendue. Ce procédé eft en général celui qui réuffit le mieux pour faire criftallifer les fels qui ne font pas plus folubles dans l'eau chaude que dans l'eau froide.

Le nitre de foude détonne fur les charbons ardens, & fait brûler tous les corps combuftibles avec lefquels on le chauffe, un peu moins rapidement que le nitre de potaffe.

La terre filicée en dégage l'acide nitrique & forme du verre avec fa bafe ; l'argile en fépare auffi l'acide, & le réfidu de cette décompofition eſt une eſpèce de fritte un peu bourſoufflée, & opaque lorſqu'on a donné un bon coup de feu.

La baryte le décompoſe & met à nud la ſoude. La magnéſie & la chaux ne l'altèrent pas ſenſiblement.

La potaſſe a plus d'affinité que ſa baſe avec l'acide nitrique avec lequel elle forme du nitre de potaſſe ; on peut ſe convaincre de cette décompoſition par une expérience très-facile. Si l'on partage une diſſolution bouillante & ſaturée de nitre de ſoude en deux portions, & ſi l'on jette dans une d'elles de la potaſſe cauſtique, celle-ci dépoſera pendant ſon refroidiſſement des criſtaux priſmatiques de nitre de potaſſe ; tandis que la portion dans laquelle on n'aura point mis de potaſſe ne criſtalliſera point, parce que les criſtaux de nitre de ſoude ne ſe forment que par l'évaporation lente.

L'acide ſulfurique concentré verſé ſur le nitrate de ſoude, en dégage l'acide nitreux avec efferveſcence. On peut diſtiller ce mélange, & obtenir de l'acide nitreux, comme avec le nitre de potaſſe. Les autres acides minéraux n'ont pas plus d'action ſur ce ſel que ſur le précédent.

Les ſels neutres déjà examinés, les ſulfates de potaſſe & de ſoude, & le nitrate de potaſſe n'altèrent en aucune manière le nitrate de ſoude ;

si ces sels sont dissous dans la même eau, ils cristallisent séparément, & chacun dans leur ordre ordinaire; le nitre de potasse & le sulfate de soude par refroidissement, le sulfate de potasse & le nitre de soude par l'évaporation. Toutes ces propriétés démontrent que le nitrate de soude ne differe du nitrate de potasse que par sa forme, sa saveur, sa légère déliquescence, sa solubilité plus grande, sa propriété de cristalliser par l'évaporation, & sur-tout sa décomposition par la potasse.

On n'a point encore trouvé le nitrate de soude dans la nature; il est toujours un produit de l'art qui le forme de cinq manières différentes; 1°. en unissant directement l'acide nitrique avec la soude; 2°. en décomposant par ce même alkali les nitrates terreux, le nitrate ammoniacal, & les nitrates métalliques; 3°. en décomposant le muriate de soude par l'intermède de l'acide nitrique; 4°. en décomposant le sulfate de soude par l'esprit de nitre fumant; 5°. enfin, en décomposant les dissolutions métalliques nitreuses qui en sont susceptibles par le muriate de soude : dans ce dernier cas, à mesure que l'acide muriatique s'unit au métal qu'il sépare de l'acide nitrique, ce dernier se combine avec la soude qui quitte son premier acide. Toutes ces décompositions seront détaillées en particulier à l'article de chacun des fels qui en font fufceptibles.

Le nitrate de foude pourroit fervir aux mêmes ufages que le nitre de potaffe ; mais comme il ne produit pas tous les effets de ce dernier fel, fans doute à caufe de la plus grande affinité qu'il a avec l'eau, on ne l'emploie pas dans les arts ; d'ailleurs comme on ne le trouve point dans la nature, & comme il n'eft qu'un produit de l'art, on n'a pas effayé d'en faire un ufage particulier ; on n'a même pas encore fait fur ce fel toutes les recherches néceffaires pour en bien connoître les propriétés.

Sorte V. Muriate de potasse.

Le muriate de potaffe appelé autrefois *fel fébrifuge de Sylvius*, eft formé par l'union faturée de l'acide muriatique avec la potaffe. Il a été mal-à-propos nommé *fel marin régénéré*, puifqu'il differe de ce fel par la nature de fa bafe. Ses criftaux font des cubes, mais qui ont prefque toujours un afpect confus & une forme peu régulière. Sa faveur eft falée, piquante, amère & défagréable : lorfqu'on l'expofe au feu, il décrépite, c'eft-à-dire, que fes criftaux fe brifent & s'éclatent en petits morceaux, ce qui vient de la raréfaction fubite de l'eau qui entre dans leur compofition : fi on le laiffe fur le feu après qu'il a décrépité, & que la chaleur soit assez forte, il se fond & se volatilise, mais sans se décomposer; il peut servir de fondant aux terres & aux substances métalliques. Sa principale utilité dans ce cas, c'est qu'en recouvrant les matières, il fixe l'action des autres fondans, les empêche de se volatiliser, & prévient les altérations que l'accès de l'air pourroit produire.

Le muriate de potasse est peu altérable à l'air, il n'en attire que très-légèrement l'humidité.

Il lui faut environ trois parties d'eau froide pour être tenu en dissolution; l'eau chaude n'en dissout pas davantage; c'est pour cela qu'on est forcé d'avoir recours à l'évaporation lente pour l'obtenir cristallisé. C'est un des sels qu'il est le plus difficile d'avoir en cristaux réguliers d'un certain volume.

L'argile paroît le décomposer en partie, puisqu'en distillant du muriate de potasse avec les glaises des environs de Paris, on obtient de l'acide muriatique; à la vérité, cette opération n'en fournit qu'une petite quantité, & son résultat est bien éloigné de celui que donne le nitrate de potasse. Il paroît aussi que le sable a la même action que l'argile sur le muriate de potasse.

La baryte s'empare de son acide & en sépare

la potaſſe ſuivant Bergman. La magnéſie & la chaux ne l'altèrent en aucune manière.

Les acides ſulfurique & nitrique en dégagent l'acide muriatique avec effervefcence (1): ce phénomène eſt d'autant plus marqué, que le muriate de potaſſe eſt plus ſec. Celui que l'on a fait décrépiter & qui a perdu ſon eau de criſ-tallifation, produit une effervefcence très-confi-dérable avec l'acide ſulfurique concentré, & le mélange s'échauffe beaucoup. En faiſant ces

---

(1) Nous avons déjà fait obſerver, en parlant de la décompoſition du nitre de potaſſe par l'acide ſulfurique concentré, que l'acide nitreux ſe dégageoit avec une vive effervefcence. Nous retrouvons ici le même phénomène pour l'acide muriatique: il eſt même beaucoup plus marqué dans ce dernier ſel, parce que ſon acide a une très-grande tendance pour ſe mettre dans l'état de gaz. Telle eſt la cauſe générale des effervefcences dont la nature & les différences n'ont été bien connues que depuis très-peu de temps. On croyoit autrefois que c'étoit au dégagement de l'air qu'elles étoient dues ; on eſt convaincu aujourd'hui que ce n'eſt pas l'air, mais tous les corps qui peuvent affecter l'aggrégation aériforme qui les produiſent ; ainſi, nous avons fait voir que l'ébullition de l'eau pouvoit être regardée comme une ſorte d'effervefcence. Comme cette vérité a befoin d'être ſouvent répétée juſqu'à ce qu'elle ſoit bien connue & bien entendue de tout le monde, nous revien-drons pluſieurs fois ſur cet objet, en traitant des différens ſels neutres, ſuſceptibles d'être décompoſés par les acides.

décompofitions dans des cornuès, on obtient de l'acide muriatique dans le récipient, & la cornue contient du fulfate de potaffe lorfqu'on opère avec l'acide fulfurique : le récipient contient, au contraire, de l'eau régale, & le réfidu donne du nitre de potaffe, fi l'on emploie l'acide nitrique. L'acide boracique décompofe auffi le muriate de potaffe par le moyen de la diftillation, & en dégage l'acide muriatique. Comme toutes ces opérations fe pratiquent avec le muriate de foude ou fel marin, nous les décrirons plus en détail à l'article de ce dernier. Les acides carbonique & fluorique n'ont aucune action fur le muriate de potaffe.

Les fulfates & les nitrates de potaffe & de foude n'en ont pas davantage fur ce fel; lorfqu'ils font diffous dans la même eau, chacun d'eux criftallife féparément & à fa manière.

Lé muriate de potaffe fe rencontre fréquemment dans la nature , mais toujours en affez petite quantité. On le trouve dans les eaux de la mer & des fontaines falées; il exifte, quoique rarement, dans les lieux où l'on rencontre le nitre de potaffe; on le trouve encore dans les cendres des végétaux, & dans quelques humeurs animales. L'art peut auffi le produire, 1°. en combinant directement l'acide muriatique avec la potaffe ; 2°. en décompofant les muriates terreux, ammoniacaux ou métalliques par le même alkali; 3°. en décomposant le sulfate ou le nitrate de potasse, par le moyen de l'acide muriatique, comme l'a indiqué M. Cornette.

On employoit autrefois ce sel neutre comme un excellent fébrifuge; mais il ne possède cette propriété que Sylvius lui a attribuée, qu'en sa qualité de sel amer. On lui préfere aujourd'hui les sulfates de potasse & de soude.

Le muriate de potasse n'est pas d'usage dans les arts; son goût désagréable empêche qu'on ne s'en serve pour assaisonnement comme on le fait du muriate de soude; il a d'ailleurs toutes les propriétés chimiques de ce dernier sel, dont il ne differe que par sa saveur amère, sa dissolubilité moins grande, son inaltérabilité à l'air & sa cristallisation moins régulière; c'est pourquoi nous n'insisterons pas davantage sur son histoire.

Sorte VI. Muriate de soude.

Le muriate de soude plus connu sous les noms de *sel marin* ou *sel de cuisine*, *sal culinare*, est un sel neutre parfait, formé par la combinaison saturée de l'acide muriatique & de la soude. On doit s'appercevoir que dans la nomenclature adoptée jusqu'ici, la définition de la nature de ces sels neutres est presque inutile, puisqu'elle est exprimée par la dénomination.

Ce

Ce fel eft répandu en quantité confidérable dans la nature ; c'eft le plus abondant de tous. On le trouve en maffes immenfes dans l'intérieur de la terre, en Efpagne, en Calabre, en Hongrie, en Mofcovie & fur-tout à Wieliczka, en Pologne, près les monts Crapacks. Les mines de ce dernier endroit font d'une grandeur très-confidérable, & le muriate de foude y eft en quantité prodigieufe. Ce fel, contenu dans la terre, eft ordinairement irrégulier, rarement criftallifé : il eft plus ou moins blanc ; on en trouve de coloré ; dans cet état on l'appelle *fel gemme*, parce qu'il a fouvent la tranfparence des criftaux connus fous ce nom. Les eaux de la mer en font chargées, ainfi que celles de certains lacs & de quelques fontaines. C'eft de ces eaux qu'on le retire par quatre procédés généraux.

Le premier eft l'évaporation fpontanée par la chaleur du foleil ; ce moyen eft mis en ufage dans nos provinces méridionales, en Languedoc, à Peyrac, Pecais, &c. On creufe fur le bord de la mer des efpèces de foffes qu'on enduit d'argile bien battue ; on y pratique des petits murs qui les partagent en plufieurs compartimens & qui communiquent les uns avec les autres. La marée montante dépofe de l'eau dans ces marais falans, & elle eft retenue par les efpèces de cloifons que forment les murs ; on n'y en laiffe qu'une couche affez mince que la chaleur du foleil évapore très-bien. Quand il s'y eft formé une pellicule faline, on la caffe & elle fe précipite ; on la brife ainfi jufqu'à ce qu'il n'y ait plus d'eau. Alors on ramaffe le fel avec des râteaux & on le met en tas pour le faire fécher. Ce fel eft mêlé avec tous ceux qui font diffous dans les eaux de la mer, tels que les fulfates de foude & de magnéfie, les muriates de magnéfie & de chaux. Il eft auffi fali par une portion de la glaife qui forme le fond des marais falans ; enfin on y trouve du fer & du mercure en très-petits globules; ce dernier s'y démontre facilement en laiffant féjourner une maffe d'or dans le fel ; elle y eft blanchie très-manifeftement. Ce fel fort impur eft connu fous le nom de *fel de gabelle.*

Dans les provinces feptentrionales de la France, en Normandie & en Bretagne, on fe fert de l'évaporation artificielle à l'aide du feu. Dans l'Avranchin on prend les fables mouvans fur lefquels l'eau de la mer a dépofé des criftaux falins, on les lave avec la moins grande quantité poffible d'eau de mer, afin que le fel n'en ait que ce qu'il lui en faut pour être diffous ; on porte cette eau falée dans des chaudières de plomb dans lefquelles on l'évapore jufqu'à ficcité. Ce fel eft très-blanc & plus pur que celui des marais falans. Guettard a décrit avec foin ce travail dans les Mémoires de l'Académie pour l'année 1758.

La Lorraine & la Franche-Comté ont beaucoup de fontaines falées. L'eau de ces fontaines eft chargée de différentes quantités de muriate de foude. A Montmorot, dans la dernière de ces provinces, pour obtenir ce fel on réunit l'évaporation fpontanée à l'évaporation par le feu. Pour cet effet, l'eau des puits eft portée, par des pompes à chapelet, dans un grand baffin. Ce dernier eft placé au haut d'un hangard nommé bâtiment de graduation. Sous cet hangard font fufpendues, par étages, des planches fur lefquelles font placés de petits fagots d'épines. L'eau tombe fur ces fagots par des robinets; elle fe divife en pluie fine; & comme elle préfente beaucoup de furface à l'air qui circule avec rapidité fous ces hangards, il s'en évapore prefque les deux tiers; elle dépofe du fulfate de chaux ou de la félénite fur les fagots; & lorfqu'elle eft affez chargée de fel pour donner treize à quatorze degrés au pèfe-liqueur, elle eft portée dans de grandes chaudières de fer, foutenues par des crochets de même métal, qui partent de leur fond & repofent fur des pièces de bois portées par les bords de ces vaiffeaux. Ces chaudières, appelées poëles, font très-larges & peu profondes. Elles contiennent cent muids d'eau salée. On les chauffe brusquement ; lorsque l'eau bout à gros bouillons, elle se trouble d'abord, & dépose à sa surface une terre ochreuse en forme d'écume. Il s'en sépare ensuite un sel peu soluble qui n'est que du sulfate de chaux, les ouvriers le nomment *schlot* ; le schlot est mêlé d'un peu de muriate de soude, de sulfate de soude & de muriates terreux ; il est reçu dans de petites auges de tôle, placées sur les bords des chaudières, dans lesquelles il est porté par les flots de la liqueur qui bout ; on enlève les auge-lots de temps en temps, & on les remet jusqu'à ce qu'il se forme à la surface de la liqueur une grande quantité de petits cristaux cubiques que les ouvriers appellent *pieds de mouches*. A cette époque on retire les angelots pour la dernière fois. On diminue le feu & on enlève le muriate de soude avec des écumoirs, à mesure qu'il s'en est cristallisé une assez grande quantité ; on continue de l'enlever ainsi, & d'évaporer jusqu'à ce que l'eau ne donne plus de cristaux cubiques. Le sel que l'on obtient est en cristaux plus ou moins gros, suivant la rapidité ou la lenteur de l'évaporation ; l'eau qui n'en fournit plus est appelée *muire* ou *eau mère*, elle contient des muriates terreux (1).

____

(1) On prépare à Montmorot un sel neutre, connu sous

Wallerius rapporte un quatrième procédé pour retirer le fel des eaux de la mer, mis en ufage dans les pays du Nord. On expofe cette eau dans des foffes fur le bord de la mer; comme elle n'y forme qu'une petite couche, le froid la pénètre, & elle fe gèle; mais la portion d'eau furabondante à la diffolution faline, étant la feule fufceptible de fe geler, celle qui refte fluide retient tout le fel qui étoit contenu dans la quantité primitive, & elle fe trouve concentrée au point de laiffer criftallifer le muriate de foude à la moindre chaleur; on la porte dans des chaudières de plomb, dans lefquelles on l'évapore.

Les criftaux de muriate de foude font des cubes très-réguliers & d'autant plus gros, que l'évaporation a été plus lente; ils fe groupent enfemble par leurs bords, de manière à former des efpèces d'efcaliers ou de trémies creufes. Rouelle l'aîné a obfervé & décrit ce phénomène avec beaucoup de foin dans fes Mémoires fur la criftallifation. Bergman en a donné une éthiologie fort ingénieufe.

---

le nom de *fel d'Epfom de Lorraine*; mais ce n'eft que du fulfate de foude ou fel de Glauber dont on a troublé la criftallifation. On le diftingue du vrai fulfate de magnéfie ou fel d'Epfom, en ce qu'il s'effleurit à l'air, tandis que le premier, tel qu'il vient d'Angleterre, eft déliquefcent.

La faveur de ce fel, qui eft falée & agréable, eft connue de tout le monde.

Lorfqu'on l'expofe à l'action d'un feu bruf-que, il pétille & faute en éclats. On appelle ce phénomène *décrépitation* ; il eft dû, ainfi que nous l'avons déjà fait obferver pour le fulfate de potaffe & le muriate de potaffe, à ce que l'eau qui entre dans les criftaux fe raréfiant fubi-tement, brife & écarte avec effort toutes les petites lames dont ils font compofés. Lorfque toute l'eau eft ainfi évaporée, la décrépitation ceffe, & le fel eft en pouffière. Si on continue à le chauffer fortement, il fe fond après avoir rougi : en le coulant fur une plaque de marbre, il fe fige en une efpèce de criftal minéral. Mais il n'eft altéré en aucune manière, car on peut lui rendre fa première forme en le diffolvant dans l'eau. Le feu ne le décompofe donc pas : en le tenant fondu quelque tems, il finit par fe volatilifer fans altération, mais il faut pour cela un feu de la dernière violence.

Le muriate de foude n'éprouve pas d'alté-ration fenfible à l'air, lorfqu'il eft bien pur ; il fe defsèche plutôt qu'il ne s'humecte, & il n'en attire l'humidité que lorfqu'il contient des muriates à bafes terreufes, comme celui de gabelle.

Il eft très-diffoluble dans l'eau ; il ne lui faut

que trois parties de ce fluide pour être tenu
en diffolution. Trois onces & demie d'eau diffolvent très complètement une once de ce fel :
il n'eft pas plus diffoluble dans l'eau bouillante
que dans l'eau froide. La diffolution fe fait feulement un peu plus vîte par la chaleur. On obtient
les criftaux de ce fel par une évaporation très-
lente. Il fe forme d'abord fur la liqueur des
pieds de mouches qui fe joignent, & donnent
naiffance à une pellicule plus ou moins épaiffe ;
quelquefois, au lieu de cubes, on obferve des
efpèces de pyramides quarrées & creufes, femblables à des trémies. Rouelle l'aîné, qui a
obfervé avec grand foin tous les phénomènes de
cette criftallifation, a vu que ces trémies pre-
noient naiffance de la manière fuivante. Lorfqu'il y a un cube formé, ce petit folide
s'enfonce un peu dans l'eau ; il en naît enfuite
un fecond qui eft attiré par le premier, & qui
s'attache à lui par un de fes côtés ; le même
phénomène a lieu pour les trois autres côtés du
cube. Il eft aifé de concevoir que cet accroiffe-
ment fucceffif produira des pyramides creufes,
dont la pointe fera en bas & la bafe en haut.
Lorfqu'elles font trop groffes, elles fe précipitent
au fond de la liqueur. L'eau dans laquelle on
a diffous ce fel, & qu'on a fait évaporer jufqu'à ce qu'elle n'en fourniffe plus, ne contient

plus aucune matière saline , si le sel employé étoit bien pur : celle de la mer & des salines contient toujours quelques sels à base terreuse. On peut en précipiter la terre à l'aide de la soude, comme nous le dirons à l'article des sels neutres terreux. Tel est le moyen qu'on emploie pour obtenir du muriate de soude très-pur.

Le muriate de soude paroît faciliter la fusion des verres ; il occupe toujours la partie supérieure des pots dans lesquels on fond cette matière , & constitue en grande partie le fiel de verre.

On s'en sert pour vitrifier la surface de certaines poteries, & pour leur donner ainsi une espèce de couverte aux dépens de leur portion extérieure, qui se fond à l'aide de la grande chaleur communiquée par le sel ; on y parvient aisément en jetant dans les fours où on la cuit , une certaine quantité de muriate de soude. Il se volatilise & se répand sur la surface des poteries, dont il occasionne la fusion par son extrême chaleur. C'est ainsi qu'on enduit la poterie d'Angleterre.

La terre silicée ne l'altère en aucune manière, quoiqu'il paroisse en favoriser la fusion.

L'argile pure a beaucoup moins d'action sur le muriate de soude que sur les nitres : elle ne donne en la distillant avec ce sel, qu'un acide foible

& phlegmatique en aſſez petite quantité. Les diſtillateurs d'eau-forte retirent, il eſt vrai, l'acide muriatique appelé *eſprit de ſel* de cette manière ; mais ils emploient du ſel de gabelle, qui contient beaucoup de muriates à baſe terreuſe, & ils ſe ſervent d'une argile très-colorée & très-impure.

La baryte décompoſe le muriate de ſoude comme tous les autres ſels alkalins, d'après les expériences de Bergman.

La chaux & la magnéſie n'altèrent en aucune manière le muriate de ſoude. Peut-être ces deux ſubſtances ſalino-terreuſes combinées avec l'acide carbonique peuvent-elles ſéparer les principes du muriate de ſoude par une attraction élective double.

La potaſſe cauſtique décompoſe le muriate de ſoude, parce qu'elle a plus d'affinité avec ſon acide, que n'en a la ſoude. Une diſſolution de muriate de ſoude, mêlée avec de la potaſſe donne du muriate de potaſſe par l'évaporation, & l'eau mère contient la ſoude pure & iſolée.

Les acides ont une action très-marquée ſur le muriate de ſoude. Si l'on verſe de l'acide ſulfurique concentré ſur ce ſel, il ſe produit un mouvement très-conſidérable, une chaleur très-vive ; on obſerve une efferveſcence violente (1),

____

(1) L'efferveſcence eſt auſſi manifeſte dans cette opé-

caufée par l'acide muriatique qui fe dégage fous la forme de gaz ; on reconnoît la nature de cet acide aériforme dégagé par la vapeur blanche qu'il forme avec l'eau de l'atmofphère , & par fon odeur piquante analogue à celle du fafran, lorfque cette vapeur eft fort étendue. Si l'on fait cette opération avec l'appareil pneumato-chimique au mercure, on obtient beaucoup de gaz acide muriatique. Glauber eft le premier qui ait obfervé & décrit avec foin cette décompofition du fel marin par l'acide fulfurique, pour retirer l'acide de ce fel ; c'eft pour cela qu'on a donné à cet acide le nom d'*efprit de fel marin à la manière de Glauber*. En examinant le réfidu de cette opération, il a découvert fon fel admirable, ou le fulfate de foude.

Prefque tous les auteurs prefcrivent , pour diftiller l'acide muriatique, de mettre du muriate de foude décrépité dans une cornue de grès tubulée, de verfer par la tubulure la moitié de fon poids d'acide fulfurique concentré ; il fe

---

ration , que dans l'union du même acide avec la chaux & les alkalis faturés d'acide carbonique. Elle a donc lieu toutes les fois qu'un corps, féparé d'une combinaifon , fe volatilife fous la forme de gaz ; elle peut donc être occafionnée par l'acide carbonique, l'acide muriatique, l'acide nitrique, l'acide fulfureux , l'acide fluorique, &c. Elle ne doit pas être attribuée au dégagement de l'air.

dégage fur-le-champ beaucoup de vapeurs acides, qui paffent par le bec de la cornue , & vont fe raffembler dans deux ballons enfilés ; le dernier de ces vaiffeaux eft percé d'un petit trou , afin de laiffer échapper les vapeurs & de prévenir la rupture de l'appareil. Il en eft de cette opération comme de la diftillation de l'acide nitreux ; on perd une grande quantité de l'acide muriatique le plus pur, qui fe diffipe fous la forme de gaz par le trou du ballon, & on eft fort incommodé par les vapeurs très-corrofives de cet acide, qui rempliffent le laboratoire où fe fait la diftillation. M. Baumé , pour éviter une partie de ces inconvéniens, ajoute de l'eau dans la cornue. Cette eau , volatilifée dans le ballon, abforbe une partie du gaz acide muriatique ; mais comme elle eft beaucoup moins volatile que lui , il fe perd toujours une grande quantité de cet acide. M. Woulfe a corrigé tous ces défauts , & a trouvé le moyen de fe procurer l'acide muriatique le plus fort & le plus concentré poffible , en faifant l'inverfe du procédé de M. Baumé. Au lieu de faire volatilifer l'eau pour aller après les vapeurs d'acide muriatique, il préfente ce liquide à la rencontre du gaz, & il emploie pour cela l'appareil que nous avons décrit à l'article du nitre.

On met huit onces d'eau diftillée dans les

bouteilles collatérales, pour un mélange de deux livres de muriate de foude & d'une livre d'acide fulfurique concentré. Le gaz acide muriatique, conduit par des tubes dans l'eau des bouteilles, s'y diffout. Cette eau s'échauffe prefque jufqu'à l'ébullition en fe combinant avec le gaz, & elle en abforbe un poids égal au fien. Lorfqu'elle en eft chargée à ce point, elle n'en diffout plus, & elle fe refroidit ; mais le gaz paffant dans les fecondes bouteilles collatérales, s'y noie de nouveau dans l'eau qu'il échauffe & qu'il fature.

Ce procédé, très-ingénieux & bien d'accord avec les propriétés connues du gaz acide muriatique, a plufieurs avantages : 1°. il évite les inconvéniens de l'acide en vapeur répandu dans l'air ; 2°. il empêche qu'on n'en perde la plus grande quantité, comme cela arrivoit même dans le procédé de M. Baumé ; 3°. il procure l'acide muriatique le plus fort, le plus concentré, le plus fumant qu'il foit poffible d'avoir ; 4°. cet acide eft en même-tems très-pur, puifqu'il n'eft formé que du gaz diffous dans l'eau. Auffi eft-il très-blanc ; tandis que celui qu'on avoit autrefois dans les laboratoires, étoit toujours d'une couleur citrine ; ce qui a même induit les chimiftes en erreur, puifqu'ils ont donné cette couleur comme un caractère de cet acide. La portion d'acide liquide qui, dans ce procédé, se condense dans les allonges, est jaune & salie par les matières étrangères entraînées par l'eau contenue dans le mélange, ainsi que cela arrive dans l'ancien procédé; 5°. la méthode nouvelle avertit l'artiste du degré de feu nécessaire, & de la manière de conduire son opération, par le passage plus ou moins rapide de l'acide muriatique gazeux à travers l'eau des bouteilles; 6°. enfin, ce qu'il y a de plus précieux, elle fournit un moyen de connoître exactement la quantité d'acide contenu dans le sel neutre, puisqu'on n'en perd aucune portion.

L'acide nitrique décompose aussi le muriate de soude; mais comme il est volatil, il monte & s'unit à l'acide de ce sel; il résulte de cette union l'acide mixte connu sous le nom d'acide nitro-muriatique ou l'eau régale.

Baron a découvert que l'acide boracique dégage l'acide du muriate de soude à l'aide de la chaleur. Le résidu de cette distillation est du véritable borax de soude très-pur.

L'acide carbonique & l'acide fluorique n'ont point d'action marquée sur le muriate de soude.

Les sels neutres que nous avons fait connoître jusqu'ici, n'en ont pas davantage sur ce sel.

Lorfque les fulfates , les nitrates de potaffe & de foude , & le muriate de potaffe fe trouvent diffous dans la même eau que le muriate de foude , chacune de ces matières falines criftalife à fa manière ; le muriate de foude eft un de ceux qui s'en fépare le premier pendant les progrès de l'évaporation , & il fe mêle avec un peu de fulfate & de muriate de potaffe ; mais le fulfate de foude & le nitrate de potaffe reftent les derniers en diffolution , & ne fe criftallifent que par le refroidiffement. C'eft pour cela qu'en Lorraine on prend l'eau mère des falines d'où on a retiré le fel de cuifine, on la met dans des tonneaux , & on l'agite avec des bâtons ; pendant fon refroidiffement , le fulfate de foude fe criftallife confufément , & en petites aiguilles qui reffemblent à celles du vrai fel d'Epfom , ou fulfate de magnéfie.

Les ufages du muriate de foude font fort étendus. Il eft employé , 1°. dans quelques poteries , pour faire entrer leur furface en fufion , & leur donner une efpèce de couverte ; 2°. dans la verrerie pour blanchir & purifier le verre ; 3°. dans la docimafie ou dans l'effai des mines, pour fervir de fondant aux matières qui forment les fcories , pour faciliter la précipitation des métaux , & pour empêcher leur altération par l'air, en les défendant du contaçt de l'atmofphère.

On fent aujourd'hui le befoin de le faire fervir à un ufage encore plus important que ceux-là; à l'extraction de la foude qui devient tous les jours de plus en plus rare, & dont l'ufage eft très-néceffaire pour les arts. Plufieurs perfonnes pofsèdent ce fecret en Angleterre, & retirent en grand la foude du fel de la mer.

Quelques chimiftes ont penfé que la litharge eft fufceptible de décompofer le muriate de foude à froid & par la fimple macération; il paroiffoit que réuniffant deux propriétés, la première de contenir de l'acide carbonique capable d'attirer la foude, la feconde de former avec l'acide muriatique un fel infoluble, & facile à fe féparer de la leffive alkaline, elle devoit agir par une attraction élective double; mais les effais que j'ai faits, fur cet objet, m'ont prouvé que ce procédé étoit infuffifant. Schéele a vu que le fer plongé dans une diffolution de muriate de foude, fe couvre de foude faturée d'acide carbonique; il a obtenu le même fuccès du fulfate & du nitrate de foude, traités de la même manière. Il a découvert que la chaux vive mêlée à une diffolution de muriate de foude, & que ce mélange laiffé dans une cave humide, donnoit une efflorefcence de foude, & qu'il fe formoit du muriate calcaire. Cohaufen avoit annoncé ce fait en 1717. M. de Morveau a prouvé que ces décompofitions s'opèrent à la faveur de l'acide carbonique ; puifqu'une diffolûtion de fulfate & de muriate de potaffe, verfée dans de l'eau de chaux précipitée par l'acide carbonique , devenoit claire & tranfparente, & puifqu'il n'y a pas de précipité en verfant dans un mélange d'eau de chaux & d'une diffolution de ces fels, de l'eau chargée d'acide carbonique. Tous ces faits font autant de données d'où il faut partir pour trouver l'art de retirer la foude du fel de la mer, & pour former des établiffemens en grand fur cette utile extraction.

Le muriate de foude fert d'affaifonnement pour les alimens dont il corrige la fadeur ; il facilite la digeftion, en produifant un commencement d'altération putride dans les fubftances alimentaires. Quoiqu'il foit bien prouvé par les expériences de MM. Pringle, Macbride, &c. qu'il retarde la putréfaction, & qu'il eft un antifeptique puiffant, comme la plupart des matières falines, lorfqu'on le mêle en grande dofe avec les fubftances animales, il agit d'une manière bien différente quand on le mêle en petite quantité à ces mêmes fubftances, puifqu'il les fait paffer plus vîte à la putréfaction. Ce fait eft prouvé par les expériences de l'auteur des effais pour fervir à l'hiftoire de la putréfaction, & par celles de M. Gardane.

Ce

Ce fel n'eſt pas moins utile en médecine ; on le met dans la bouche & on l'emploie en lavemens comme un ſtimulant très-utile dans l'apoplexie, la paralyſie, &c. C'eſt un fondant aſſez actif dans beaucoup de cas, &c. Il eſt fort recommandé par Ruſſel (*de Tabe Glandulari*) pour les engorgemens lymphatiques qui dépendent du vice ſcrophuleux. J'en ai moi-même obtenu de très-bons effets dans pluſieurs maladies de cette nature. Il purge lorſqu'on l'adminiſtre à la doſe de pluſieurs gros. Comme c'eſt le ſel gris que l'on emploie ordinairement dans ces différentes circonſtances, les effets qu'il produit ſont dus en partie aux muriates calcaire & magnéſien qu'il contient.

Sorte VII. Borax de soude ou Borate sursaturé, de soude. (1)

Le borax de ſoude ou borax commun, eſt un ſel neutre, formé par la combinaiſon de l'acide boracique avec la ſoude.

L'hiſtoire de ce ſel qui nous vient des Indes Orientales, eſt fort incertaine. On ne ſait pas

---

(1) Nous avons juſqu'ici commencé par examiner les ſels neutres, formés par chaque acide uni à la potaſſe. Quant à ceux dans leſquels entre l'acide boracique, nous ſommes forcés de commencer par celui à baſe de ſoude, parce que c'eſt le ſeul bien connu.

Tome II.   E

encore positivement si c'est un produit de la nature ou de l'art. En effet, si la découverte de l'acide boracique en dissolution dans les eaux de plusieurs lacs de Toscane, dont nous avons fait mention dans l'histoire de cet acide, peut faire présumer que le borax de soude est un produit de la nature, plusieurs faits que nous rapporterons plus bas, semblent démontrer qu'il est possible de former ce sel de toutes pièces par certains procédés, & peut-être aura-t-on quelque jour des minières artificielles de borax, comme on a aujourd'hui des nitrières artificielles dans différentes parties de l'Europe.

Le borax de soude est sous trois états dans le commerce. Le premier est le borax brut, *tinckal* ou *chryfocolle*, qui nous vient de Perse ; il est en masses verdâtres, grasses au toucher, ou en espèces de cristaux opaques d'un vert de porreau, qui font des prismes à six faces, terminés par des pyramides irrégulières. On trouve même deux variétés de ces cristaux verdâtres différentes par la grosseur dans le commerce. Ce sel est très-impur & mêlé de beaucoup de matières étrangères à sa composition.

La seconde espèce de borax est connue sous le nom de borax de la Chine ; celui-ci est un peu plus pur que le précédent ; il est en petites plaques, ou en masses irrégulièrement cristalli-

fées, d'un blanc fale ; on y apperçoit des rudi-
mens de prifmes & de pyramides, mais confondus enfemble fans aucun arrangement fym-
métrique : on obferve fur ces criftaux une
pouffière blanche qui en enduit la furface, &
que l'on croit de nature argileufe.

La troifième efpèce eft le borax de Hollande,
ou borax raffiné. Il eft en portions de criftaux
tranfparens & affez purs ; on y reconnoît des
pyramides à plufieurs faces, mais dont la criftallifation a été interrompue. Cette forme indique d'une manière certaine que la méthode
employée par les hollandois pour rafiner ce fel,
eft la diffolution & la criftallifation.

Enfin on prépare à Paris dans le laboratoire
de MM. Lefguillers droguiftes rue des Lombards,
un borax purifié qui ne le cède en rien à celui de
Hollande, & qui peut-être a même un degré
fupérieur de pureté.

Outre ces quatre efpèces de borax, un phar-
macien de Paris, M. la Pierre, a cru découvrir
qu'il s'en forme journellement dans les eaux de
favon, mêlées à celles des cuifines, qu'un particulier laiffe féjourner dans une efpèce de foffe ;
il en retire au bout d'un certain tems de vrai
borax en beaux criftaux : mais ce fait annoncé
il y a près de dix ans n'a point été confirmé
depuis.

On n'eſt donc pas encore inſtruit ſur la formation du borax de ſoude ; il paroît ſeulement
qu'il s'en produit dans les eaux ſtagnantes qui
contiennent des matières graſſes. Quelques
auteurs aſſurent qu'on le fait artificiellement à
la Chine ; en mêlant dans une foſſe de la graiſſe,
de l'argile & du fumier, couches par couches ;
en arroſant ce mélange avec de l'eau, & en le
laiſſant ainſi ſéjourner pendant quelques années.
Au bout de ce tems on leſſive ces matières, on
évapore la leſſive, & on obtient le borax brut.
D'autres ont cru qu'on le tiroit d'une eau qui ſe
filtre à travers des mines de cuivre. M. Baumé
dit poſitivement que le premier de ces procédés
lui a fort bien réuſſi. (*Chim. expérim. tom. II,
page 132.*)

Le borax de ſoude purifié eſt en priſmes à ſix
faces, dont deux ſont plus larges, avec des pyramides trièdres. Il préſente d'ailleurs beaucoup de
variétés dans ſa criſtalliſation. Sa ſaveur eſt ſtiptique & urineuſe ; il verdit le ſirop de violettes,
parce qu'il contient un excès de ſoude ; c'eſt
pour le diſtinguer de celui qui eſt ſaturé d'acide
boranque, ou du vrai *borate de ſoude*, que nous
lui laiſſons le nom de borax ; nous le nommons
auſſi borate ſurſaturé de ſoude, pour déſigner la
nature de ſa combinaiſon.

Lorſqu'on l'expoſe à l'action du feu, il fond

affez vîte à l'aide de l'eau de fa criftallifation ;
il perd peu-à-peu cette eau, & acquiert un
volume confidérable : il eft alors fous la forme
d'une maffe légère, poreufe & très-friable que
l'on défigne fous le nom de borax calciné ; le
volume confidérable, la forme lamelleufe &
poreufe que prend le borax de foude dans fa
calcination, viennent de ce que l'eau qui fe
dégage dans l'état de vapeur, foulève la portion
de la fubftance faline à demi-deffechée en pellicules légères, & de ce que les bulles qu'elle
forme, crevant à la furface du fel, ces pellicules fe defsèchent entièrement, & fe placent
les unes fur les autres, de forte à laiffer des
intervalles entr'elles. Le borax de foude calciné
n'eft nullement altéré dans fa compofition ; il n'a
perdu que fon eau de criftallifation, qui fait à-
peu-près fix onces par livre. On peut lui rendre
fa première forme en le diffolvant dans l'eau, &
en le faifant criftallifer ; mais lorfqu'on continue
de chauffer ce fel calciné, il fe fond dès qu'il
commence à rougir, & forme un verre très-
fufible, tranfparent, un peu verdâtre, qui fe
ternit à l'air & qui fe diffout dans l'eau. Le borax
n'a point changé de nature par cette fufion ; on
peut le faire reparoître avec toutes les propriétés
qui lui font particulières, par le moyen de la
diffolution & de la criftallifation.

E iij

L'air n'altère point ce fel ; il s'y effleurit cependant à fa furface en perdant une portion
de fon eau de criftallifation. Il paroît même
que cette efflorefcence n'eft pas toujours la même
dans les différens borax de foude purifiés ; celui
de la Chine s'effleurit beaucoup moins que
celui de Hollande, & celui-ci plus que le borax
purifié à Paris ; cette légère différence dépend
fans doute des procédés qu'on a fuivis dans fa
purification, de la manière dont on le fait criftallifer, de la quantité d'eau que fes criftaux contiennent fuivant la rapidité plus ou moins grande
avec laquelle ils fe font formés, & peut-être
auffi des différentes proportions d'acide boracique & de foude qui entrent dans fa compofition.

Le borax de foude eft très-diffoluble dans
l'eau : il faut douze parties d'eau froide pour
diffoudre une partie de ce fel ; fix parties d'eau
bouillante en diffolvent une. On obtient fes
criftaux par le refroidiffement de fa diffolution ;
mais les plus beaux & les plus réguliers fe forment dans l'eau-mère, qu'on laiffe s'évaporer
très-lentement, & à la température ordinaire de
l'atmofphère.

Le borax de foude fert de fondant à la terre
filicée, & il forme avec elle un verre affez beau.
On l'emploie dans la préparation des pierres
précieufes artificielles.

Il vitrifie également l'argile, mais avec beaucoup plus de difficulté & beaucoup moins complètement ; telle est la raison pour laquelle il adhère aux creusets dans lesquels on le fait fondre.

On ne connoît pas bien l'action de la baryte & de la magnésie pures sur le borax de soude. Bergman place cependant ces deux substances avant les alkalis dans la dixième colonne de sa table des affinités ; ce qui annonce qu'elles sont susceptibles de décomposer ce sel ; mais il dit dans sa dissertation que les affinités de la terre pesante & de la magnésie avec l'acide boracique, ne sont point encore exactement déterminées.

La chaux a réellement plus d'affinité avec cet acide, que n'en a la soude. L'eau de chaux précipite la dissolution de ce sel ; mais pour en opérer tout-à-fait la décomposition, il faut faire bouillir de la chaux vive avec le borax de soude ; alors le dépôt qui se forme est un composé salin peu soluble de la chaux avec l'acide boracique, tandis que la soude caustique reste en dissolution dans l'eau.

La potasse paroît décomposer le borax de soude, comme elle le fait à l'égard de tous les autres sels neutres à base de soude. L'ammoniaque ne l'altère en aucune manière.

E iv

Les acides ont une action très-marquée sur ce sel. Si dans une dissolution bouillante de borax de soude, on verse avec précaution de l'acide sulfurique concentré, jusqu'à ce qu'il y ait un léger excès d'acide dans la liqueur, on obtient par le refroidissement du mélange filtré, un précipité très-abondant, & disposé en petites écailles brillantes, c'est l'acide boracique; on le lave avec de l'eau distillée, & on le fait sécher à l'air pour l'avoir bien pur. En évaporant & laissant refroidir la dissolution ainsi préparée, on en obtient à plusieurs reprises de l'acide boracique. A la fin on ne retire plus que du sulfate de soude, formé par l'union de l'acide sulfurique qu'on a employé, avec la base alkaline du borax.

L'acide nitrique & l'acide muriatique décomposent de même le borax de soude, parce qu'ils ont comme l'acide sulfurique plus d'affinité avec la soude, que n'en a l'acide boracique. On retire des dernières évaporations de ces mélanges du nitrate ou du muriate de soude. La découverte de l'acide boracique paroît être due à Beccher, mais on a coutume de l'attribuer à Homberg qui a le premier décrit avec assez d'exactitude dans les Mémoires de l'Académie pour 1702, un procédé pour l'obtenir. Ce chimiste découvrit ce sel sublimé dans la distillation d'un mélange de sulfate de fer calciné, de borax de soude & d'eau. Comme il crut que la première de ces matières contribuoit beaucoup à sa formation, il l'appela *sel volatil narcotique de vitriol*. Louis Lemery, fils aîné du fameux Nicolas Lemery, a beaucoup travaillé sur le borax de soude, & a découvert en 1728 qu'on pouvoit obtenir l'acide boracique appelé alors *sel sédatif* par l'acide sulfurique pur, & que les acides nitrique & muriatique en donnoient de même ; mais il employoit toujours la sublimation. C'est à Geoffroy le cadet qu'on doit l'analyse complète du borax de soude ; il a prouvé en 1732 qu'on obtenoit l'acide boracique par évaporation & par cristallisation, & en examinant le résidu de ces opérations, il a démontré que la soude étoit un des principes du borax.

Les travaux de Baron sur ce sel, présentés à l'Académie en 1745 & 1748, ont ajouté à ces découvertes deux faits importans pour la connoissance du borax de soude. Le premier, c'est que les acides végétaux le décomposent aussi-bien que les acides minéraux ; le second, c'est qu'on peut refaire du vrai borax, en unissant l'acide boracique avec la soude ; ce qui prouve que cet acide est tout formé dans ce sel, & que les acides que l'on emploie pour le précipiter, ne contribuent en rien à sa formation.

L'acide fluorique & l'acide carbonique même, quoiqu'un des plus foibles, paroissent être susceptibles de décomposer le borax de soude & d'en séparer l'acide boracique. Ce dernier s'unit facilement au borax de soude dont la base alkaline demande pour être entièrement saturée d'acide boracique, un peu plus de cet acide que le poids total du borax. Bergman pense même que ce sel n'est bien neutre & bien saturé, & que les propriétés alkalines qui y dominent ordinairement ne peuvent être masquées, que par cette addition d'acide boracique. On n'a point encore examiné en détail les propriétés de ce sel neutre ainsi saturé.

Les sels neutres alkalins sulfuriques, nitriques & muriatiques, n'ont aucune action sur le borax de soude.

Ce sel fondu avec des matières combustibles, comme le charbon, acquiert une couleur rougeâtre : mais on ne connoît pas l'altération qu'il éprouve de la part de ces matières.

Le borax de soude est d'une très-grande utilité dans plusieurs arts. On l'emploie dans la verrerie, comme un excellent fondant, ainsi que dans la docimasie. On s'en sert avec grand avantage dans les soudures, parce qu'il fait couler l'alliage destiné à souder ; de plus, il entretient les surfaces des métaux que l'on veut réunir, dans un ramollissement très-propre à cette opération ; & en les recouvrant, il empêche que le contact de l'air ne les altère. On en faisoit autrefois un usage assez étendu en médecine, mais il est entièrement abandonné aujourd'hui.

Sorte VIII. Borate de potasse.

Nous donnons le nom de borate de potasse à la combinaison de l'acide boracique avec la potasse. On sait que ces deux substances salines sont très-susceptibles de s'unir, & qu'il résulte de cette union un sel neutre analogue au borax de soude. Tel est le résidu du nitre de potasse décomposé par l'acide boracique. M. Baumé dit que ce résidu est en masse blanche, demi-fondue, & que dissous dans l'eau, il lui a fourni un sel en petits cristaux. Le borate de potasse est donc fusible, dissoluble & cristallisable, les acides purs le décomposent ainsi que le borax de soude. On ne connoît rien de plus sur ce sel qu'il seroit nécessaire d'examiner comme on a fait le borax de soude. Baron a connu la possibilité de faire ce sel en combinant directement de l'acide boracique avec la potasse, il l'a même bien distingué du borax ordinaire ou à base de soude, mais il n'a rien dit sur les propriétés particulières de ce borax de potasse.

Sorte IX. Fluate de potasse.

On doit désigner par ce nom, suivant les règles de nomenclature adoptées jusqu'ici, la combinaison de l'acide fluorique avec la potasse. Cette espèce de sel neutre n'a encore été que très-légèrement examinée par MM. Schéele & Boullanger. Il est toujours sous forme gélatineuse, & ne cristallise jamais, d'après ces deux chimistes. Desséché & fondu, il est âcre, caustique & déliquescent, suivant Schéele. Ce chimiste le compare alors à la liqueur des cailloux. Il paroît que le feu en dégage l'acide fluorique, & que la terre silicée dont se charge toujours ce dernier pendant sa préparation, se fond en un verre soluble, à l'aide de la potasse.

Le fluate de potasse est très-soluble dans l'eau ; il retient toujours une si grande quantité de ce fluide, qu'on ne peut lui faire prendre une forme cristalline. Lorsqu'il est bien saturé, sa dissolution n'altère point le sirop de violettes.

On ne connoît pas bien l'action des terres silicée, argileuse & barytique sur ce sel, non plus que celle de la magnésie.

Suivant Schéele & Bergman, la chaux a plus d'affinité avec l'acide fluorique, que n'en a la potasse. Le fluate de potasse, mis dans l'eau de chaux, y est sur-le-champ décomposé ; la chaux s'unit avec l'acide fluorique, & forme un sel infoluble qui trouble la liqueur , & qui eft du fluate de chaux. On connoîtra des fels neutres formés par l'acide carbonique , & les alkalis fixes, qui font également décompofés par la chaux. On a vu le borax de foude être préci- pité par l'eau de chaux ; l'acide fluorique n'eft donc pas le feul acide qui ait plus d'affinité avec cette fubftance falino-terreufe , que n'en ont les alkalis fixes.

L'acide fulfurique concentré décompofe le fluate de potaffe, & en dégage l'acide, qui , fuivant M. Boullanger , fe préfente avec l'odeur & les vapeurs blanches propres à l'acide muria- tique. En faifant cette expérience dans un appa- reil diftillatoire, on recueilleroit l'acide fluori- que , comme on le fait à l'égard du nitre de potaffe & du muriate de foude décompofés par par l'acide fulfurique.

On n'a point examiné l'action des acides nitrique & muriatique, ainfi que celle des fels neutres que nous connoiffons fur le fluate de potaffe.

Ce fel, d'ailleurs très-peu connu, n'eft encore d'aucun ufage.

Sorte X. FLUATE DE SOUDE.

Ce nom défigne affez le fel neutre formé par la combinaifon faturée de l'acide fluorique avec la foude. Ce fel eft dans le même cas que le précédent; il a été fort peu examiné. Il n'y a que MM. Schéele & Boullanger qui en aient dit quelque chofe; encore ne font-ils point d'accord entr'eux, comme on va le voir.

Schéele affure que la foude unie à l'acide fluorique forme une gelée comme le fel précédent; M. Boullanger avance, au contraire, que cette combinaifon donne de très-petits criftaux durs, caffans, figurés en quarrés oblongs, d'une faveur amère & un peu ftiptique Ce fel mis fur les charbons ardens décrépite comme le muriate de foude: il ne fe diffout qu'avec peine dans l'eau.

L'eau de chaux le décompofe comme le fluate de potaffe.

L'acide fulfurique en dégage l'acide avec effervefcence, vapeur blanche & odeur piquante, femblables à celles de l'acide muriatique.

On voit, d'après ce court expofé, que ce fel n'eft pas plus connu que le précédent.

Sorte XI. CARBONATE DE POTASSE.

Les deux derniers fels neutres parfaits qui nous reftent à examiner, font les combinaifons de l'acide carbonique avec les alkalis fixes.

Ces fubftances n'ont jamais été rangées parmi les fels neutres; cependant ils en font de véritables, comme nous l'allons voir.

Nous donnons le nom de carbonate de potasse, au sel neutre qui résulte de la combinaison saturée de l'acide carbonique avec la potasse. Quelques chimistes modernes l'appellent *tartre méphitique*, *alkali végétal aéré*, &c. Cette substance saline, qu'on avoit toujours prise pour de l'alkali pur, n'est connue comme un sel neutre que depuis les travaux de M. Black. On lui donnoit autrefois le nom de *sel fixe de tartre*, parce qu'on le retire de l'incinération du tartre du vin. On le regardoit comme un alkali, parce qu'il a quelques-unes des propriétés de ces sels. En effet, il verdit le sirop de violettes ; mais le borax & plusieurs autres sels ont la même propriété ; d'ailleurs il ne détruit pas ou n'affoiblit pas la couleur des violettes comme la potasse. Il a une saveur alkaline qu'on retrouve aussi dans le borax. On le distinguoit seulement de l'alkali de la soude, par la propriété qu'on lui attribuoit d'attirer très-promptement l'humidité de l'air, & de ne pas pouvoir se cristalliser ; ainsi humecté par l'air, on l'appeloit *huile de tartre par défaillance* (1). Mais ces deux propriétés ne

____

(1) Bohnius rapporte qu'ayant évaporé lentement & à une douce chaleur, de l'huile de tartre, il a obtenu, sous une pellicule saline, de beaux cristaux, qui se sont conservés plus de six ans sans altération, quoiqu'exposés à différentes

dépendent que de ce que le sel fixe de tartre n'est pas un sel neutre parfait. Comme il contient encore une certaine quantité de potasse non saturée d'acide carbonique, c'est en raison de cet excès d'alkali qu'il est déliquescent. Aujourd'hui on est parvenu à avoir ce sel très-cristallisable, qui n'attire point du tout l'humidité de l'air, & qui s'effleurit plutôt. M. le duc de Chaulne, qui s'est beaucoup occupé de cet objet, prépare ce sel en exposant une dissolution de potasse caustique, ou chargée de peu d'acide carbonique, dans un lieu rempli de cet acide gazeux, comme dans le haut d'une cuve de bierre en fermentation. L'alkali s'empare de tout l'acide carbonique qu'il peut absorber, & il cristallise très-régulièrement. Ses cristaux sont des prismes quadrangulaires, terminés par des pyramides à quatre faces très-courtes.

La saveur du carbonate de potasse est urineuse; mais beaucoup moins forte que celle de l'alkali végétal caustique, puisqu'on l'emploie en médecine à la dose de quelques grains comme

---

températures. (*Differt. Physico-Chim.* 1666). M. Montet, célèbre chimiste de Montpellier, qui sans doute n'avoit pas connoissance de la découverte de Bohnius, a trouvé de son côté un procédé pour faire cristalliser le sel fixe de tartre. *Acad. des Sci an.* 1764, *page 576.*

fondant.

fondant. Ce fel neutre eft très-altérable au feu ; il fe fond aifément, & il s'alkalife affez vîte. Si on le diftille dans une cornue en adaptant à ce vaiffeau un récipient & un appareil pneumato-chimique au mercure, on en retire l'eau de criftallifation, & fon acide dans l'état aériforme ; la potaffe eft en maffe irrégulière après cette opération, & elle retient toujours une petite por-tion de fon acide que le feu ne peut lui en-lever qu'avec la plus grande difficulté. D'après l'analyfe de Bergman, le carbonate de potaffe faturé d'acide & bien criftallifé, qu'il nomme *alkali végétal aéré*, contient par quintal vingt parties d'acide, quarante-huit d'alkali pur, & trente-deux d'eau. Mais il faut obferver que les carbonates paroiffent être en général plus fufceptibles que les autres de contenir des dofes très-différentes & très-variées de leur acide. Mal-gré cette propriété, ce fel ne fourniffant jamais de criftaux réguliers que lorfqu'il eft parfaite-ment faturé, on peut regarder comme exact & affez conftant le calcul donné par Bergman.

Le carbonate de potaffe, lorfqu'il eft bien criftallifé, n'éprouve aucune altération de la part de l'air ; fes criftaux reftent tranfparens, fans fe fondre ni s'effleurir. Comme il eft très-important & très-néceffaire pour beaucoup d'expériences, d'avoir ce fel affez pur pour jouir de cette propriété, & pour réfifter ainfi à l'épreuve de l'air humide ou fec, on en préparera facilement en expofant une leffive de potaffe ordinaire bien pure, bien blanche & bien féparée du fulfate de potaffe que ce fel contient ordinairement, au-deffus d'une cuve à bierre dans un vaiffeau plat, & mieux encore en l'agitant avec des mouffoirs, ou en la verfant continuellement d'un vafe dans un autre ; on la laiffera ainfi en contact avec l'acide carbonique, produit en grand pendant la fermentation, jufqu'à ce que la leffive ait dépofé de beaux criftaux de carbonate de potaffe.

Ce fel fe diffout très-bien dans quatre parties d'eau froide, & il exige un peu moins d'eau chaude pour être tenu en diffolution ; il produit du froid en s'uniffant à ce fluide. Cette propriété qui diftingue les fels neutres des fels fimples, caractérife affez la différence du carbonate de potaffe, d'avec la potaffe pure ou cauftique. Il criftallife par l'évaporation jointe au refroidiffement ; fi fa diffolution eft trop rapprochée, il fe prend en maffe irrégulière, ce qui arrive très-fouvent dans les laboratoires.

Il peut fervir de fondant aux terres vitrifiables, comme la potaffe, parce qu'il s'alkalife par l'action du feu, en perdant l'acide carbonique ; d'ailleurs lorfqu'on chauffe fortement ce fel mêlé avec du fable dans des creufets, on obferve que dans le moment de la vitrification il fe produit une vive effervefcence occafionnée par le dégagement de l'acide aériforme. Ce phénomène prouve que la terre filicée ne peut point fe combiner avec l'alkali faturé de cet acide, & que celui-ci s'en dégage dans l'inftant de la combinaifon vitreufe. Ce caractère d'effer-vefcence eft fi conftant qu'il a été propofé par Bergman, pour reconnoître en petit & par l'action du chalumeau une terre filicée, qui fe fond avec le carbonate de potaffe, en produifant un bouillonnement ou une effervefcence très-remarquable, tandis que les autres terres ne préfentent point le même phénomène.

L'argile n'a point d'action fur le carbonate de potaffe qui réduit cette terre par la fufion en une fritte vitreufe, un peu moins facilément à la vérité que la potaffe cauftique ; la baryte enlève l'acide carbonique à ce fel.

La chaux le décompofe auffi, parce qu'elle a plus d'affinité avec cet acide, que n'en a la potaffe. Si l'on verfe de l'eau de chaux dans une diffolution de carbonate de potaffe, il fe pré-cipite un fel prefque infoluble, formé par l'union de la chaux à l'acide carbonique, & l'alkali pur ou cauftique refte en diffolution dans l'eau. On emploie en pharmacie cette décompofition pour préparer la pierre à cautère, qui n'eſt que l'alkali fixe végétal rendu cauſtique par la chaux. Les connoiſſances modernes ont appris que le procédé de Lemery, ſuivi par pluſieurs pharmacopées, eſt très-défectueux. Il conſiſtoit à mêler deux livres de cendres gravelées (1) avec une livre de chaux vive, à arroſer ce mélange avec ſeize livres d'eau, à le filtrer, à évaporer la leſſive dans un vaiſſeau de cuivre, & à fondre dans un creuſet & couler ſur une plaque le réſidu de cette évaporation. Dans cette opération on n'obtient qu'un alkali ſale, peu cauſtique, chargé de cuivre.

Bucquet qui a ſenti tous ces inconvéniens, a donné un procédé plus long & plus diſpendieux à la vérité, mais beaucoup plus ſûr & plus utile, ſur-tout pour préparer de la potaſſe bien pure, ſi néceſſaire dans les expériences de chimie. On prend deux livres de chaux bien vive, on l'arroſe d'un peu d'eau pour la faire briſer, on ajoute une livre de ſel fixe de tartre, & on verſe aſſez d'eau pour former une pâte ; lorſque le mélange eſt refroidi, on ajoute de l'eau

---

(1) Les cendres gravelées ſont celles que fournit la combuſtion du marc & de la lie de vin. Ces cendres contiennent beaucoup d'alkali végétal ou de carbonate de potaſſe & du ſulfate de potaſſe.

jusqu'à la quantité de seize pintes, on jette le tout sur un papier soutenu par un linge ; il passe douze livres environ d'une liqueur claire ; on lave encore le résidu avec quatre pintes d'eau bouillante pour emporter tout l'alkali. Cette liqueur ne fait aucune effervescence avec les acides ; mais la meilleure pierre de touche de sa parfaite causticité, c'est quand elle ne trouble point l'eau de chaux, parce que la petite quantité d'acide carbonique qu'elle contient, suffit pour y occasionner des nuages sensibles. Or comme après cette première opération elle précipite encore un peu cette liqueur ; si l'on desire avoir un alkali très-pur pour des expériences délicates, il faut traiter cette lessive avec deux nouvelles livres de chaux vive ; alors elle passe très-claire & si caustique qu'elle n'altère pas la transparence de l'eau de chaux. Lorsqu'on évapore l'alkali à feu ouvert, ce sel se charge de l'acide carbonique contenu dans l'atmosphère. On doit donc pour l'obtenir bien caustique & sous forme sèche, évaporer la liqueur dans une cornue jusqu'à siccité. Cette opération très-longue n'est pas nécessaire pour la pierre à cautère, puisqu'il suffit pour ce médicament qu'il y ait une portion d'alkali caustique qui puisse ronger le tissu de la peau ; mais comme il est très-nécessaire pour les expériences exactes d'avoir de la potasse sèche & folide dans le plus grand état de pureté, je dois faire obferver que l'évaporation de la leffive alkaline cauftique doit être faite dans des vaiffeaux fermés, & que comme cette évaporation préfente de grandes difficultés relativement à la denfité que prend fur la fin la liqueur, il faut conduire le feu avec beaucoup de précaution. L'alkali fixe que l'on obtient par ce procédé doit être très-blanc, ne faire nulle effervefcence avec les acides & ne point troubler du tout l'eau de chaux.

La magnéfie n'agit point fur le carbonate de potaffe, parce que l'alkali fixe végétal a plus d'affinité avec l'acide carbonique, que n'en a cette fubftance falino-terreufe.

Les acides fulfurique, nitrique, muriatique & fluorique, décompofent le carbonate de potaffe, en s'uniffant à l'alkali fixe, & en féparant l'acide carbonique qui fe dégage avec effervefcence. On peut recueillir cet acide au-deffus de l'eau ou du mercure ; on le reconnoît aux quatre caractères fuivans ; il eft plus pefant que l'air atmofphérique, il éteint les bougies, il rougit la teinture de tournefol, & il précipite l'eau de chaux.

L'acide boracique paroît ne point féparer à froid l'acide du carbonate de potaffe ; mais il l'en dégage très-facilement à chaud.

Les fels neutres que nous avons examinés jufqu'à préfent, ne font point altérés par le carbonate de potaffe, & ne l'altèrent point lui-même.

Ce fel eft très-abondant dans la nature. Il fe trouve tout formé dans les végétaux, & on le retire par l'incinération de ces corps organiques, comme nous le dirons dans le règne végétal; c'eft fur-tout du tartre brûlé qu'on l'obtient. On le prépare encore par la détonation du nitre de potaffe.

Les ufages du carbonate de potaffe font affez étendus dans les arts. On l'emploie en médecine, comme un fondant très-actif, dans les embarras du méfentère & des voies urinaires. On ne l'adminiftre qu'à une très-petite dofe, & on a foin de le donner avec quelque fubftance qui en modère l'action.

Sorte XII. Carbonate de Soude.

Il en eft de ce fel neutre comme du précédent. On le regardoit autrefois comme un alkali; c'eft cependant une combinaifon de l'acide carbonique avec l'alkali minéral : il paroît que c'eft ce fel que les anciens avoient appelé *natrum*. On le nomme communément *fel de foude*, parce qu'on le retire affez pur & affez bien criftallifé, en évaporant une leffive de foude

du commerce. Auffi diftinguoit - on l'alkali
marin de l'alkali fixe végétal par la propriété de
criftallifer & de s'effleurir, ce qui dépend de ce
qu'il eft tout-à-fait faturé d'acide carbonique
dans la foude ordinaire.

Le carbonate de foude a une faveur alkaline;
il verdit le firop de violettes, mais fans en
altérer la couleur comme le fait la foude cauftique. Sa faveur eft urineufe, mais non brûlante
& beaucoup moins forte que celle de l'alkali
marin pur.

Ce fel eft naturellement plus pur que le carbonate de potaffe, puifqu'il y a long-tems
qu'on lui connoît la propriété de criftallifer;
propriété qui prife en général diftingue les fels
neutres d'avec les fels fimples. Il la doit à ce qu'il
contient prefque toujours la quantité d'acide carbonique, néceffaire à fa faturation & à fa criftallifation.

Ce fel neutre criftallifé rapidement, préfente
des lames rhomboïdales appliquées obliquement les unes fur les autres, de forte qu'elles
paroiffent fe recouvrir à la manière des tuiles.
Si on le fait criftallifer lentement, il prend la
forme d'octaèdres rhomboïdaux dont les pyramides font tronquées très-près de leur bafe,
ou de folides décaèdres qui ont deux angles
aigus & deux obtus.

Ce fel fond en général plus facilement que le carbonate de potaffe ; c'eft pour cela qu'on l'emploie dans les verreries préférablement à ce dernier. Il perd la plus grande partie de fon acide par l'action de la chaleur, mais il en retient toujours un peu. Bergman a trouvé par une analyfe exacte, que cent parties de carbonate de foude, qu'il nomme *alkali minéral aéré*, contiennent feize parties d'acide, vingt parties d'alkali pur & foixante - quatre parties d'eau, de forte que la foude demande plus d'acide carbonique pour être faturée que la potaffe, & qu'elle retient dans fes criftaux une fois plus d'eau que celle-ci. C'eft à cette grande quantité d'eau que le carbonate de foude doit fa criftallifation plus facile, plus régulière, & fon efflorefcence.

Le carbonate de foude eft plus diffoluble que celui de potaffe. Il fe diffout dans deux parties d'eau froide, & dans une quantité d'eau bouillante égale à la fienne. Il criftallife par le refroidiffement, mais l'évaporation lente fournit des criftaux beaucoup plus réguliers.

Ce fel expofé à l'air, tombe très-facilement en pouffière, en perdant fon eau de criftallifation que l'air lui enlève ; mais il n'eft point altéré par cette efflorefcence ; on peut lui rendre fa première forme en le diffolvant dans l'eau & en le faifant criftallifer.

Il facilite beaucoup la fufion des terres vitrifiables, & fait un verre moins altérable que
celui dans lequel entre le carbonate de potaffe;
auffi le préfère-t-on dans les verreries. On a
obfervé que le fable, en s'uniffant à ce fel, en
dégage l'acide carbonique qui s'échappe avec
une effervefcence bien marquée, comme
nous l'avons vu pour le carbonate de potaffe.
Il n'a pas plus d'action fur l'argile que ce dernier fel.

La baryte, ainfi que la chaux & fa diffolution,
décompofent le carbonate de foude, comme elles
le font fur celui de potaffe, & elles en dégagent l'alkali minéral pur & cauftique. Quand on
verfe une diffolution de ce fel dans l'eau de
chaux, il y produit un précipité, ce qui n'a
point lieu avec la foude cauftique. Si l'on veut
obtenir ce dernier fel dans cet état pour des
expériences délicates de chimie, il faut avoir
recours au procédé que nous avons décrit pour
la préparation de la pierre à cautère, que l'on
fait ordinairement avec la potaffe.

Le carbonate de foude eft décompofé comme
celui de potaffe, par les acides fulfurique,
nitrique, muriatique, &c. On peut en obtenir
l'acide carbonique en le recevant fous une cloche
pleine d'eau ou de mercure,

Ce fel exifte tout formé à la furface de la terre,

en Egypte, &c. On le retrouve encore dans les cendres des plantes marines; mais il n'eſt pas ſaturé de tout l'acide auquel il peut être uni. Pour le rendre plus parfaitement neutre, on peut le combiner directement avec l'acide de la craie, ſoit en l'agitant dans une cuve en fermentation, ſoit en recevant dans ſa diſſolution de l'acide carbonique dégagé de la craie par l'acide ſulfurique. On le fait encore en impregnant les parois d'un vaſe de diſſolution de ſoude, & en verſant dans ce vaſe de l'acide carbonique; on le couvre d'une veſſie mouillée, & au bout de quelques heures la combinaiſon eſt faite, la veſſie eſt enfoncée à cauſe du vide qui s'eſt formé dans le vaiſſeau, & le ſel neutre eſt dépoſé en criſtaux réguliers ſur les parois.

Le carbonate de ſoude peut être employé comme le carbonate de potaſſe; il eſt d'un uſage beaucoup plus multiplié pour les manufactures de verreries, de ſavon, &c. &c. Il eſt donc très-néceſſaire d'en augmenter la quantité, & de chercher à le retirer en grand du muriate de ſoude. Nous avons vu que la litharge, propoſée par quelques Chimiſtes pour produire cet effet, ne décompoſe pas bien ce ſel; que Schéele a découvert une décompoſition plus manifeſte dans le muriate de ſoude par la chaux

vive & le fer, au moyen du contact de l'atmofphère & de l'acide carbonique qui y eft mêlé.
On voit qu'une proportion de cet acide, plus
grande que celle qui exifte communément dans
l'air, doit favorifer cette décompofition, en
agiffant par fon attraction fur la foude.

CHAPITRE VI.

Genre II. *SELS NEUTRES IMPARFAITS, A BASE D'AMMONIAQUE, OU SELS AMMONIACAUX.*

LES fels ammoniacaux font formés par la
combinaifon d'un acide avec l'alkali volatil ou
l'ammoniaque; leur faveur eft en général urineufe, ils font tous plus ou moins volatils &
plus décompofables que les fels neutres parfaits. Nous en connoiffons fix fortes; le fulfate
ammoniacal, le nitrate ammoniacal, le muriate
ammoniacal ou fel ammoniac proprement dit,
le borate ammoniacal, le fluate ammoniacal &
le carbonate ammoniacal.

Sorte I. SULFATE AMMONIACAL.

Le fulfate ammoniacal, appelé d'abord *fel
ammoniacal vitriolique*, ou *vitriol ammoniacal*,
eft le réfultat de la combinaifon faturée de

l'acide fulfurique & de l'ammoniaque. On l'a nommé *fel ammoniacal fecret de Glauber*, parce que c'eft ce Chimifte qui l'a découvert.

Lorfqu'il eft bien pur, il fe préfente fous la forme d'aiguilles qui, examinées avec foin, font des prifmes comprimés à fix faces, dont deux font très-larges, terminés par des pyramides à fix faces plus ou moins irrégulières; prefque toujours cette forme offre des variétés qui s'éloignent de celle que nous venons de décrire. Quelquefois ce fel paroît être en prifmes quadrangulaires; j'en ai fouvent obtenu en plaques quarrées & très-minces. Ce qui paroît dépendre, comme dans toute criftallifation, de la manière dont les lames criftallines fe dépofent, ou fur leurs faces les plus larges, ou fur leurs lames ou fur leurs angles.

La faveur de ce fel eft amère & urineufe; il eft affez léger & très-friable.

Comme il contient beaucoup d'eau dans fa criftallifation, il fe liquéfie d'abord à un feu même affez léger; mais peu-à-peu il fe deffèche à mefure que fon eau de criftallifation fe diffipe. Dans cet état il commence par rougir & fe fond bientôt fans fe volatilifer fuivant Bucquet; cependant M. Baumé annonce qu'il eft demi-volatil. En répétant cette expérience, j'ai obfervé qu'en effet une partie de ce fel fe fublime, mais qu'il en refte une portion fixe dans le vaiffeau ; c'eft fans doute cette dernière dont a voulu parler Bucquet.

Le fulfate ammoniacal n'éprouve prefque aucune altération de la part de l'air ; il ne tombe point en efflorefcence comme le fulfate de foude, mais au contraire, il en attire légèrement l'humidité.

Il eft très-diffoluble dans l'eau ; deux parties d'eau froide en diffolvent une de ce fel, & l'eau bouillante en diffout fon poids. Il criftallife par le refroidiffement, mais les plus beaux criftaux ne s'obtiennent que par l'évaporation infenfible & fpontanée de fa diffolution. Il s'unit auffi à la glace qu'il fait fondre en produifant beaucoup de froid. Il n'a point d'action fur les terres filicée & alumineufe : la magnéfie en décompofe une partie & fur-tout à l'aide du tems, fuivant l'obfervation de Bergman.

La chaux, la baryte & les alkalis fixes purs en dégagent l'ammoniaque, comme nous le verrons à l'égard du muriate ammoniacal. Si l'on diftille du carbonate de potaffe ou de foude avec le fulfate ammoniacal, il fe fait une double décompofition & une double combinaifon ; l'acide fulfurique fe porte fur l'alkali fixe pour former du fulfate de potaffe ou de foude, fuivant la nature de l'alkali ; l'acide carbonique dégagé se volatilisant en même-tems que le gaz alkalin ou ammoniac, ces deux corps s'unissent, & il en résulte un sel ammoniacal particulier qui se cristallise dans le récipient. Nous reviendrons plus en détail sur cet objet dans l'histoire du muriate ammoniacal.

L'acide nitrique & l'acide muriatique séparent une partie de l'acide sulfurique du sulfate ammoniacal comme ils le font pour les sulfates de potasse & de soude.

On ne l'a point trouvé jusqu'ici dans les produits de la nature. Cependant on lit dans l'essai de cristallographie de M. Romé de Lisle, 1772, page 57, que suivant M. Sage le sel ammoniac natif des volcans est de cette espèce. L'art le produit en combinant directement l'acide sulfurique & l'ammoniaque, en décomposant des sels terreux ou des sels métalliques par l'alkali volatil, ou enfin en décomposant les sels ammoniacaux nitrique, muriatique & carbonique par l'acide sulfurique.

Le sulfate ammoniacal n'est d'aucun usage, quoique Glauber l'ait fort recommandé dans les opérations de la métallurgie.

Sorte II. NITRATE AMMONIACAL.

Le nitrate ammoniacal, ou *sel ammoniacal nitreux*, est comme le précédent un produit de l'art. On le prépare en combinant directement l'acide nitrique avec l'ammoniaque. Ses criftaux font des prifmes, dont le nombre & la difpofition des faces n'ont pas été bien examinés. M. Romé de Lifle dit qu'il eft fufceptible de criftallifer en belles aiguilles affez femblables à celles du fulfate de potaffe ; mais fes aiguilles font très - alongées, ftriées & beaucoup plus femblables à celles du nitre ordinaire, qu'au fulfate de potaffe.

Sa faveur eft amère, piquante, un peu fraîche & urineufe. Sa friabilité eft la même que celle du fulfate ammoniacal. Lorfqu'on l'expofe à l'action du feu, il fe liquéfie, exhale des vapeurs aqueufes, fe defsèche, & long-tems avant de rougir, il détone feul fans le contact d'aucune matière combuftible & même dans les vaiffeaux fermés. Nous avions fait obferver dans notre première édition que cette propriété finguliere paroiffoit dépendre de l'ammoniaque; puifque le gaz alkalin femble avoir quelque chofe de combuftible, & puifqu'il augmente la flamme des bougies avant de l'éteindre. M. Bertholet ayant expofé du nitre ammoniacal à l'action du feu dans un appareil diftillatoire & pneumato-chimique, & ayant obfervé avec plus de foin qu'on ne l'avoit fait avant lui les phénomènes de cette opération, a remarqué que ce n'eft n'est point une véritable détonation qui a lieu dans ce cas ; mais une décomposition brusque & rapide, dans laquelle une partie de l'alkali volatil ou ammoniaque est entièrement détruite ; l'eau que l'on obtient dans le récipient contient un peu d'acide nitrique à nud en proportion de l'ammoniaque décomposé, & celui-ci donne du gaz azotique ou de la mofette atmosphérique. En pesant le produit liquide de cette opération, ou trouve plus d'eau qu'il n'y en avoit dans le nitre ammoniacal, & M. Bertholet pense que cette eau surabondante est formée par l'union de l'hydrogène appartenant à l'ammoniaque, avec l'oxigène de l'acide nitrique. L'azotique, autre principe de l'ammoniaque six fois plus abondant dans ce sel que l'hydrogène, se dégage & se rassemble dans les cloches de l'appareil pneumatique, sous la forme de gaz azotique.

On ne sait si ce sel est fusible ; car la première liquéfaction n'est due qu'à l'eau de sa cristallisation, & il se dissipe avant de passer à la seconde.

Il en est de même de sa volatilité ; on ne peut en juger, puisqu'avant de se sublimer il se décompose avec boursoufflement.

Il attire un peu l'humidité de l'air, ses cristaux s'agglutinent & forment des espèces de pelotons.

Tome II. G

Il eſt très-diſſoluble dans l'eau ; il s'unit à la glace qu'il fait fondre, & il produit alors un froid conſidérable. Il eſt plus diſſoluble dans l'eau chaude que dans l'eau froide ; il n'exige qu'une demi-partie de la première pour être tenu en diſſolution, & il criſtalliſe par refroidiſſement ; mais cette criſtalliſation eſt irrégulière ; & pour obtenir des criſtaux bien formés de ce ſel, il faut avoir recours à l'évaporation ſpontanée ou inſenſible.

Le nitrate ammoniacal eſt décompoſé par la baryte, la chaux & les alkalis fixes comme le ſulfate ammoniacal. Le gaz alkalin ſéparé par ces ſubſtances cauſtiques étant très-volatil & très-expanſible, la décompoſition du nitrate ammoniacal, comme celle des autres ſels de ce genre, eſt ſenſible à froid, & elle s'opère en triturant ce ſel avec la chaux ; mais lorſqu'on veut procéder à cette décompoſition par le feu dans des vaiſſeaux fermés, il faut donner un degré de chaleur très-ménagé pour éviter ſa combuſtion ſpontanée.

L'acide ſulfurique dégage l'acide nitrique de ce ſel avec efferveſcence, & il forme avec ſa baſe du ſulfate ammoniacal.

Les carbonates de potaſſe & de ſoude le décompoſent & ſont mutuellement décompoſés ; il ſe ſublime dans ces opérations de l'ammoniaque sous forme concrète, que nous examinerons plus bas sous le nom de *carbonate ammoniacal*.

Le nitre ammoniacal n'est d'aucun usage.

Sorte III. Muriate ammoniacal ou Sel ammoniac.

Le muriate ammoniacal ou la combinaison saturée de l'acide muriatique avec l'ammoniaque, a été appelé, par les anciens, *sel ammoniac*, parce qu'ils le tiroient de l'Ammonie, contrée de la Libye, où étoit situé le temple de Jupiter Ammon.

Ce sel se rencontre aux environs des volcans; on l'y trouve sous la forme d'efflorescence & de grouppes aiguillés ou compactes ordinairement colorés en jaune ou en rouge, & mêlés d'arsenic & d'orpiment ; on ne se sert point de celui-ci, & l'on n'emploie dans les arts que celui que l'on prépare en grand, comme nous allons l'exposer.

La véritable origine de ce sel factice n'a été connue qu'au commencement de ce siècle, quoiqu'on s'en servît dans un grand nombre d'arts depuis un temps presque immémorial. C'est par une lettre de M. Lemere, consul au Caire, écrite à l'Académie le 24 Juin 1719, qu'on a appris l'art de retirer le sel ammoniac des suies de fiente de chameau, que l'on brûle au Caire au lieu de bois.

On met cette fuie dans de grandes bouteilles rondes, d'un pied & demi de diamètre, terminées par un col de deux doigts de haut, & on les remplit de cette matière jufqu'à quatre doigts près de leur col. Chaque ballon contient environ quarante livres de cette fuie & fournit à-peu-près fix livres de fel. On place ces vaiffeaux fur un fourneau en forme de four, de forte qu'il n'y ait que leur col qui déborde. On allume le feu avec la fiente de chameau, & on le continue pendant trois jours & trois nuits. Ce n'eft que le deuxième & le troifième jour que le fel fe fublime. On caffe enfuite les ballons & on en retire les pains de fel fublimé. Ces pains, qui nous font envoyés tels qu'ils ont été retirés des ballons en Egypte, font convexes & inégaux d'un côté, & offrent dans le milieu de cette face un tubercule qui défigne le col du vaiffeau où ils ont été fublimés. La face inférieure eft concave & falie, ainfi que la fupérieure, par une efpèce de fuie.

Pomet a indiqué un *fel ammoniac*, venant par la voie de la Hollande, & qui étoit en pains tronqués femblables aux pains de fucre. Geoffroy qui le premier a découvert en France les matériaux de ce fel, & qui a deviné le procédé employé au Caire pour le préparer, a découvert que cette feconde efpèce de fel ammoniac se fait aux Indes; qu'il se prépare en beaucoup plus grande quantité qu'en Egypte, & qu'il ne differe de ce dernier que par la forme, puisqu'il est également sublimé. En effet, ces pains de quatorze à quinze livres sont creux à leur base & formés de différentes couches. Le cône est tronqué, parce qu'on enlève la pointe qui n'est qu'une matière impure.

M. Baumé a établi aux environs de Paris une manufacture de muriate ammoniacal, où l'on fabrique entièrement ce sel, en quoi il differe de la préparation des Egyptiens, qui ne font que l'extraire. Le sel de M. Baumé a encore sur celui d'Egypte l'avantage d'être beaucoup plus pur.

La saveur du muriate ammoniacal est piquante, âcre & urineuse. La forme de ses cristaux est une pyramide hexaèdre très-alongée; celle en barbe de plume n'est que la réunion de toutes ces pyramides, qui se font rapprochées sous des angles plus ou moins aigus. M. Romé de Lisle pense que les cristaux du muriate ammoniacal font des octaèdres réunis. On trouve, quoique rarement, des cristaux cubiques de ce sel, au milieu de la partie concave & creuse de leurs pains sublimés.

Ce sel a une propriété physique assez singulière; c'est une sorte de ductilité, ou d'élasticité, qui fait qu'il faute fous le marteau, & qu'il fe laiffe plier fous les doigts, ce qui le rend difficile à réduire en poudre.

Le muriate ammoniacal eft entièrement vola- til, mais il demande un coup de feu affez fort pour fe fublimer. On emploie ce moyen pour l'obtenir très-pur, & privé d'eau autant qu'il eft poffible. On le met en poudre dans des matras, qu'on plonge dans un bain de fable jufqu'au milieu de leur capacité; on les chauffe par degrés pendant plufieurs heures. Par ce procédé, on obtient une maffe compofée d'aiguilles can- nelées & appliquées fuivant leur longueur. Lorf- que l'opération a été conduite avec ménage- ment, on trouve fouvent dans le milieu de ces pains, des criftaux cubiques très-réguliers; mais fi on a chauffé trop fortement, on n'a qu'une maffe informe très-denfe à demi-tranf- parente & comme fondue.

M. Baumé a obfervé qu'en fublimant plu- fieurs fois ce fel, il s'en dégage à chaque fois un peu d'ammoniaque & d'acide muriatique, de forte qu'il feroit peut-être poffible, fuivant ce chimifte, de décompofer le muriate ammoniacal par des fublimations répétées. Ce fait demande à être confirmé.

Le muriate ammoniacal n'eft point altérable à l'air; il s'y conferve très-long-tems fans éprou- ver de changement fenfible.

Il est très-dissoluble dans l'eau. Six parties d'eau froide suffisent pour dissoudre une partie de ce sel. Il produit dans cette dissolution un froid considérable; ce froid est encore plus vif lorsqu'on mêle ce sel avec de la glace. On se sert avec avantage de ce froid artificiel pour donner naissance à plusieurs phénomènes qui n'auroient point lieu sans cette circonstance, tels que la congellation de l'eau, la cristallisation de certains sels, la conservation & la fixation de quelques liquides très-évaporables, &c.

L'eau bouillante dissout presque son poids de muriate ammoniacal: ce sel cristallise par refroidissement, mais ses cristaux, les plus réguliers, s'obtiennent comme ceux des autres sels, par l'évaporation spontanée ou insensible. Souvent une dissolution très - chargée de ce sel, renfermée dans un flacon, laisse déposer au bout de quelques jours des cristaux en panaches, formés par un filet moyen auquel un grand nombre d'autres filets se réunissent perpendiculairement, & ceux-ci en soutiennent d'autres plus petits, de sorte que l'ensemble imite parfaitement une végétation. J'ai observé plusieurs fois ce phénomène dans mon laboratoire (1).

____

(1) Il n'est aucun Chimiste qui n'ait éprouvé combien il est intéressant de visiter de tems à autre les produits

Le muriate ammoniacal n'eſt pas décompoſé par l'alumine. La magnéſie ne le décompoſe que très-difficilement, & en partie comme l'a obſervé Bergman. Si on met dans une fiole un mélange de magnéſie & de diſſolution de muriate ammoniacal, il ſe dégage, ſuivant la remarque du célèbre chimiſte d'Upſal, des vapeurs d'ammoniaque au bout de quelques heures; mais ce dégagement ceſſe bientôt, & il n'y a que très-peu de ſel décompoſé.

La chaux ainſi que la baryte ſéparent l'ammoniaque de l'acide muriatique même à froid. Il ſuffit de triturer ce ſel avec la chaux vive, pour qu'il ſe volatiliſe ſur-le-champ du gaz ammoniac, dont l'odeur frappe vivement les nerfs. En faiſant cette expérience dans des vaiſ-

conſervés dans un laboratoire, ſur-tout les diſſolutions des ſels. Lorſque le haſard préſente quelques obſervations curieuſes, on doit les noter ſur-le-champ, afin de ne pas laiſſer perdre des faits qui peuvent devenir très-importans. C'eſt ainſi que j'ai vu un grand nombre de fois ſe former des criſtaux que je n'avois pu obtenir par l'évaporation. Il arrive encore qu'en remuant ou débouchant les flacons, il s'y dépoſe, peu de tems après, des criſtaux dont l'agitation & le contact de l'air favoriſent ſingulièrement la naiſſance. Cette note, inutile pour ceux qui travaillent depuis long-tems, n'eſt qu'en faveur des perſonnes qui ſe propoſent de ſe livrer aux recherches chimiques.

feaux fermés, on peut recueillir l'ammoniaque ou gazeux ou diffous dans l'eau ; cette opération n'étant pas encore affez bien développée dans les auteurs, quoique les connoiffances modernes aient permis de la rendre & plus exacte & plus sûre, nous croyons devoir infifter fur fa defcription.

Si l'on emploie de la chaux très-vive & du muriate ammoniacal bien fec, & fi l'on chauffe ce mélange dans une cornue dont le bec plonge fous une cloche pleine de mercure, on obtient une grande quantité de gaz alkalin ou ammoniac. On fait actuellement pourquoi, lorfqu'on diftilloit un pareil mélange dans des ballons fans l'appareil pneumato-chimique, on n'obtenoit prefque point de produit, & pourquoi l'on étoit expofé aux dangers de la rupture des vaiffeaux. L'état de raréfaction, & la quantité de gaz ammoniac qui fe dégage dans cette expérience, en font la véritable caufe. M. Baumé, qui a fenti une partie de ces inconvéniens, a confeillé de mettre de l'eau dans la cornue. Ce fluide abforbe en effet une partie du gaz, & l'entraîne avec lui ; mais comme ce gaz eft beaucoup plus volatil que l'eau, on en perd toujours la plus grande quantité. Les chimiftes qui connoiffent aujourd'hui la grande affinité du gaz ammoniac avec l'eau, & fa fingulière volatilité, emploient avec grand fuccès, pour cette opération, l'appareil de M. Woulfe; ce procédé ingénieux confifte à adapter à un ballon à deux pointes, une bouteille vide, à laquelle on en joint deux ou quatre autres collatérales, qui communiquent enfemble à l'aide de fyphons. On met dans une cornue de grès deftinée à être luttée avec le ballon, la chaux vive & le muriate ammoniacal fec en poudre; on chauffe lentement & avec beaucoup de précaution, jufqu'à faire rougir & même vitrifier le fond de la cornue. Le gaz ammoniac, dégagé par la chaux, paffe dans le ballon & dans les bouteilles; il s'unit à l'eau avec chaleur, la fature, & forme dans lés premières bouteilles ce qu'on appelle l'*efprit alkali volatil*, le plus cauftique poffible. Par ce moyen il ne fe perd aucune portion d'ammoniaque, & on a de plus les avantages de bien pouvoir conduire fon opération, d'avoir un produit très-pur & très-blanc, de n'être point affecté par la vapeur, & enfin de n'avoir rien à craindre pour la rupture des vaiffeaux. Nous nous fommes auffi affurés, Bucquet & moi, par un grand nombre d'expériences, qu'il ne faut qu'une partie & demie de chaux, au lieu de trois qu'on employoit ordinairement pour décompofer une partie de muriate ammoniacal. La chaux éteinte à l'air décompofe ce fel, de même que la chaux vive. Le réfidu eft du muriate calcaire, que nous examinerons par la fuite. Cette opération prouve que la chaux a plus d'affinité avec l'acide muriatique que n'en a l'ammoniaque.

Les deux alkalis fixes décompofent le muriate ammoniacal, comme le fait la chaux, & ils en dégagent de même l'ammoniaque pure & fous forme de gaz. On peut les employer comme la chaux pour obtenir l'efprit alkalin ; mais on ne fait point ordinairement cette opération dans les laboratoires, parce qu'elle coûte beaucoup plus cher que la décompofition par la chaux vive, & parce que celle-ci remplit abfolument le même but.

Les acides fulfurique & nitrique féparent l'acide muriatique de ce fel, & s'uniffent à l'ammoniaque avec laquelle ils ont plus d'affinité. Le réfidu de ces décompofitions conflitue le fulfate & le nitrate ammoniacal.

La plupart des fels neutres alkalins n'ont aucune action fur le muriate ammoniacal : il n'y a que ceux qui font formés par l'acide carbonique & les deux alkalis fixes, qui le décompofent. Il s'opère dans ces mêlanges une double décompofition & une double combinaifon. En effet, tandis que l'acide muriatique s'unit aux alkalis fixes pour former les muriates de potaſſe ou de ſoude, l'acide carbonique qui eſt ſéparé de ces derniers ſe reporte ſur l'ammoniaque dégagée, & forme avec elle du carbonate ammoniacal, qui ſe ſublime en criſtaux dont l'intérieur du ballon eſt tapiſſé. Pour faire cette opération, on mêle une partie de carbonate de potaſſe ou de ſoude bien ſecs, avec une partie de muriate ammoniacal ſublimé en poudre; on introduit ce mélange dans une cornue de grès, à laquelle on adapte un grand ballon, ou mieux une cucurbite de verre; on donne le feu par degrés, juſqu'à ce que le fond de la cornue ſoit rouge. Il ſe ſublime dans la cucurbite un ſel blanc bien criſtallifé; (c'eſt le carbonate ammoniacal.) Il paſſe auſſi un peu d'humidité; le réſidu eſt du muriate de potaſſe ou de ſoude ſuivant l'alkali fixe qu'on a employé. On retire par ce moyen, une quantité très-conſidérable de ce ſel, qui égale plus des deux tiers du muriate ammoniacal employé. Ce phénomène avoit fait penſer à Duhamel qu'il paſſoit un peu d'alkali fixe avec l'alkali volatil. Il eſt aiſé de concevoir, depuis que les expériences modernes ont éclairé cette théorie, que c'eſt à l'acide carbonique de l'alkali fixe qui s'eſt reporté ſur l'ammoniaque, qu'eſt due la quantité conſidérable de ſel ſublimé que l'on obtient. Cependant juſqu'à ces derniers tems on avoit toujours regardé cet alkali volatil concret, comme le plus pur, & on lui avoit attribué la propriété de criftallifer, de faire effervefcence avec les acides, tandis que celui qu'on obtient par la chaux, & qui eft le véritable alkali volatil pur, paffoit pour un fel altéré, & en partie décompofé. On doit apprécier, d'après cela, combien les découvertes du docteur Black ont jeté de jour fur les matières falines; & l'on ne peut s'empêcher de dire qu'elles ont créé une chimie entièrement neuve.

Les ufages du muriate ammoniacal font fort étendus. En médecine, on l'emploie comme fondant à l'intérieur, à la dofe de quelques grains, dans les obftructions, les fièvres intermittentes, &c. Il agit à l'extérieur comme un puiffant antifeptique dans la gangrène, &c. &c.

On s'en fert dans un grand nombre d'arts; mais fpécialement dans la teinture, dans les opérations de métallurgie relatives à la réunion ou à la foudure de différens métaux; les chaudronniers l'emploient pour décaper la furface du cuivre qu'ils veulent étamer.

Sorte IV. BORATE AMMONIACAL.

Le borate ammoniacal ou la combinaifon faturée de l'acide boracique avec l'ammoniaque, n'a encore été examiné par aucun chimifte.

Voici ce que j'ai obfervé fur quelques-unes de fes propriétés.

J'ai diffous de l'acide boracique bien pur dans de l'ammoniaque ou alkali volatil cauftique, jufqu'à ce que la faturation m'ait paru complète; j'ai étendu cette diffolution dans un peu d'eau, & j'ai fait évaporer au bain de fable environ moitié de la liqueur; elle a fourni par le refroidiffement une couche de criftaux réunis, dont la furface offroit des pyramides polyèdres. Ce fel a une faveur piquante & urineufe; il verdit le firop de violettes; il perd peu-à-peu fa forme criftalline, & devient d'une couleur brune par le contact de l'air; il paroît affez diffoluble dans l'eau; la chaux en dégage l'ammoniaque.

Telles font les principales propriétés que je lui ai reconnues par un premier examen; mais je n'ai point tenté affez d'expériences pour en connoître plus à fond la nature.

Le borate ammoniacal n'eft abfolument d'aucun ufage.

Sorte V. FLUATE AMMONIACAL.

Il en eft de ce fel, comme du précédent; on n'a point encore reconnu les propriétés qui le diftinguent des autres fels ammoniacaux.

M. Boullanger s'accorde avec Schéele à dire que l'acide fluorique combiné avec l'ammoniaque ne criftallife point, mais forme une gelée qui donne des vapeurs analogues à celles de l'acide muriatique, par l'addition de l'acide sulfurique. Ces deux chimistes n'ont point examiné les autres propriétés de cette espèce de sel; mais ils en ont vu assez pour faire distinguer l'acide fluorique de l'acide muriatique.

Sorte VI. CARBONATE AMMONIACAL.

Nous donnons le nom de carbonate ammoniacal à l'espèce de sel neutre, que l'on appeloit autrefois *alkali volatil concret*, & qui est véritablement une combinaison saline neutre de l'acide carbonique avec l'ammoniaque.

Il n'existe pas pur & isolé dans la nature. On le retire de presque toutes les substances animales par l'action du feu. On le forme aussi par l'union directe de l'ammoniaque avec l'acide carbonique, 1°. en agitant cet alkali dans une cuve en fermentation, 2°. en faisant passer de l'acide carbonique dans l'esprit alkali volatil, 3°. en versant cet acide dans un vaisseau, sur les parois duquel on a mis des gouttes d'ammoniaque dissoute dans l'eau, 4°. en combinant directement au-dessus du mercure le gaz acide carbonique & le gaz ammoniac : ces deux gaz se pénétrent tout-à-coup, il s'excite beaucoup de chaleur, & il se forme un sel concret sur les parois de la cloche où l'on a fait le mélange. Dans tous ces cas on voit bientôt se

former des criflaux de carbonate ammoniacal.
On l'obtient encore en décompofant le muriate
ammoniacal par les fels neutres carboniques
à bafe de potaffe ou de foude.

Le carbonate ammoniacal eft fufceptible de
prendre une forme régulière ; fes criflaux paroiffent être des prifmes à plufieurs faces.
Bergman les défigne par des octaèdres ayant
quatre de leurs angles tronqués. M. Romé de
Lifle a vu des grouppes de ce fel, dans lefquels
il étoit fous la forme de petits prifmes tétraèdres
comprimés, terminés à leur extrêmité fupérieure
par un fommet dièdre.

Sa faveur eft urineufe, mais beaucoup moins
forte que celle de l'ammoniaque pure & cauftique ; fon odeur, quoique femblable à celle de
cette derniere, eft auffi beaucoup moins énergique ; il verdit le firop de violettes. Nous croyons
néceffaire d'obferver ici relativement à cette
dernière propriété que l'acide carbonique n'eft
pas le feul qui ne détruit point complètement
les caractères des alkalis auxquels il eft combiné, & que ce n'eft point une raifon pour
refufer le nom de fels neutres aux alkalis faturés
par cet acide foible, puifque l'acide boracique
a la même propriété, quoiqu'aucun chimifte
moderne n'ait élevé des doutes fur la nature
faline neutre du borax.

Le

Le carbonate ammoniacal eſt très-volatil, & la moindre chaleur le ſublime en entier. S'il eſt bien criſtalliſé, lorſqu'on le chauffe, il commence par ſe liquéfier à l'aide de l'eau de ſa criſtalliſation ; mais il ſe volatiliſe preſqu'en même tems, de manière qu'il eſt très-difficile d'avoir ce ſel bien criſtalliſé & bien ſec.

Il eſt très-diſſoluble dans l'eau ; il produit du froid dans cette diſſolution, comme tous les ſels neutres criſtalliſés ; cette propriété, très-différente de celle de l'ammoniaque pure qui donne beaucoup de chaleur en ſe combinant avec l'eau, ſuffiroit pour le ranger parmi les ſels neutres. Deux parties d'eau froide en diſſolvent plus d'une de carbonate ammoniacal ; l'eau chaude en diſſout plus que ſon poids ; mais comme il ſe diſſipe à la chaleur de l'eau bouillante, on ne peut, ſans riſque d'en perdre beaucoup, employer ce moyen pour le faire criſtalliſer.

Il s'humecte légèrement à l'air, ſur-tout lorſqu'il n'eſt pas entièrement ſaturé d'acide carbonique.

Les terres ſilicée & alumineuſe n'ont pas plus d'action ſur lui que ſur les autres ſels ammoniacaux. La magnéſie ne le décompoſe que très-foiblement. La chaux le décompoſe comme les autres ſels ammoniacaux, en s'emparant de ſon acide avec lequel elle a beaucoup d'affinité. Si l'on verse de l'eau de chaux dans une diſſolution de carbonate ammoniacal, il ſe fait ſur-le-champ un précipité, & l'on ſent une odeur vive d'ammoniaque cauſtique. La chaux s'eſt emparée de l'acide carbonique avec lequel elle a formé de la craie ou du carbonate calcaire qui s'eſt précipité, & l'ammoniaque s'eſt ſéparée. La chaux vive triturée avec le carbonate ammo-niacal, en dégage ſur-le-champ l'ammoniaque ſous forme gazeuſe. En mettant ce mélange dans une cornue, on peut obtenir à l'aide de l'eau placée dans les bouteilles de l'appareil de Woulfe, l'ammoniaque cauſtique, ainſi qu'on l'obtient du muriate ammoniacal diſtillé avec le même interméde. Cette décompoſition prouve que la chaux a plus d'affinité avec l'acide car-bonique que n'en a l'ammoniaque; ce qui eſt également démontré pour les autres acides.

Les alkalis fixes décompoſent le carbonate ammoniacal, comme le fait la chaux, en ſéparant l'ammoniaque pure, & en s'uniſſant à ſon acide.

Enfin les acides ſulfurique, nitrique, muriatique & fluorique ont plus d'affinité avec l'ammo-niaque que n'en a l'acide carbonique. Lorſqu'on verſe un de ces acides ſur le carbonate ammo-niacal, il ſe produit une vive efferveſcence due au dégagement de l'acide carbonique. Si on fait cette décompofition dans un vaiffeau étroit & allongé, on peut reconnoître la préfence de l'acide carbonique gazeux, en y plongeant une bougie qu'il éteint, de la teinture de tournefol qu'il fait paffer au rouge, & de l'eau de chaux qu'il précipite. Ces décompofitions du carbonate ammoniacal par la chaux & les alkalis fixes qui s'emparent de fon acide, en féparant l'ammoniaque, & par les acides qui dégagent l'acide carbonique en s'uniffant à l'alkali, démontrent clairement la nature du carbonate ammoniacal. Bergman a trouvé, par des expériences exactes, qu'un quintal de ce fel criftallifé contient quarante-cinq parties d'acide carbonique, quarante-trois d'ammoniaque, & douze d'eau. Comme il y a plus d'acide dans ce fel que dans le carbonate de foude, & dans ce dernier plus que dans le carbonate de potaffe, ce favant chimifte en conclut que plus la bafe alkaline eft foible, & plus elle demande d'acide carbonique pour être faturée. L'acide boracique ne décompofe point à froid le carbonate ammoniacal; mais lorfqu'on verfe fur ce dernier fel une diffolution bien chaude d'acide boracique, il fe produit une effervefcence très-fenfible; on reconnoît le dégagement de l'acide carbonique par les moyens ordinaires, & l'on trouve au fond du vaſe un vrai borate ammoniacal. Cette expérience que j'ai répétée bien des fois, prouve que la chaleur modifie ou change les loix des attractions électives, comme l'a obſervé Bergman.

Le carbonate ammoniacal n'a point d'action ſur les ſels neutres parfaits. Nous verrons plus bas qu'il décompoſe les ſels neutres calcaires par la voie des doubles affinités, ce que ne fait point l'ammoniaque pure & cauſtique. Cette belle découverte de Black explique pourquoi les chimiſtes avoient dit que l'ammoniaque a plus d'affinité avec les acides que la terre calcaire.

Le carbonate ammoniacal eſt employé en médecine comme ſudorifique, anti-hyſtérique, &c. On le mêle avec quelques matières aromatiques. Il a été regardé preſque comme ſpécifique dans la morſure de la vipère; mais M. l'abbé Fontana s'eſt élevé avec raiſon contre cette opinion. Pluſieurs ont conſeillé le carbonate ammoniacal ou l'alkali volatil concret comme anti-vénérien, l'expérience n'a point encore prononcé ſur ce point; & tout ce que l'art de guérir poſsède de connoiſſances exactes ſur cet objet ſe réduit à ſavoir que ce ſel eſt purgatif, inciſif, diurétique, diaphorétique, fondant, & qu'il a un effet très-marqué dans toutes les maladies qui dépendent de l'épaiſſiſſement de

la lymphe ; comme quelques accidens véné-
riens, les dépôts laiteux, les engorgemens
fcrophuleux, &c.

On l'adminiftre à la dofe de quelques grains
dans des boiffons appropriées, ou bien dans
des mélanges opiatiques ou pilulaires.

CHAPITRE VII.

Genre III. *SELS NEUTRES CALCAIRES.*

Sorte I. Sulfate de chaux , Sélénite , Gypse.

LA combinaifon de l'acide fulfurique avec la
chaux, doit porter le nom de fulfate calcaire,
on l'a appelé *félénite, plâtre ou gypfe.* Ce fel
exifte en grande quantité dans la nature. Il forme
fouvent des bancs ou couches immenfes,
comme on peut l'obferver à Montmartre près
Paris ; les montagnes de cet endroit font entièrement remplies de lits de félénite ou de plâtre ,
enveloppés ou recouverts d'une efpèce de
marne argileufe qui l'accompagne prefque conftamment.

Ce fel n'ayant que très-peu de faveur & de
diffolubilité , les Naturaliftes l'ont depuis lòng-
tems regardé comme une fubftance pierreufe ,
& ils en ont diftingué beaucoup de variétés à

raiſon de la diverſité des formes qu'il préſente & de ſon plus ou moins de pureté ; nous ne citerons ici que les principales.

Principales variétés du Sulfate calcaire.

1. Sulfate calcaire ou Sélénite en lames rhomboïdales.

Il a une tranſparence glaceuſe ; les morceaux qui ſe trouvent dans les cabinets, ſont irréguliers ; mais ils ſe fendent toujours en lames rhomboïdales. Tels ſont ceux de S. Germain, de Lagny, &c.

2. Sulfate calcaire ou Sélénite cunéïforme, ou en fer de lance.

Il eſt formé de deux triangles ſcalènes, réunis dans le milieu, dont chacun eſt compoſé de lames triangulaires, ſuivant l'obſervation de M. de la Hire : on nomme cette ſélénite, pierre ſpéculaire, miroir d'âne ou talc de Montmartre.

3. Sulfate calcaire ou Sélénite rhomboïdale décaèdre.

Tel eſt celui que l'on trouve dans les carrières de Paſſy.

4. Sulfate calcaire ou Sélénite priſmatique décaèdre.

Il eſt formé de priſmes hexaèdres, termi-

Variétés.

nés par des pyramides dièdres, ou par un angle rentrant. On en trouve en Suisse, &c.

5. Sulfate calcaire ou Sélénite en crêtes de coq de Montmartre.

Ce sont des amas de petits cristaux lenticulaires, placés obliquement les uns à côté des autres. Ils sont formés par la réunion des fers de lance dont nous avons parlé dans la variété 2.

6. Sulfate calcaire ou Sélénite soyeuse ou striée, gypse soyeux de la Chine.

On en trouve en Franche-Comté, dans l'Angoumois, &c. il est formé de prismes très-fins, réunis en faisceaux, le plus souvent brillans & comme satinés. Il est très-difficile d'y reconnoître les lames rhomboïdales que l'on trouve dans toutes les autres variétés.

7. Sulfate calcaire, gypse commun, ou pierre à plâtre.

Cette substance est d'un blanc plus ou moins gris, parsemée de petits cristaux brillans, faciles à égrener avec le couteau. Elle se trouve disposée par couches, & elle forme la plupart des montagnes des environs de Paris. On saura par la suite que ce n'est point de la sélénite pure, & qu'elle doit sa propriété de bon plâtre après sa cuisson, au mélange d'un autre sel terreux.

H iv

Variétés.

8. Sulfate calcaire fous forme d'albâtre,
   ou albâtre gypfeux.

C'eft une forte de pierre à plâtre, plus dure
& plus ancienne que la précédente, dont elle
ne differe que par une demi - tranfparence,
& par une difpofition en petites couches plus
ou moins variées, comme on les obferve dans les
ftalactites. On en trouve beaucoup à Lagny près
de Paris. Celui-ci eft un des plus blancs ; il eft
quelquefois veiné & taché de jaune, de gris,
de violet ou de noir.

9. Sulfate calcaire, félénite, gypfe commun
   ou albâtre gypfeux, colorés, veinés,
   tachés, nués, ponctués de différentes
   nuances..

Ce mêlange de couleur annonce que la félénite eft falie par quelque fubftance étrangère &
colorante ; c'eft prefque toujours le fer dans
différens états qui conftitue les couleurs de ce
fel terreux.

On trouve encore le fulfate calcaire diffous
dans les eaux comme dans celle des puits de
Paris ; mais il n'y eft jamais pur, & il s'y trouve
toujours combiné avec quelqu'autre fel terreux
à bafe de chaux ou de magnéfie.

Nous avons déjà fait obferver que le fulfate
calcaire a été pris long-tems pour une fubftance
pierreufe par les Naturaliftes. Comme ils ne

lui trouvoient ni faveur, ni diffolubilité apparentes, ils ne penfoient pas que ce pût être un véritable fel. Cependant il a une faveur particulière qu'il communique à l'eau, & qui eft très-fenfible fur l'eftomac; en effet l'eau crue ou féléniteufe fait éprouver à ce vifcère un froid & une pefanteur très-marqués. Quant à fa diffolubilité, la forme, la grandeur, la tranfparence, la quantité, enfin la difpofition par couches du fulfate calcaire criftallifé en beaucoup d'endroits, & particulièrement dans tous les environs de Paris, indiquent affez qu'il a été préliminairement diffous dans l'eau, & dépofé par ce fluide.

Le fulfate calcaire, expofé à l'action du feu, perd fon eau de criftallifation, décrépite lorfqu'on le chauffe brufquement, & devient d'un blanc mat & d'une friabilité très-confidérable; il forme ce qu'on appelle le *plâtre fin*. Comme il eft fufceptible de prendre avec l'eau un certain liant, on fait, avec cette pâte qu'on jette en moule, des ftatues très-blanches & très-agréables; mais ce plâtre fe deffséchant facilement, & ne retenant que très-peu d'eau, ces ftatues font fujettes à caffer au moindre choc. Si l'on pouffe le feu, lorfque le fulfate calcaire eft en poudre blanche, il finit par fe fondre en une efpèce de verre; mais il faut pour cela un feu de la der-

nière violence, tel que celui des fours de porcelaine, ou des lentilles de verre. MM. d'Arcet
& Macquer sont parvenus à fondre le sulfate
calcaire. Ce dernier a observé qu'en exposant
au miroir ardent, de la sélénite cunéiforme sur
ses faces polies, elle ne fait que blanchir ; mais
que si on la présente sur sa tranche, elle fond
sur-le-champ en bouillant ; on la fond de même
au chalumeau de Bergman, & au jet d'air vital
lancé sur le charbon ardent.

Le sulfate calcaire mis sur un fer chaud devient
phosphorique ; cette propriété est commune à
tous les sels calcaires. La chaux la présente
aussi dans son extinction comme nous l'avons vu.

Le sulfate calcaire n'éprouve point d'altération très-marquée par le contact de l'air ; cependant les lames brillantes & polies de ce sel
neutre terreux se ternissent, prennent les couleurs de l'iris, se délitent par couches, & finis-
sent par se détruire dans l'atmosphère ; mais ces
phénomènes sont dus à l'action combinée de la
chaleur, de l'eau & de l'air.

Le sulfate calcaire est dissoluble dans l'eau
quoique d'une manière peu sensible. Il faut,
suivant Messieurs les chimistes de Dijon, environ
cinq cens parties d'eau pour en dissoudre une
partie. L'eau chaude n'en dissout pas davantage.
En évaporant cette dissolution, on n'en obtient

point de criftaux femblables à ceux que préfente la nature, & l'on n'a que des feuillets, ou des petites aiguilles qui fe précipitent à mefure que la liqueur bouillante s'évapore. Les lames que donne l'évaporation de la diffolution du fulfate calcaire font fouvent brillantes, & lorfqu'on les examine de près, elles paroiffent formées par des aiguilles très-fines, réunies fur leur longueur.

La baryte a plus d'affinité que la chaux avec l'acide fulfurique, & elle décompofe le fulfate calcaire; en verfant une diffolution de baryte dans de l'eau chargée de ce fel, il fe forme des ftries de fulfate barytique.

Les alkalis fixes décompofent également ce fel neutre; en verfant un alkali fixe cauftique dans une diffolution de fulfate calcaire, il fe forme un précipité blanc en floccons comme mucilagineux, qui fe raffemblent affez promptement au fond des vafes, & que l'on reconnoît aifément pour de la chaux vive par quelques expériences, & fur-tout parce qu'ils fe diffolvent dans une grande quantité d'eau; fi l'on fait évaporer la liqueur qui furnage, on obtient du fulfate de potaffe ou de foude, fuivant l'alkali fixe végétal ou minéral qu'on a employé.

L'ammoniaque, qui a moins d'affinité avec tous les acides que n'en a la chaux, ne décompofe point le fulfate calcaire fi ce fel eft très-pur, & fi l'ammoniaque employée eft très-cauftique; car fi l'eau dans laquelle le fulfate calcaire eft diffous, contient quelque fel à bafe de magnéfie ou d'alumine comme celle des puits de Paris, l'ammoniaque occafionne un précipité dans ces derniers. Pour réuffir dans cette expérience, il faut diffoudre du fpath calcaire dans l'acide fulfurique pur, & étendre ce fulfate de chaux dans de l'eau diftillée ; l'ammoniaque cauftique, verfée dans cette diffolution, ou mieux encore le gaz ammoniac qu'on y fait paffer, n'y occafionne aucun précipité.

Le carbonate de potaffe eft décompofé par le fulfate calcaire qu'il décompofe en même-temps. Il y a donc double décompofition & double combinaifon dans ce mêlange. L'acide fulfurique quitte la chaux pour s'unir à l'alkali fixe, & former du fulfate de potaffe ; l'acide carbonique, féparé de la potaffe, s'unit à la chaux, & forme avec elle du carbonate calcaire, très-connu fous le nom de *craie*.

Le carbonate de foude décompofe de même le fulfate calcaire, & eft auffi décompofé par ce fel. Il fe forme dans ce mêlange du fulfate de foude, par l'union de l'acide fulfurique avec l'alkali minéral, & du carbonate calcaire ou de la craie par la combinaifon de la chaux & de l'acide carbonique.

Le carbonate ammoniacal décompofe le fulfate calcaire à l'aide des doubles affinités ; tandis que l'acide fulfurique fe porte fur l'ammoniaque, la chaux eft féparée de l'acide fulfurique par l'acide carbonique, avec lequel elle a une très-grande affinité, & forme avec ce dernier de la craie qui fe précipite.

Cette décompofition eft fi fenfible & fa caufe eft fi bien connue depuis les découvertes du célèbre Black, que fi l'on laiffe quelque tems expofé à l'air un mêlange de diffolution de fulfate calcaire & d'ammoniaque cauftique, ce mêlange dont la tranfparence refte parfaite dans le moment qu'il eft fait, préfente bientôt un nuage remarquable à fa furface, en raifon de l'acide carbonique qui fe précipite de l'atmofphère & qui donne naiffance à une double affinité ; le même phénomène a lieu en faifant paffer quelques bulles de cet acide gazeux dans la liqueur. Comme on croyoit autrefois que l'alkali volatil concret, ou le carbonate ammoniacal, étoit l'alkali volatil pur : Geoffroy, fondé fur ce que ce fel précipite réellement le fulfate calcaire, a cru que cet alkali avoit plus d'affinité avec l'acide fulfurique, que n'en a la chaux.

Le fulfate calcaire eft décompofé par un grand nombre de matières combuftibles, à l'aide de la chaleur. Le charbon des fubftances végétales enlève à l'acide sulfurique l'oxigène avec lequel il a plus d'affinité que n'en a le soufre ; il se dégage de l'acide carbonique dans cette décomposition , & le soufre séparé de l'acide sulfurique s'unit à la chaux, & forme ce qu'on a appelé *hépar calcaire*, & ce que nous nommerons par la suite *sulfure de chaux.*

Les variétés du sulfate calcaire cristallisé sont conservées avec soin dans les cabinets d'histoire naturelle ; on s'en sert après sa calcination, & en la détrempant dans l'eau, pour couler des statues, des modèles, &c. On fait différens meubles assez agréables avec l'albâtre gypseux taillé & poli ; les beaux morceaux de celui de Lagny sont employés à cet usage.

La pierre à plâtre est une des matières les plus utiles que la nature produise. Cette pierre est un mélange de sulfate calcaire, & de carbonate calcaire ou craie. Lorsqu'on l'expose à l'action du feu pour cuire le plâtre, le sulfate calcaire perd son eau de cristallisation & la craie son acide. Le plâtre cuit est donc un mélange de chaux vive & de sulfate calcaire privé d'eau. Lorsqu'on verse de l'eau sur cette substance, ce fluide est absorbé très-rapidement par la chaux ; il en résulte de la chaleur. L'odeur fétide, que l'extinction du plâtre répand, vient d'un peu de soufre formé par l'acide sulfurique, décomposé par les matières charbonneuses animales ou végétales qui se rencontrent toujours dans la pierre à plâtre; ce soufre dissous par la chaux, forme une espèce de sulfure ou foie de soufre, qui répand l'odeur dont nous parlons. Lorsque la chaux a absorbé assez d'eau pour être dans l'état de pâte, elle enveloppe le sulfate calcaire qui, reprenant une portion de ce fluide, cristallise au milieu de cette pâte. La chaux se desséchant peu-à-peu, prend corps à l'aide des cristaux de sulfate calcaire, & forme l'espèce de mortier qu'on nomme *plâtre*. On conçoit, d'après cette théorie, pourquoi le plâtre doit être cuit à un point particulier; s'il ne l'est pas assez, il ne se lie pas à l'eau, parce que la chaux n'est pas assez vive; s'il l'est trop, la chaux forme avec le sulfate calcaire, une espèce de mauvaise fritte vitreuse, qui ne peut plus s'unir à l'eau; c'est le plâtre brûlé. On conçoit encore que si le plâtre perd sa qualité lorsqu'on le laisse exposé à l'air, c'est que la chaux s'éteint peu-à-peu; on lui rend sa force en le calcinant de nouveau. Enfin, il est facile de sentir pourquoi le plâtre se conserve très-bien dans des lieux secs & chauds, & pourquoi il se détruit & s'enlève par écailles ou par lames dans les endroits humides. Dans ce dernier cas, le sulfate calcaire qui est dissoluble dans l'eau,

perd peu-à-peu fa forme criftalline & fa confiftance ; c'eft par cette diffolubilité que le plâtre
differe des vrais mortiers, dans lefquels le
fable ou le ciment qui en fait la bafe, n'eft pas
attaquable par l'eau ; auffi n'emploie-t-on pas
le plâtre dans les endroits où il y a de
l'eau, comme les baffins, les réfervoirs, les
terraffes, &c. auffi le plâtre ne conferve-t-il pas
fa dureté dans les lieux bas, fouterreins, &c.

Sorte II. Nitrate calcaire.

Le nitrate calcaire ou le fel réfultant de la
combinaifon de l'acide nitrique avec la chaux,
eft beaucoup moins abondant dans la nature
que le fulfate calcaire ou la félénite. On ne le
trouve que dans les endroits où fe rencontre
le nitre alkalin. Il fe forme fur les parois des
murs, dans les lieux habités par les animaux ;
dans les matières animales en putréfaction, dans
quelques eaux minérales ; mais comme il eft
très-foluble & même déliquefcent, à mefure
qu'il fe forme il eft diffous par les eaux ; c'eft
pour cela qu'il exifte en grande quantité dans
les eaux mères des falpêtriers.

Lorfqu'il eft criftallifé régulièrement par le
procédé dont nous parlerons plus bas, il préfente un folide prifmatique à fix faces, affez
femblable au nitrate de potaffe, & terminé par

des

des pyramides dièdres. Il eſt aſſez rare de l'obtenir de cette régularité ; le plus ſouvent il eſt en petites aiguilles ſerrées les unes contre les autres, & dont on ne peut déterminer la forme.

Ce ſel a une ſaveur amère & déſagréable ; en quoi il diffère beaucoup du ſulfate calcaire. Sa ſaveur a même quelque choſe de frais comme celle du nitrate de potaſſe.

Il ſe liquéfie aiſément ſur le feu & devient ſolide par le refroidiſſement. Si on le porte dans l'obſcurité, après l'avoir fait ainſi chauffer, il paroît lumineux, & conſtitue dans cet état le phoſphore de Baudouin, *Balduinus.* Si on le met ſur un fer rouge, il préſente le même phénomène. Jeté ſur un charbon ardent, il ſe liquéfie & détone lentement à meſure qu'il ſe deſsèche. Le nitrate calcaire chauffé pendant long-tems, perd ſon acide qui ſe décompoſe par l'action de la chaleur. En faiſant cette opération dans une cornue, dont le bec eſt plongé ſous une cloche pleine d'eau, on obtient de l'air vital, & ſur la fin du gaz azotique. Le réſidu eſt de la chaux unie à une certaine quantité d'acide nitreux ſi l'on n'a employé qu'un feu médiocre & pendant trop peu de tems ; mais on peut obtenir par ce procédé la chaux très - vive, en donnant un très-grand degré de feu, & en le continuant aſſez long-tems pour décompoſer

Tome II.   I

entièrement l'acide nitreux. Cette décomposition eſt abſolument ſemblable à celle que
l'acide éprouve lorſqu'on diſtille le nitre de
potaſſe , comme nous l'avons expoſé dans
l'hiſtoire de ce ſel neutre.

Le nitrate calcaire attire très-vîte l'humidité
de l'air ; auſſi eſt-il néceſſaire de le tenir dans
des vaiſſeaux bien fermés, ſi on veut le conſerver en criſtaux ; on le voit même ſe fondre
aſſez promptement ſi l'on débouche trop ſouvent
les flacons qui le contiennent.

Ce ſel eſt très-diſſoluble dans l'eau ; il ne faut
que deux parties de ce fluide froid, pour diſſoudre une partie de nitrate calcaire ; l'eau bouillante en diſſout plus que ſon poids. Pour l'obtenir
criſtalliſé , il faut faire évaporer ſa diſſolution,
& lorſqu'elle a acquis une conſiſtance un peu
moindre que celle de ſirop , l'expoſer dans un
endroit frais ; il s'y forme alors des criſtaux
priſmatiques très - allongés , & qui préſentent
ordinairement des faiſceaux dont les aiguilles
divergent d'un centre commun. En expoſant une
diſſolution de nitrate calcaire un peu moins évaporée que la précédente , à une température
ſèche & chaude, il s'y forme à la longue des
priſmes plus réguliers , & ſemblables à ceux que
nous avons décrits au commencement de cet
article.

Le fable & l'argile décompofent le nitrate calcaire, & en féparent l'acide.

La baryte le décompofe comme le fulfate calcaire, fuivant Bergman; la magnéfie ne lui fait éprouver aucune altération fenfible. M. de Morveau a obfervé que l'eau de chaux verfée dans une diffolution de nitrate calcaire, y occafionne un précipité. Il attribue cet effet au phlogiftique de la chaux vive, & il penfe que cette dernière a plus d'affinité avec l'acide nitreux, que n'en a la chaux qui lui eft unie, & que cet acide a déjà dépouillée de fon phlogiftique. Ce chimifte n'a malheureufement pas examiné la nature du précipité; cet examen auroit vraifemblablement fourni quelques lumières fur cette fingulière expérience. M. Baumé avoit déjà obfervé qu'une diffolution de fpath calcaire dans l'acide nitreux eft précipitée par l'eau de chaux, mais il avoit attribué ce phénomène à un peu de terre argileufe, contenue dans le fpath. Cet effet dépend ou d'un peu de magnéfie, ou de l'avidité du nitre calcaire pour l'eau qu'il enlève à la chaux.

Les alkalis fixes s'emparent de l'acide nitrique du nitrate calcaire, & en précipitent la chaux. L'ammoniaque bien pure ne le décompofe pas plus qu'elle ne fait le fulfate de chaux & tous les fels calcaires en général.

I ij

L'acide fulfurique en dégage l'acide nitrique avec effervefcence. L'on peut obtenir cet acide ainfi dégagé dans un récipient, comme on l'obtient du nitre ordinaire. L'acide fulfurique, verfé dans une diffolution de nitrate calcaire, y forme fur-le-champ un précipité de fulfate de chaux, & l'acide nitrique refte libre & à nud dans la liqueur. On ne connoît point encore l'action des autres acides fur ce fel.

Le nitrate calcaire décompofe les fels neutres alkalins fulfuriques ; il en réfulte du fulfate de chaux & du nitre de potaffe ou de foude. Il en eft de même du fulfate ammoniacal ; il produit, lorfqu'on le mêle avec une diffolution de nitrate calcaire, du nitrate ammoniacal & du fulfate de chaux. Ce dernier, qui n'eft que très-peu diffoluble, fe précipitant dans l'inftant du mêlange, ne laiffe aucun doute fur ces doubles décompofitions.

Le carbonate de potaffe décompofe de même le nitrate calcaire qui en défunit en même-tems les principes, & il réfulte de cette double décompofition du nitrate de potaffe qui refte en diffolution dans la liqueur, & de la craie ou carbonate calcaire qui fe précipite.

Le carbonate de foude, qui agit de même fur le nitrate calcaire, donne du nitrate de foude diffous dans l'eau, & du carbonate calcaire ou de la craie qui fe précipite.

Le carbonate ammoniacal décompose aussi ce sel, à l'aide des affinités doubles ; il se forme du nitrate ammoniacal & du carbonate de chaux.

Le sulfate de chaux n'altère point le nitrate calcaire ; mais lorsque ces deux sels se trouvent diffous dans la même eau, comme le premier n'est que très-peu diffoluble, & que le second l'est beaucoup, on peut les séparer par la cristallisation ; le sulfate de chaux se précipite d'abord, & le nitrate calcaire ne se cristallise que lorsque la liqueur très-rapprochée se refroidit.

Le nitrate calcaire n'est d'aucun usage : il pourroit être employé en médecine comme un fondant très-actif, & quelques médecins chimistes difent en avoir obtenu des succès, quoiqu'ils n'en connuffent pas bien les propriétés.

Sorte III. Muriate calcaire.

Le muriate calcaire ou le sel formé par la combinaison de l'acide muriatique & de la chaux, qui étoit autrefois nommé très-improprement *sel ammoniac fixe*, *huile de chaux*, &c. se rencontre abondamment dans tous les lieux où se trouve le muriate de soude, & spécialement dans l'eau de la mer, à laquelle il donne cette faveur âcre & amère, qui avoit fait autrefois admettre du bitume dans cette eau ; mais il n'est jamais pur dans ce fluide ; il est toujours mêlé de muriate de magnésie. Si l'on veut se procurer du muriate calcaire très-pur, il faut combiner immédiatement l'acide muriatique avec la chaux jusqu'au point de saturation.

Ce sel, lorsqu'on l'a dans l'état sec & solide, est sous la forme de prismes à quatre faces striées, terminées par des pyramides très-aiguës. Il a une saveur salée & amère très-désagréable. Exposé à l'action d'un feu doux, il se liquéfie à la faveur de son eau de cristallisation, & il se fige par le refroidissement. A un feu plus fort, il n'éprouve presque pas d'altération. M. Baumé a observé qu'il ne perdoit pas son acide. Mis sur une pelle rouge, il devient lumineux : c'est pour cela qu'on l'a appelé *phosphore de Homberg*.

Le muriate calcaire qui reste dans la cornue après la décomposition du muriate ammoniacal par la chaux, & qu'on appelle *sel ammoniac fixe*, se fond en une espèce de fritte d'un gris légèrement ardoisé, & sans donner d'acide muriatique, quoiqu'on lui fasse éprouver une chaleur capable de vitrifier la surface de la cornue. Cette fritte fait feu avec le briquet, & frottée dans l'obscurité avec de l'acier, elle donne des étincelles phosphoriques.

Il faut observer que ce sel résidu contient ordinairement une portion de chaux excédente à la saturation de l'acide muriatique, parce qu'on emploie plus de chaux qu'il n'en faut pour dé-

composer le muriate ammoniacal. C'est sans
doute à cette quantité surabondante de chaux,
que ce résidu doit la propriété de donner une
fritte vitreuse dure, qui d'ailleurs s'altère &
s'humecte à la longue, lorsqu'on l'expose à l'air.
Le muriate calcaire, sans excès de chaux, ne
prend jamais autant de dureté que ce résidu par
l'action du feu, & ne présente point la même
phosphorescence que lui.

Le muriate calcaire pur exposé à l'air, en
attire promptement l'humidité, & tombe entièrement en déliquium. Il est nécessaire de le
tenir dans un vaisseau bien bouché, si l'on veut
le conserver sous sa forme cristalline.

Ce sel est très-dissoluble dans l'eau, il ne faut
qu'environ une partie & demie de ce fluide froid,
pour en dissoudre une de muriate calcaire;
l'eau chaude en dissout plus que son poids. En
évaporant sa dissolution presqu'en consistance
de sirop, & en la laissant ensuite refroidir lentement, on obtient des cristaux en prismes tétraèdres, de plusieurs pouces de longueur, &
qui forment comme autant de rayons partans
d'un centre commun; nous ferons observer que
cette forme paroît être assez constante dans tous
les sels calcaires. Si la liqueur est trop évaporée,
& si elle refroidit trop promptement, elle se
prend en une masse informe, un peu aiguillée à
sa surface.

Une diffolution de muriate calcaire évaporée jufqu'à ce qu'elle donne quarante-cinq degrés à l'aréomètre de M. Baumé, & expofée au frais dans un flacon, dépofe des prifmes très-réguliers & fouvent très-gros : quelquefois lorfqu'elle n'a point encore criftallifé, & lorfqu'on l'agite, elle fe prend tout-à-coup en une maffe très-folide, & il fe dégage beaucoup de chaleur.

La baryte décompofe le muriate calcaire, parce qu'elle a plus d'affinité avec l'acide muriatique que n'en a la chaux, d'après les expériences de Bergman. La chaux & la magnéfie ne l'altèrent pas.

Les alkalis fixes en précipitent la chaux; fi les deux liqueurs font concentrées, la chaux, abforbant le peu d'eau qu'elles contiennent, forme prefque fur-le-champ une gelée qui devient bientôt très-folide. On donne à cette expérience le nom de miracle chimique, parce qu'elle offre deux fluides qui paffent fubitement à l'état d'un folide ; mais elle ne réuffit bien qu'avec la diffolution de carbonate de potaffe & de foude, parce que les alkalis purs & cauftiques précipitent la chaux trop divifée.

L'ammoniaque cauftique ne décompofe pas le muriate calcaire, parce qu'elle a moins d'affinité avec l'acide muriatique que n'en a la chaux, ce que prouve la décompofition complète du muriate ammoniacal par cette subſtance ſalino-terreuſe.

L'acide ſulfurique & l'acide nitrique dégagent l'acide muriatique de ce ſel avec efferveſcence, & l'on pourroit, avec l'appareil diſtillatoire, obtenir cet acide comme on l'obtient du muriate de ſoude. La diſtillation de cé ſel terreux avec l'acide nitrique, fournit de l'acide nitro-muriatique ou de *l'eau régale*, à cauſe de la volatilité des deux acides.

Le muriate calcaire décompoſe les ſulfates de potaſſe & de ſoude ; il eſt aiſé de s'aſſurer de ce fait, en mêlant les diſſolutions de ces différens ſels ; il ſe fait ſur-le-champ un précipité que l'on reconnoît pour du ſulfate de chaux ; la liqueur qui ſurnage , contient du muriate de ſoude ou de potaſſe , que l'on peut obtenir par l'évaporation, & reconnoître même par la ſaveur de la liqueur qui ſurnage le ſulfate calcaire.

Les carbonates de potaſſe & de ſoude décompoſent auſſi le muriate calcaire. Dans ces mélanges il ſe fait deux décompoſitions & deux combinaiſons ; l'acide muriatique du dernier ſel ſe porte ſur la potaſſe, ou la ſoude , avec lequel il forme du muriate de potaſſe ou de ſoude qui reſte en diſſolution dans la liqueur ; & l'acide carbonique qui abandonne les alkalis fixes, s'unit à la chaux avec laquelle il forme de la craie ou du carbonate calcaire, qui se précipite. Si le carbonate de potasse ou de soude sont dissous dans une très-petite quantité d'eau, & que la dissolution du muriate calcaire soit aussi très-chargée, le mélange devient épais & gélatineux; ensuite il prend plus de consistance & se durcit même comme une espèce de pierre factice, lorsque les proportions sont exactes pour la saturation réciproque. C'est cette expérience que les premiers chimistes qui l'ont connue ont appelée *miracle chimique.*

Le carbonate ammoniacal décompose le muriate calcaire par une double affinité, comme nous l'avons expliqué pour le sulfate & le nitrate calcaires. L'ammoniaque s'unit à l'acide muriatique, & forme du muriate ammoniacal qui reste en dissolution dans la liqueur, tandis que l'acide carbonique combiné avec la chaux forme du carbonate calcaire qui se précipite.

Le muriate calcaire dissous dans l'eau avec le nitrate calcaire est difficile à séparer de ce dernier, parce que la loi de cristallisation est la même pour ces deux sels; mais on conçoit très-bien que s'il étoit dissous avec le sulfate de chaux, il seroit aisé de les obtenir séparément, parce que ce dernier sel ne cristallisant que par évaporation, laisseroit à la fin de cette opération le muriate calcaire pur, qui criſtalliſe par refroidiſſement. Il eſt important de faire cette remarque, parce que ces deux ſels ſe trouvent fréquemment en diſſolution dans la même eau minérale.

Le muriate calcaire n'a été juſqu'aujourd'hui que très-peu en uſage. Comme il exiſte en aſſez grande quantité dans le ſel de gabelle, que l'on recommande comme un purgatif fondant dans le vice ſcrophuleux, j'ai fait voir que ce dernier ſel lui doit une partie de ſes propriétés. J'ai ajouté que la ſaveur forte du muriate calcaire & ſa grande diſſolubilité promettoient des effets très-utiles de ce ſel dans toutes les maladies où il s'agit de fondre, & d'altérer la nature des humeurs. Il ſeroit fort à deſirer que les médecins en connuſſent les propriétés & en fiſſent uſage dans un grand nombre de cas, où les fondans ordinaires n'ont ſouvent que des effets peu marqués, & ſur-tout dans ceux où l'on ne peut pas ſe permettre les remèdes mercuriels. J'ai réuni ce que l'expérience m'a déjà appris ſur les vertus de ce ſel fondant, dans un mémoire inſéré parmi ceux de la ſociété royale de médecine, pour les années 1782 & 1783.

Sorte IV. Borate calcaire.

On peut appeler ainſi la combinaiſon de l'acide

fédatif ou boracique avec la chaux ; ce fel n'a point du tout été examiné, quoiqu'il foit certain que l'acide boracique eft fufceptible de s'unir à la chaux, puifque cette dernière décompofe le borax de foude, ainfi que nous l'avons dit. MM. les chimiftes de l'académie de Dijon ont obfervé que l'acide boracique concret, traité au feu avec la chaux éteinte, a donné une matière foiblement agglutinée & fans adhérence au creufet. Cette matière jetée dans l'eau n'a pas préfenté les phénomènes de la chaux, ce qui prouve qu'il y avoit une véritable combinaifon. M. Baumé dit avoir faturé de l'eau de chaux avec du fel fédatif ; cette liqueur évaporée à l'air, ne lui a point donné de criftaux, mais des pellicules jaunâtres qui avoient une foible faveur d'acide boracique. Enfin, MM. les académiciens de Dijon ont fait digérer au bain de fable, de l'eau chargée de cet acide fur de la chaux éteinte à l'air. Cette diffolution filtrée a donné un précipité blanc & abondant par l'alkali fixe. Ces diverfes expériences ne font qu'indiquer la diffolubilité de la chaux par l'acide boracique, & ne nous apprennent rien fur les propriétés du fel neutre qui réfulte de cette combinaifon.

Sorte V. SPATH FLUOR OU FLUATE CALCAIRE.

Cette espèce de sel est la combinaison d'acide fluorique avec la chaux. Il est répandu fort abondamment dans la nature. On le rencontre surtout dans les environs des mines, dont il indique même la présence. Il a été regardé jusqu'à présent comme une matière pierreuse, en raison de son insipidité, de sa dureté & de son indissolubilité. On l'a appelé *spath*, parce qu'il a la forme & la cassure spathique ; *fluor ou fusible*, parce qu'il se fond très-bien, & est même employé avec succès dans les travaux des mines ; *vitreux*, parce qu'il a l'aspect du verre, & d'ailleurs parce qu'il en forme un assez beau par la fusion ; *cubique*, parce qu'il a toujours cette forme ; enfin *phosphorique*, parce que chauffé & porté dans l'obscurité, il y paroît lumineux. Avant la découverte de Schéele, le spath vitreux bien distingué par les mineurs de toutes les autres matières minérales, à cause de sa fusibilité, avoit été confondu par les naturalistes, soit avec les gypses, soit avec les spaths calcaires, soit avec les spaths pesans, qu'on a aussi appelés *fusibles*. Le célèbre Margraf avoit cependant distingué ce sel d'avec le spath pesant, en adoptant pour le premier, le nom de spath fusible vitreux, & pour le second, celui

de fpath fufible phofphorique ; & l'on doit rendre à ce chimifte l'hommage des premières découvertes faites fur les propriétés du fluate
calcaire.

Ce fel eft ordinairement fous la forme de
criftaux cubiques de diverfes couleurs, très-
réguliers, d'une tranfparence glaceufe & vitreufe:
fa caffure eft fpathique, & l'on y obferve des
plaques cubiques & comme gercées à fa furface. Il fe brife par le choc du briquet; il fe
rencontre toujours dans les mines, & il leur fert
fouvent de gangue. Quelquefois il eft opaque
& en maffes irrégulières. Sa pefanteur eft plus
confidérable que celle de toutes les matières
falines que nous avons examinées jufqu'à préfent ; il eft quelquefois nué, veiné, taché, & plus
fouvent entièrement coloré en vert, en rofe, en
violet, en rouge, &c.

On peut diftinguer dix variétés principales de
cette fubftance parmi celles que la nature nous
préfente.

Variétés.

1. Fluate calcaire ou fpath vitreux cubique,
   blanc & tranfparent.

2. Fluate calcaire ou fpath vitreux cubique,
   blanc & opaque.

3. Fluate calcaire ou fpath vitreux cubique,
   jaune ; fauffe topaze.

Variétés.

4. Fluate calcaire ou ſpath vitreux cubique, rougeâtre; faux rubis.

5. Fluate calcaire ou ſpath vitreux cubique, vert pâle; fauſſe aigue-marine.

6. Fluate calcaire ou ſpath vitreux cubique, vert; fauſſe émeraude.

7. Fluate calcaire ou ſpath vitreux cubique, violet; fauſſe améthyſte.

8. Fluate calcaire ou ſpath vitreux octaèdre,
dont les pyramides ſont tronquées.

Je poſsède un criſtal de cette eſpèce, qui eſt
demi-tranſparent & un peu noirâtre.

9. Fluate calcaire ou ſpath vitreux en maſſe
lamelleuſe irrégulière.

Il eſt preſque toujours d'un vert clair, ou
violet : il forme la gangue de pluſieurs mines,
il eſt quelquefois roulé.

10. Fluate calcaire ou ſpath vitreux en
couches de différentes épaiſſeurs , &
colorées diverſement.

Ces différentes variétés de fluate calcaire ne
ſont, pour la plus grande partie, qu'une ſeule
& même ſubſtance ſaline, c'eſt-à-dire la combinaiſon de l'acide fluorique avec la chaux.
Cependant comme elles ſont formées par la
nature, on y trouve ordinairement par une
analyſe exacte pluſieurs matières étrangères,
comme de la terre ſilicée, de l'argile & du fer.

C'eſt en général le caractère de tous les pro-duits naturels. L'Angleterre eſt fort riche en fluate calcaire.

Ce ſel terreux expoſé à un feu doux, acquiert une propriété phoſphorique aſſez marquée; mais ſi on le chauffe juſqu'à le faire rougir, il la perd entièrement, ſa couleur verte ou violette ſe diſſipe en même-tems, il devient gris & friable; ſi on le chauffe bruſquement, il décrépite preſque auſſi vivement que le muriate de ſoude. Lorſqu'on jette du fluate de chaux en poudre ſur un fer chaud, il préſente une lueur bleuâtre ou violette qui paſſe promp-tement. Une nouvelle chaleur ne donne plus le même phénomène ſur celui qui l'a déjà préſenté.

Une chaleur forte fait fondre ce ſel en un verre tranſparent & uniforme; ce verre adhère aux creuſets. On peut fondre un quart de ſon poids de quartz fin avec le fluate calcaire; c'eſt pour cela qu'il eſt employé comme fondant dans les mines.

Le fluate calcaire n'eſt point altérable à l'air, ni diſſoluble dans l'eau.

Il ſert de fondant aux matières terreuſes & ſalino-terreuſes. Les alkalis fixes purs ne peuvent le décompoſer, parce que la chaux a plus d'affinité avec ſon acide que n'en ont ces ſels, ſuivant Bergman. L'acide

L'acide fulfurique concentré en dégage l'acide fluorique, & c'est le moyen dont on se sert ordinairement pour obtenir cet acide. On met dans une cornue de verre une partie de fluate calcaire en poudre, avec trois parties d'acide fulfurique ; le mélange s'échauffe peu-à-peu, il se produit une effervescence, & il se dégage des vapeurs d'acide fluorique. Cette distillation s'établit fans chaleur étrangère, & il se sublime dans le récipient, une substance blanche, comme effleurie, & déposée par le gaz acide. On donne le feu, & on obtient de l'acide fluorique concentré, qui se couvre d'une pellicule terreuse, épaisse, semblable à l'efflorescence blanche dont nous avons parlé, lorsqu'il tombe goutte à goutte dans l'eau qu'on a soin de mettre dans le récipient. On peut obtenir cet acide sous la forme de gaz, lorsqu'on plonge le bec de la cornue fous une cloche pleine de mercure. Cet acide aériforme est transparent, & ne laisse précipiter la terre qui lui est unie, que lorsqu'on le met en contact avec de l'eau. On conçoit d'après cela pourquoi l'acide fluorique liquide dépose dans le ballon des croûtes pierreuses, puisqu'il ne peut les tenir en dissolution, toutes les fois qu'il est combiné avec l'eau. Nous avons vu que cette terre qui est de nature silicée appartient aux vases de verre que l'acide fluorique corrode, & qu'elle n'eft point le produit de la combinaifon de l'acide avec l'eau, comme l'avoit d'abord penfé Schéele. Lorfque la diftillation eft finie, on obferve que le réfidu eft dur, blanc ou rougeâtre, par plaques, & que la cornue eft trouée ou corrodée très-fenfiblement. Cette obfervation n'avoit point échappé à Margraf; & fi l'on examine par les différens moyens la nature du réfidu, on reconnoît que c'eft du fulfate calcaire mêlé à de la filice, fouvent même à de l'alumine & à un peu de magnéfie. Ces deux dernières fubftances femblent, ainfi que le fer, n'être qu'accidentelles dans le fluate calcaire. La croûte dépofée par l'acide fluorique eft de nature filicée, puifqu'elle n'eft ni fufible, ni diffoluble dans les acides, & puifque les alkalis fixes la fondent en verre blanc & durable. Les détails de cette expérience font voir qu'il eft impoffible de diftiller une grande quantité de cet acide ; j'ai effayé plufieurs fois d'opérer fur une livre de fluate calcaire, pour obtenir une bonne quantité d'acide fluorique, & n'ayant jamais trouvé de cornue capable de réfifter à cet agent corrofif, j'ai été obligé de renoncer entièrement à cette diftillation.

L'acide nitrique décompofe le fluate calcaire, mais avec des phénomènes très - différens, suivant M. Boullanger, puisqu'on n'obſerve point de croûte dans cette opération, comme dans celle qui eſt faite avec l'acide ſulfurique. On n'a point encore bien examiné les détails de cette expérience.

L'acide muriatique ſépare également l'acide fluorique, ſuivant Schéele ; mais il n'a point inſiſté ſur les phénomènes de cette décompoſition.

On ne connoît point encore l'action du plus grand nombre des ſels neutres ſur le fluate calcaire. On ſait ſeulement que les carbonates de potaſſe & de ſoude le décompoſent à l'aide d'une double affinité, tandis que les alkalis fixes cauſtiques ne le décompoſent pas. En fondant une partie de ce fluate, avec quatre parties de carbonate de potaſſe, & en jettant ce mélange fondu dans l'eau, il ſe précipite du carbonate de chaux formé par l'acide carbonique uni à la chaux du fluate calcaire, & la liqueur contient du fluate de potaſſe qu'on peut obtenir ſous forme de gelée par l'évaporation. Ce procédé répété avec le carbonate de ſoude fournit également du carbonate de chaux & du fluate de ſoude que l'on obtient criſtalliſé en évaporant la liqueur.

Le fluate calcaire n'eſt d'uſage que dans quelques pays de mines, où on l'emploie comme un très-bon fondant. On pourroit auſſi s'en fervir au même ufage dans les travaux docimaftiques.

Sorte VI. CARBONATE DE CHAUX ou CRAIE; MATIÈRES CALCAIRES EN GÉNÉRAL.

Le fpath calcaire, le marbre, la craie, & tout ce qu'on appelle en général matière calcaire, eft un fel neutre formé par l'union de l'acide carbonique avec la chaux : il faut donc appeler ce fel *carbonate de chaux* ou *carbonate calcaire*. Cette fubftance a été mife au rang des pierres par les naturaliftes, parce qu'ils ne lui avoient reconnu aucune propriété faline. Cependant nous verrons qu'elle a une forte de faveur, qu'elle eft diffoluble dans l'eau, qu'elle peut être décompofée, & qu'elle fournit dans fon analyfe une grande quantité d'acide carbonique, & la fubftance falino-térreufe que nous avons connue fous le nom de chaux. Comme le fpath calcaire eft la dernière modification d'une matière très-variée dans fa forme, & qui paffe par beaucoup d'états différens avant d'être régulièrement crif-tallifée, il eft néceffaire de confidérer en général les fubftances calcaires, ou crétacées (1).

---

(1) Je crois qu'on devroit appeler *crétacées* toutes les fubftances que l'on défigne ordinairement en hiftoire na-turelle par le nom de *calcaires*; en effet, le premier mot

Aucune partie de l'histoire naturelle n'offre un champ plus vaste à parcourir, un ensemble plus complet de connoissances positives que celle des matières calcaires. Une longue observation qui ne s'est jamais démentie, & sur-tout la possibilité de suivre pas à pas la marche de la nature dans la formation de ces matières, ont appris que le sein des mers est le laboratoire où elles sont sans cesse travaillées. Parmi le grand nombre d'animaux que ces immenses amas d'eaux nourrissent, il en est plusieurs classes dont les individus, multipliés presqu'à l'infini, semblent destinés à ajouter à la masse de notre globe. Tels sont les vers à coquille, les madrépores, les lithophites dont les parties solides examinées par l'art du chimiste, quelque temps après qu'ils ont cessé de vivre, présentent

---

indique la combinaison saline neutre formée par la chaux & l'acide carbonique, c'est-à-dire, la craie, *creta*; le second appartient en propre à la chaux, *calx*, qui fait la base de ce sel. L'expression *matière ou terre calcaire* devroit donc être réservée pour la chaux vive, & celle de *matière craieuse ou crétacée* distingueroit la combinaison de la chaux avec l'acide de la craie; mais on ne peut pas se flatter de faire adopter de sitôt ces deux expressions qui ont toujours été synonimes, quoiqu'elles dussent être appliquées à des substances vraiment différentes, & quoiqu'elles fussent susceptibles d'enrichir notre langue.

tous les caractères des substances calcaires. C'est
la base de ces espèces de squelettes marins qui
produit, par leur entassement successif, les montagnes entièrement formées de ces matières.
Quoiqu'il y ait bien loin de l'état naturel de ces
êtres animés, jusqu'à la cristallisation du spath
calcaire, quoiqu'il soit difficile d'appercevoir
au premier coup-d'œil la différence étonnante
qui existe entre la substance molle & pulpeuse
de ces animaux vivans, & la dureté de ces
masses pierreuses qu'ils forment avec le tems,
& qui sont destinées à donner de la solidité
à nos édifices les plus durables, il est cependant possible de se former une idée des nuances d'altération par lesquelles ils passent pour
se confondre avec les corps minéraux. Voici
comment on peut concevoir ces dégradations
depuis l'organisation animale agissante, jusqu'au
dépôt régulier qui forme peu-à-peu le carbonate
de chaux transparent & cristallisé, c'est-à-dire
le spath calcaire.

Les eaux de la mer, en se balançant suivant les loix d'un mouvement qui nous est encore
inconnu, se déplacent insensiblement, & changent de lit. Elles quittent un rivage qui s'ag-
grandit peu-à-peu pour s'avancer sur une terre,
dont l'étendue diminue en même proportion.
Ce fait est démontré dans la savante théorie de

la terre de M. de Buffon. A mesure que les eaux abandonnent une partie de leur lit, elles laissent à découvert des fonds sur lesquels leurs mouvemens variés, & si bien appréciés par l'homme célèbre que nous venons de citer, ont formé des couches, par le dépôt successif des parties solides, ou des squelettes des animaux marins. Ces couches sont presqu'entièrement remplies de coquilles, dont la putréfaction détruit bientôt le gluten animal, & qui alors ayant perdu leurs couleurs, le poli de leur surface interne, & sur-tout leur consistance, sont devenues friables, terreuses, & ont passé à l'état de fossiles ; delà la production des terres coquillières & des pierres de la même nature.

Ces pierres, usées par les eaux, perdent peu-à-peu la forme organique, deviennent de plus en plus friables, & forment bientôt une matière d'un grain peu cohérent, & que l'on appelle *craie*. Lorsqu'une pierre coquillière a acquis assez de dureté pour être susceptible de poli, & que les coquilles qui la composent ont pris diverses couleurs, en conservant leur organisation, elle constitue alors les *lumachelles*. Si les traces de l'organisation sont tout-à-fait détruites, si la pierre est dure, susceptible de poli, on la connoît sous le nom de *marbre*. L'eau chargée de craie, la dépose sur tous les corps sur lesquels elle coule, & forme les *incruſtations*. Lorſqu'elle ſe filtre à travers les voûtes des cavités ſouterraines, elle produit des dépôts blancs, opaques, formés de couches concentriques, dont l'enſemble eſt conique & ſemblable à des culs-de-lampes ; ce ſont les *ſtalactites*. Si ces dernières, réunies en grande maſſe, & rempliſſant des cavernes, ſéjournent pendant long-tems dans la terre, elles acquièrent une dureté conſidérable, & donnent naiſſance à *l'albâtre*. Enfin lorſque l'eau, qui tient une craie très-fine & très-atténuée en diſſolution pénètre lentement des cavités pierreuſes, elle dépoſera cette ſubſtance, pour ainſi dire, molécule à molécule, & ces petits corps ſe rapprochant par les ſurfaces qui ſe conviendront le mieux, prendront un arrangement ſymmétrique & régulier, & formeront des criſtaux durs, tranſparens, ſemblables à ceux des matières ſalines ; on les déſigne ſous le nom de *ſpaths calcaires*. C'eſt-là le dernier degré d'atténuation de la craie, l'état où elle eſt le plus éloignée de ſon origine animale, & dans lequel elle reſſemble le plus à un véritable ſel.

Ces paſſages ſi variés & ſi nombreux de la ſubſtance crétacée, dont la conſidération fournit de ſi grandes vues au naturaliſte, ſur l'antiquité du globe, ſur ſes altérations, ſur l'empire du règne animal, qui conſtitue une grande partie de ſa ſurface & de ſes couches externes, ne préſentent cependant aux yeux du chimiſte qu'une ſeule matière ſemblable à elle-même, un ſeul & unique ſel neutre, formé de chaux & d'acide carbonique. Nous allons le conſidérer ſous ce double point de vue.

§. I. *Hiſtoire naturelle des ſubſtances calcaires* (1).

Avant d'entrer dans le détail des matières calcaires, il eſt bon de jetter un coup-d'œil général ſur leur diſpoſition dans le globe. Ces ſubſtances forment des couches plus ou moins étendues, horiſontales ou inclinées, qui portent manifeſtement l'empreinte de l'action des eaux. Ces couches compoſent des montagnes entières, des collines, &c. & forment une grande partie de l'écorce du globe. Elles atteſtent que les eaux de la mer ont recouvert notre terre, & y ont dépoſé une immenſe quantité de dépouilles

---

(1) Quoique dans l'hiſtoire des terres & des pierres, nous ayons déjà préſenté des diviſions méthodiques des matières calcaires rangées ordinairement dans cette claſſe par les naturaliſtes, nous croyons devoir offrir dans cet article de nouvelles diviſions ſur ces matières, parce qu'elles ſont relatives à d'autres conſidérations que celles qui ont guidé les méthodiſtes dans leurs travaux.

de ſes habitans. Les eaux en ſe filtrant à travers ces maſſes calcaires, en entraînent des portions, & vont les diſtribuer plus profondément dans les cavités ſouterraines, ſous les différentes formes que nous allons examiner. Leurs caractères généraux donnés par les naturaliſtes, & très-propres à les faire diſtinguer, ſont tirés de deux propriétés remarquables; elles n'étincèlent point ſous le briquet, & elles ſont efferveſcence avec les acides. Comme d'après ce que nous avons dit, la forme de ces matières calcaires eſt aſſez multipliée, il eſt indiſpenſable de les diviſer en pluſieurs genres. Nous en reconnoiſſons ſix (1).

Genre I. *TERRES ET PIERRES COQUILLIÈRES.*

Ces ſubſtances ont été rangées parmi les pierres, parce qu'elles n'ont ni ſaveur, ni diſſolubilité apparentes; mais leur analyſe démontre qu'elles ſont véritablement ſalines, ainſi que

______

(1) On ſera peut-être étonné de trouver de nouvelles diviſions de genres, dans l'hiſtoire d'une ſorte de ſel; mais on doit obſerver que ces genres ne ſont que relatifs à l'hiſtoire naturelle, & qu'ils doivent en effet être rapportés à l'eſpèce de ſel neutre dont nous examinons les propriétés chimiques.

tous les autres genres suivans. On les reconnoît à la forme organique ; souvent les coquilles y sont encore tout entières, & la pierre n'est qu'un amas de ces corps organisés ; quelquefois même elles ont conservé une partie de leurs couleurs. Il arrive aussi qu'on trouve de ces animaux, dont les analogues n'existent plus vivans dans l'intérieur des mers, tels que plusieurs espèces de cornes d'Ammon & de Nautiles en général. Il existe au contraire en Europe & en France des coquilles fossiles dont on connoît les individus analogues vivans en Amérique. Quelques naturalistes ont fait des divisions très-étendues des coquilles fossiles ; mais comme elles sont semblables à celles de ces animaux vivans, nous en traiterons ailleurs. Il existe aussi parmi les débris fossiles des animaux marins, des corps dont la forme & l'organisation ne peuvent être en aucune manière rapportées à aucun habitant connu de la mer. Quoique nous n'ayons point encore d'Ouvrage complet sur les animaux fossiles, & quoique cette partie de l'Histoire Naturelle n'ait pas été traitée avec autant de soin & de précision que la Minéralogie, les descriptions d'un assez grand nombre de ces corps suffisent pour prouver qu'il a existé dans les mers des animaux dont l'espèce a été détruite.

Lorsque les corps fossiles calcaires paroissent

manifeſtement avoir appartenu à des animaux connus, on leur donne alors un nom relatif à leur origine, & formé ordinairement de celui de la claſſe d'animaux à laquelle ils appartiennent, en ajoutant un mot qui déſigne leur état pierreux; tel eſt celui de madréporites, &c. mais il faut obſerver que les os de l'homme, des quadrupèdes, des oiſeaux, des poiſſons qui ont été enfouis dans la terre, & qu'on connoît auſſi ſous le nom de foſſiles, ne ſont point de nature crétacée; ils conſervent leur caractère de phoſphate calcaire; ainſi, les ornitholithes, les ichthyolithes, &c. ne doivent point être rangées parmi les ſubſtances crétacées.

Dans la deſcription des ſubſtances organiques foſſiles dont on ne connoît pas l'origine, on leur a donné des noms particuliers pris de leur forme. Telles ſont les pierres *judaïques*, que quelques perſonnes croient être des pointes d'ourſins; les pierres *numiſmales* ou *liards de Saint-Pierre*, ſemblables à des pièces de monnoie, & qui ne paroiſſent être que des petites cornes d'Ammon appliquées les unes ſur les autres; le *bézoard foſſile*, eſpèce de maſſe arrondie ou de concrétion par couches concentriques; le *ludus Helmontii* dont les aréoles ſemblent avoir été formées par la retraite & le deſſéchement d'une matière terreuſe, molle, & remplies par de la terre calcaire ; les *trochites*, *entroques* & *astroi-tes*, qui proviennent d'un zoophyte, nommé *palmier marin* ; les *pisolites*, *oolites* ou *méconi-tes*, que l'on croit être des œufs de poissons ou d'insectes pétrifiés, mais dont la véritable origine est inconnue.

Comme on rapportoit aussi à ce genre de pierres vraiment calcaires, toutes les substances pétrifiées, à quelques animaux qu'elles eussent appartenù ; on connoît en histoire naturelle des *gammarolites*, des *cancrites*, des *entomo-lites*, des *amphibiolites*, des *zoolites*, des *an-tropolites*. Mais depuis les nouvelles découver-tes sur les os, ces matières ne doivent plus être rapportées à la craie, ainsi que nous l'avons déjà exposé ; il en est de même des *glossopètres* ou *dents de requins pétrifiées*, de *l'ivoire* ou *unicornu fossile*, qui vient des dents d'éléphans ; des *turquoises* ou *des os colorés en vert & en bleu* ; des *crapaudines*, pierres grises ou jau-nâtres & creuses, qui, d'après M. de Jussieu, sont les couronnes des dents molaires du poisson du Brésil appelé *Grondeur* ; & des *yeux de serpens* qui appartiennent, suivant ce naturaliste, aux dents incisives du même poisson.

D'après ces détails, ce genre peut être réduit à deux fortes fous lesquelles on pourra com-prendre toutes les variétés possibles.

Sortés.

1. Coquilles entières ou foffiles.

On y diftingue différentes nuances d'altérations, pour les couleurs, le brillant, la dureté, &c. Il faut y comprendre les madrepores & toutes les habitations calcaires de polypes dans l'état de foffiles.

2. Falun ou cron.

Coquilles brifées & fous la forme de terre : le fol d'une partie de la Touraine & de plufieurs autres provinces de la France, eft entièrement de cette nature. On emploie ces terres comme un très-bon engrais.

Genre II. *Terres et Pierres calcaires.*

Elles font formées par les matières du prémier genre ufées & dépofées par les eaux. On les trouve difpofées par couches ou par bancs dans l'intérieur de la terre. Nous fuivons M. Daubenton dans la diftinction des différentes fortes.

Sortés.

1. Terre calcaire compacte ; craie.

Elle varie par la couleur & la fineffe du grain ; on l'emploie à beaucoup d'ufages doméftiques.

2. Terre calcaire fpongieufe , moëlle de pierre.

Sortes.

3. Terre calcaire en poudre ; farine foſſile.

4. Terre calcaire en bouillie ; lait de lune.

5. Terre calcaire molle ; tuf.

Il durcit & blanchit en ſe ſéchant.

6. Pierre calcaire à gros grains.

Celle d'Arcueil en fournit un exemple. On y trouve des coquilles à demi-briſées.

7. Pierre calcaire à grain fin.

La pierre de Tonnerre en eſt une variété.

Sans entrer dans des détails inutiles, on conçoit que la couleur, la dureté & les uſages divers auxquels on emploie ces terres & ces pierres, donnent un grand nombre de variétés qu'on connoît ſous différens noms. En général elles ſervent à faire de la chaux, à la conſtruction des édifices, &c. &c.

Genre III. *MARBRE.*

Les marbres different des pierres calcaires proprement dites, par leur dureté un peu plus conſidérable. Comme elles, ils n'étincèlent pas ſous le briquet, ils font efferveſcence avec les acides, & leur caſſure eſt grenue. Mais leur gain eſt beaucoup plus fin & plus ſerré ; leurs couleurs font plus brillantes, & ils prennent un plus beau poli. Tout le monde connoît les uſages du marbre dans la ſculpture, l'architecture, &c. On l'emploie auffi dans quelques pays pour faire de la chaux.

Sortes.

1. Lumachelle.

Ce nom a été donné par les italiens à une efpèce de marbre formé par des coquilles agglutinées.

2. Brèche.

C'eft un marbre compofé de petites maffes arrondies, liées par un ciment de même nature.

3. Marbre proprement dit.

On n'y trouve ni les coquilles des lumachelles, ni la compofition en maffes arrondies des brèches ; fes taches font irrégulières : il eft fouvent veiné. M. Daubenton divife les marbres par le nombre & la combinaifon des couleurs, en comprenant fous la même dénomination les lumachelles & les brèches.

1°. En marbre de fix couleurs : ex. blanc, gris, vert, jaune, rouge & noir ; marbre de Wirtemberg.

2°. En marbre de deux couleurs : ex. blanc, gris ; marbre de Carare.

3°. En marbre de trois couleurs : ex. gris, jaune & noir ; lumachelle.

4°. En marbre de quatre couleurs : ex. blanc, gris, jaune, rouge ; brocatelle d'Efpagne.

5°. En marbre de cinq couleurs : ex. blanc, gris,

Sortes.

gris , jaune , rouge , noir ; brèche de la vieille
Castille.

4. Marbre figuré.

Il représente des ruines comme le marbre
de Florence, ou des herbes comme celui de
Hesse.

On observera que les couleurs du marbre
dépendent presque toujours du fer qui a été
interposé entre ses grains ; cette substance quoique susceptible d'un assez beau poli , est très-
poreuse ; tout le monde sait qu'il se tache très-
facilement ; c'est sur cette propriété qu'est fondé
l'art d'y dessiner des fleurs colorées, & de les
teindre de beaucoup de couleurs variées.

Souvent le marbre est mêlé de quelques fragmens de pierre dure, telles que le quartz, le
silex ; alors la partie qui contient ces fragmens
fait feu avec le briquet ; j'ai trouvé fréquemment ce caractère dans plusieurs espèces de marbre noir.

Genre IV. CONCRÉTIONS.

Les concrétions sont formées irrégulièrement, par un dépôt plus ou moins lent, de la
matière calcaire chariée par les eaux , à la surface d'un corps quelconque. Elles ne sont point
disposées par grandes couches, mais par frag-

mens en maffes d'abord ifolées, qui peu-à-peu fe rapprochent & fe confondent en augmentant d'étendue.

Sortes.

1. Incruftations.

Les eaux très-chargées de craie la dépofent à la furface de tous les corps fur lefquels elles coulent ; les incruftations peuvent donc avoir toutes les formes poffibles , fuivant les fubftan- ces qui leur ont fervi de noyau. Telles font celles des eaux d'Arcueil ; telle eft l'ofteocol- le, &c.

2. Stalactites.

Elles font formées lentement & par couches concentriques, dépofées par les eaux , aux voû- tes des cavernes, &c. elles different entr'elles par la groffeur, la tranfparence ou l'opacité, le grain, la couleur, la forme. Elles font en général pyramidales & creufes. Le *flos-ferri* eft la plus pure de toutes. Lorfqu'elles font col- lées le long des parois des cavités fouterraines, on les nomme *congélations* : dépofées fur le fol, elles portent celui de *ftalagmites*.

3. Albâtre.

L'albâtre paroît formé par les ftalactites les plus pures, enfouies pendant long-tems. Il eft moins dur que le marbre ; lorfqu'il eft poli, fa furface paroît graffe & huileufe. Il eft manifef-

tement compofé de couches qui ont différentes directions. Il a toujours une tranfparence
plus ou moins grande, qui le diftingue des
marbres; mais elle n'égale jamais celle de quelques fpaths. L'albâtre a d'ailleurs tous les
caractères des pierres calcaires. On en fait des
vafes & des ftatues. On peut en diftinguer beaucoup de variétés.

Variétés.

1. Albâtre oriental.

C'eft le plus tranfparent & le plus dur.

2. Albâtre occidental.

Il eft moins beau & moins pur que le précédent.

3. Albâtre taché de différentes couleurs.

4. Albâtre ondé.

On l'appelle auffi albâtre d'agathe.

5. Albâtre fleuri.

Il préfente des efpèces d'herborifations.

Genre V. *SPATH CALCAIRE.*

Le fpath calcaire differe des quatre genres
précédens, par fa forme le plus fouvent régulière, & fur-tout par fa caffure. Il eft formé
de lames appliquées les unes fur les autres, &
très-apparentes dans fa fracture. Il s'égrène par
le contact du briquet.

Sortes.

1. Spath calcaire opaque.

Il eſt blanc ou coloré de diverſes manières ; il eſt ordinairement formé de lames rhomboïdales.

2. Spath calcaire tranſparent rhomboïdal ; criſtal d'Iſlande.

Il double les objets.

3. Spath calcaire priſmatique ſans pyramides.

Ce ſont des priſmes hexaèdres tronqués, dont les faces ſont égales ou inégales, & dont quelquefois les angles ſont coupés de ſorte qu'ils forment des priſmes à douze faces ; ce qui donne trois variétés.

4. Spath calcaire en priſmes terminés par deux pyramides.

Il y a un aſſez grand nombre de variétés de ce ſpath. Quelques-unes ſont des priſmes hexaèdres, terminés par des pyramides auſſi hexaèdres, ou entières, ou tronquées. D'autres préſentent, à l'extrêmité des mêmes priſmes hexaèdres, des pyramides trièdres, entières ou tronquées, ou des ſommets dièdres. Enfin, il en eſt dont les priſmes quadrangulaires ſont terminés par des ſommets dièdres. Toutes ces variétés peuvent offrir une ou deux pyramides, ſuivant leur poſition.

Sortes.

5. Spath calcaire pyramidal.

Celui-ci est formé d'une ou de deux pyramides réunies sans prisme intermédiaire. La forme hexaèdre ou triangulaire de ces pyramides, l'inégalité de leurs faces, leurs angles souvent tronqués, établissent un grand nombre de variétés (1).

6. Spath calcaire dodécaèdre.

Ce spath, qui ressemble à une espèce de grenat ou de marcassite paroît être formé de deux pyramides pentagones tronquées, & réunies par leur base.

7. Spath calcaire en stries.

C'est un amas de longs prismes rassemblés en faisceaux, & qui ne présentent point de forme régulière qu'il soit possible de déterminer.

____

(1) Si l'on veut prendre une idée des variétés de forme que l'on peut distinguer dans les spaths, & du grand nombre d'espèces que l'on pourroit en faire, si l'on avoit égard à ces nuances de forme, on peut consulter l'Ouvrage anglois de M. Hill, qui a pour titre : *The History of fossils, containing the history of metals, and gems,* &c. *London,* 1748, *in-fol. cum tab. æneis.* M. Romé de Lisle en a donné un extrait dans la première édition de sa Cristallographie, page 131 & suiv. page 191 & suiv. relativement au spath calcaire, & au cristal de roche. Il démontre que la méthode de M. Hill est défectueuse, embarrassante, &c.

Sortes.

Le *lapis fuillus* des fuédois appartient à cette forte.

8. Spath calcaire lenticulaire.

Ce font des criftaux plats, difpofés obliquement les uns à côté des autres. M. Romé de Lifle le croit une variété du fpath prifmatique hexaèdre, terminé par deux pyramides triangulaires obtufes, placées en fens contraire. *Criftallogr. pag. 123, prem. édit.*

§. II. *Propriétés chimiques du carbonate calcaire.*

Comme les propriétés chimiques tiennent à la combinaifon ou aux principes des corps, il faut donner à ceux-ci des noms qui expriment leur nature ; d'après cette confidération , les diverfes matières calcaires que nous avons défignées doivent être confondues chimiquement fous la dénomination de carbonate calcaire : c'eft fur le fpath calcaire le plus tranfparent ou fur le marbre blanc pur, que l'on doit faire les expériences qui établiffent les propriétés de ce fel terreux.

Pour foumettre du carbonate calcaire à l'analyfe, il faut en détruire l'aggrégation en le réduifant en poudre. Sous cette forme , il eft, blanc & opaque ; il n'a pas de faveur marquée, cependant il refferre un peu les fibres du palais

& de la langue, lorfqu'on le tient pendant quelque tems dans la bouche.

Ce fel terreux expofé à l'action du feu, perd fon acide & fon eau de criftallifation. Si on le chauffe brufquement, il décrépite & perd fa tranfparence. En le diftillant dans une cornue, on en retire de l'eau & beaucoup d'acide carbonique gazeux ; mais il faut une chaleur confidérable pour dégager ce dernier. Après cette opération, la matière calcaire eft réduite à l'état de chaux vive ; on peut réformer ce fel en combinant cette dernière avec l'acide qu'on a obtenu de fa décompofition. La diftillation de la craie, qui ne diffère du fpath calcaire que par fon peu de cohérence & fon opacité, a été faite par M. Jacquin. M. le duc de la Rochefoucauld, qui l'a répétée avec beaucoup de foin, a obfervé que les cornues de grès laiffoient échapper une partie de l'acide carbonique aériforme. M. Prieftley a conftaté ce fait par plufieurs expériences très-exactes. On peut fe fervir d'una cornue de fer, ou d'un canon de fufil, mais on obtient toujours un peu de gaz inflammable ou hydrogène, produit par l'action de l'eau contenue dans la craie fur le fer.

Le carbonate calcaire expofé à un grand feu dans des creufets d'argile, eft fufceptible de fe fondre en verre autour des parois de ce vaiffeau.

L iv

M. d'Arcet en a fondu plufieurs fortes en un verre tranfparent marqué de quelques taches ; mais comme Macquer a obfervé que ce fel terreux n'a point été fondu au foyer de la lentille de M. de Trudaine, on ne peut douter que la fufion obtenue par M. d'Arcet, ne fût due à l'argile des creufets.

Le carbonate calcaire n'eft point altérable par l'air pur. Mais le contact de l'atmofphère humide, joint aux rayons du foleil, lui fait perdre fa tranfparence, & la cohéfion de fes lames. Sa furface prend les couleurs de l'iris, s'obfcurcit & fe délite peu-à-peu.

Il ne paroît pas diffoluble dans l'eau. La craie, que l'art ne parvient pas plus à diffoudre dans ce fluide pur que le carbonate calcaire, eft cependant tenue en diffolution par les eaux qui coulent à travers ces fubftances ; quelques-unes même en contiennent une quantité notable. Telles font celles d'Arcueil aux environs de Paris ; elles font chargées d'une affez grande quantité de craie pour incrufter, en quelques mois, les corps plongés dans les canaux qu'elles parcourent. Les eaux des bains de Saint-Philippe en Italie, font tellement chargées de cette fubftance, qu'elles en dépofent des couches de près d'un demi-pouce d'épaiffeur dans l'efpace de quelques jours. On profite de cette propriété pour y former des tableaux & des figures, on y plonge des moules creux à la surface intérieure desquels ces eaux déposent la craie qu'elles contiennent.

Le carbonate calcaire aide la vitrification de quelques substances terreuses & pierreuses ; mêlé avec la terre silicée, il la fait entrer en fusion, lorsque cette dernière est dans la proportion d'un tiers ou d'un quart.

Ce sel mêlé par la nature avec une terre argileuse, forme une matière terreuse mixte, que les naturalistes & les cultivateurs désignent sous le nom de *marne*. Cette substance qui offre un grand nombre de variétés, différentes par la couleur, la densité, &c. se fond à un grand feu en un verre d'un jaune verdâtre ; on l'emploie avec beaucoup de succès pour ameublir les terres & pour les fertiliser.

La baryte & la magnésie n'ont aucune action sur le carbonate calcaire par la voie humide ; l'acide carbonique adhère plus fortement à la chaux qu'à ces deux substances salino-terreuses ; mais le carbonate calcaire traité au feu avec ces terres alkalines, forme avec elles des combinaisons vitreuses. M. Achard a fait une grande suite d'expériences sur tous ces mélanges par la vitrification ; les détails en sont consignés dans le Journal de Physique.

Les alkalis fixes & l'ammoniaque n'altèrent point le carbonate calcaire, parce que l'acide carbonique a plus d'affinité avec la chaux que n'en ont ces sels.

Les acides sulfurique, nitrique, muriatique & fluorique le décomposent en lui enlevant sa bafe, & en dégageant l'acide carbonique. Si l'on verse de l'acide sulfurique sur du carbonate calcaire, il s'excite un bouillonnement dû au dégagement de l'acide carbonique sous la forme gazeuse. Les naturalistes se servent avec avantage de ce caractère chimique pour distinguer toutes les subftances calcaires. On peut faire, à l'aide des acides, une analyse exacte du carbonate calcaire. Pour cela, on verse de l'acide sulfurique sur ce sel réduit en poudre. L'effervescence violente qui se produit dans l'instant du mélange, indique la séparation de l'acide carbonique, que l'on peut obtenir & mesurer en le recevant, à l'aide d'un syphon, dans des cloches remplies de mercure. L'effervescence eft accompagnée de froid, à cause de la volatilisation de l'acide. Lorfqu'elle eft finie, fi l'on examine la nouvelle combinaison, on trouve que c'eft du sulfate calcaire, formé par l'acide sulfurique uni à la chaux, qui faifoit la base du premier sel. Des expériences nouvelles ont appris que quelques-uns de ces spaths contiennent un peu de magnéfie, & donnent du fulfate de magnéfie, lorfqu'on les diffout par l'acide vitriolique. L'acide nitrique que les naturaliftes emploient ordinairement dans leurs effais, produit la même effervefcence fur le carbonate calcaire ; il en dégage l'acide carbonique & forme du nitrate calcaire avec fa bafe.

L'acide muriatique fépare de même avec effervefcence violente l'acide du carbonate calcaire & donne du muriate de chaux en fe combinant avec fa bafe.

L'acide fluorique le décompofe de même, & forme du fluate calcaire avec fa bafe.

L'acide boracique ne décompofe point à froid le carbonate calcaire ; mais il produit une effervefcence, lorfqu'on le fait chauffer en le mêlant avec de la craie en poudre, & en délayant dans ce mélange fuffifante quantité d'eau.

L'acide carbonique a la propriété de donner de la folubilité au carbonate de chaux ou à toutes les matières calcaires en général. Nous avons déjà vu à l'article de cet acide, qu'il précipite l'eau de chaux en craie, & qu'il la rediffout fi on en ajoute plus qu'il n'en faut pour cette précipitation. L'eau chargée d'acide carbonique qui féjourne fur du carbonate calcaire en poudre , se charge peu-à-peu d'une certaine quantité de ce sel neutre terreux. Plusieurs eaux contiennent aussi de la craie à la faveur de son acide ; mais toutes ces dissolutions sont peu durables. Lorsqu'on les expose à l'air, elles se troublent peu-à-peu, & la craie se précipite à mesure que l'acide carbonique se dissipe. Cet effet est beaucoup plus rapide par l'action de la chaleur ; c'est pour cela qu'on emploie avec succès l'ébullition pour corriger les eaux chargées de craie, qui sont dures & crues, sans cette précaution.

Comme c'est presque toujours en raison de l'acide carbonique que les eaux tiennent de la craie en dissolution ; on conçoit que ce sel terreux doit se précipiter lorsque l'acide s'évapore ; telle est la cause des dépôts calcaires & des incrustations qui se forment dans les fontaines, autour des canaux que l'eau parcourt, ainsi qu'on l'observe pour celle d'Arcueil & des bains de Saint-Philippe en Italie. Lorsque l'histoire naturelle n'étoit point encore éclairée par la chimie, on donnoit le nom de *fontaines pétrifiantes* à celles qui présentoient ces dépôts, & la superstition des peuples les comptoit au nombre des miracles.

Le carbonate calcaire n'a aucune action sur les sels neutres à base d'alkalis fixes. Il décompose les fels ammoniacaux. On obtient d'une part un fel calcaire formé par l'acide des fels ammoniacaux & la chaux, & de l'autre part, du carbonate ammoniacal, réfultant de la combinaifon de l'acide carbonique avec l'ammoniaque. On fait cette opération en diftillant dans une cornue de grès, un mêlange d'une livre de fel ammoniac & de deux livres de craie, ou bien de fpath calcaire en poudre. On a foin d'employer ces deux fubftances bien sèches. On adapte à la cornue un ballon avec une allonge, ou mieux encore une cucurbite de verre ou de grès. On donne le feu par degrés jufqu'à faire rougir le fond de la cornue, & l'on refroidit le récipient avec des linges mouillés, ou un filet d'eau froide dont l'écoulement eft entretenu pendant toute l'opération. Il paffe des vapeurs blanches, qui fe condenfent en criftaux très-blancs & très-purs fur les parois du récipient. C'eft le carbonate ammoniacal : il paroît que c'eft par ce procédé qu'on le prépare en grand à Londres, d'où il étoit envoyé autrefois dans toute l'Europe, fous le nom de *fel volatil d'Angleterre* ; aujourd'hui on fait préparer ce fel par-tout. Le réfidu de cette opération eft du muriate calcaire avec excès de chaux, ordinairement fondu, lorfqu'on a donné un bon coup de feu fur la fin de l'opération.

Les ufages du fpath & des matières calcaires en général font fort étendus, ainfi que nous l'avons déjà fait obferver en traitant de leur hiftoire naturelle. Mais un des plus importans, eft la préparation qu'on leur fait fubir pour les changer en chaux. L'art du chaufournien confifte à décompofer les matières calcaires par l'action du feu, & à leur enlever leur acide. Les pierres chargées de coquilles, les marbres, & la plupart des fpaths calcaires, font celles de ces fubftances qui donnent la meilleure chaux. Cependant on fe fert plus communément, fur-tout aux environs de Paris, d'une efpèce de pierre calcaire dure, que l'on nomme *pierre à chaux*. On arrange ces pierres dans une efpèce de four ou de tourèlle, de manière qu'elles forment une voûte ; on allume fous cette voûte un feu de fagots, que l'on continue jufqu'à ce qu'il s'élève une flamme vive, fans fumée, à environ dix pieds au-deffus du four, & jufqu'à ce que les pierres foient d'une grande blancheur. On commence aujourd'hui à fe fervir aux environs de Paris de charbon de terre & de tourbe pour la cuiffon de la chaux.

Pour que la chaux foit bonne, elle doit être dure, fonore, s'échauffer promptement & fortement avec l'eau, & donner une fumée épaiffe dans fon extinction. Si elle n'a pas été affez calcinée, elle eſt moins ſonore, & elle ne s'échauffe que peu & lentement avec l'eau ; ſi elle l'a été trop, elle eſt à demi-vitrifiée ; elle rend, lorſqu'on la frappe, un ſon trop clair ; & elle ne peut plus s'unir facilement avec l'eau. Les chaufourniers la nomment alors *chaux brûlée*. Nous ne parlerons pas des uſages de la chaux, parce que nous en avons traité dans l'hiſtoire de cette ſubſtance pure.

Nous ajouterons ici que le carbonate calcaire qui ſe trouve mêlé en très-petits fragmens avec le ſulfate calcaire ou le gypſe, & qui eſt dé-poſé dans les montagnes par grandes cou-ches ordinairement régulières, ſéparées par des bancs de glaiſe & de marne, comme on l'ob-ſerve dans tous les environs de Paris, conſtitue la pierre à plâtre la plus utile pour la bâtiſſe. Quoique nous ayons déjà parlé de cet objet à l'article du ſulfate calcaire, nous croyons devoir y revenir encore ici, & entrer dans un aſſez grand détail, pour ſuppléer à cet égard à ce qui manque dans tous les ouvrages d'hiſtoire naturelle & de chimie.

Nous devons d'abord rappeler que le ſulfate calcaire pur ne donne par la calcination que du plâtre fin, qui ne fait qu'une pâte incohérente avec l'eau, & que l'on emploie pour couler des ſtatues ; tout le monde fait que cette pâte

defléchée eft très-caffante & n'a aucune tena-
cité, qu'elle fe brife au moindre effort; cela
dépend de ce que cette matière faline en reprenant l'eau qu'elle a perdue par la calcination, forme une maffe égale & homogène dans
toutes fes parties. Il n'en eft pas de même du
plâtre propre à bâtir. La pierre qui le fournit
à Montmartre & dans tous les endroits qui
contiennent ce minéral, eft une forte de brèche
formée de très-petits criftaux grenus de fulfate de
chaux, & de lames très-tenues de carbonate calcaire; on y reconnoît la préfence de ce dernier
en mettant une goutte d'acide nitrique fur la
pierre; il fe produit une vive effervefcence
due au dégagement de l'acide carbonique; en
faifant diffoudre un poids donné de pierre à
plâtre de Montmartre dans fuffifante quantité
d'eau-forte, tout le carbonate calcaire eft décompofé à mefure que la chaux s'unit à l'acide nitrique, & il ne refte plus que le fulfate calcaire
qui eft infoluble dans cet acide; on trouve par
cette expérience que le carbonate calcaire varie
en proportion dans les différentes pierres à
plâtre, & que dans la meilleure il en fait plus
du tiers

Ce point une fois bien démontré fur la nature mélangée de la pierre à plâtre, il eft fort
aifé de concevoir les phénomènes que préfente

le

le plâtre à bâtir dans sa cuisson, dans son extinction & dans son endurcissement. Quand on
cuit ce sel terreux, le sulfate calcaire qu'il contient perd son eau de cristallisation & devient
friable, le carbonate calcaire perd son acide &
passe à l'état de chaux ; d'après cela le plâtre bien
cuit est âcre & alkalin, il verdit le syrop de
violettes, il s'échauffe avec les acides sans
faire d'effervescence, il perd sa force à l'air, à
mesure que la chaux vive qu'il contient s'éteint
en attirant l'acide carbonique & l'eau de l'atmosphère ; il absorbe l'eau avec chaleur, quand on
le gâche ; quant à la solidité qu'il prend très-
promptement comme tout le monde le sait,
cette propriété est l'inverse de celle de la chaux
pure, elle est due à ce que la chaux vive ayant
d'abord absorbé l'eau qui lui est nécessaire pour
son extinction, le sulfate calcaire qui est interposé entre ses molécules en attire une portion,
& se cristallisant subitement, produit l'effet du
sable ou du ciment dans le mortier, en liant &
en accrochant, pour ainsi dire, ensemble les
parcelles calcaires.

On connoît enfin, d'après cette théorie,
pourquoi le plâtre se conserve bien par la
chaleur & la sécheresse, tandis qu'il se détruit & s'enlève promptement par l'humidité.
Les deux principes salins & solubles dans

l'eau qui le conftituent font la caufe de ces phénomènes.

CHAPITRE VIII.

Genre IV. *Sels neutres a base de magnésie ou Sels magnésiens.*

ON a déjà vu dans l'hiftoire des acides que la magnéfie fe combine très-bien avec ces fels & qu'elle forme dans ces combinaifons des fels neutres différens de ceux que conftituent toutes les autres bafes. Ces fels ne font pas encore entièrement connus, & ils n'ont point été l'objet des recherches de beaucoup de chimiftes. Le célèbre M. Black eft le premier qui les ait bien diftingués; on les confondoit avant lui avec les fels à bafe terreufe en général.

Les fels magnéfiens ont des caractères génériques qui les diftinguent; ils font prefque tous amers & falés, la plupart criftallifent régulièrement quoique difficilement; la plupart font très-folubles dans l'eau, quelques - uns attirent même l'humidité de l'air; ils font plus décompofables que les fels ammoniacaux & calcaires, & ils cèdent leurs acides à la baryte, à la chaux, aux deux alkalis fixes, & en partie à l'ammoniaque ; cette dernière subftance refte en partie unie aux acides en même-temps que la magnéfie, & forme alors des fels triples ammoniaco-magnéfiens.

Nous examinerons dans ce chapitre, fix de ces fels, favoir le fulfate magnéfien ou le fel d'Epfom, le nitrate magnéfien, le muriate magnéfien, le borate magnéfien, le fluate magnéfien & le carbonate magnéfien.

Sorte I. Sulfate de magnésie ou Sel d'Epsom.

Le fel neutre formé par l'acide fulfurique uni à la magnéfie, a été appelé *fel d'Epfom*, à raifon du lieu d'où on le tiroit autrefois en plus grande quantité : c'eft une fontaine d'Angleterre. Il exifte encore dans les eaux d'Egra, de Sedlitz, de Seydfchutz. Son véritable nom eft *fulfate de magnéfie* ou *fulfate magnéfien*.

Ce fel a une faveur très-amère, auffi lui a-t-on donné le nom de *fel cathartique-amer*. Il eft dans le commerce fous la forme de très-petites aiguilles terminées par des pyramides fort aiguës ; dans cet état il reffemble affez au fulfate de foude ou *fel de Glauber*, mais fa faveur eft plus amère, il ne s'effleurit point à l'air, & fa criftallifation eft bien différente lorf-qu'elle eft très-régulière ; on l'obtient en le laiffant criftallifer fpontanément fous la forme de beaux prifmes quadrangulaires, terminés par des pyramides également quadrangulaires ; les faces de fes prifmes & de fes pyramides font liffes & fans canelures, & fes criftaux font en général plus courts & plus gros que ceux du fulfate de foude ; d'ailleurs toutes fes autres propriétés le diftinguent de ce fel neutre parfait, comme on va le voir.

Le fulfate de magnéfie retient affez d'eau de criftallifation , pour être en état d'éprouver comme le fulfate de foude & le borax, la liquéfaction aqueufe. Il fe fond à la plus légère chaleur ; il fe prend en une maffe informe par le refroidiffement. Lorfqu'on le laiffe fur le feu, après qu'il a éprouvé la liquéfaction aqueufe, il fe defsèche en une maffe blanche , friable, qui n'eft que le fel privé de fon eau de criftallifation, & dont la nature n'a point changé. Il faut un feu extrême pour faire éprouver une véritable fufion ignée au fulfate magnéfien defféché. Ce fel contient près de la moitié de fon poids d'eau de criftallifation.

Macquer & plufieurs chimiftes ont dit qu'il s'humecte légèrement à l'air , & que cette propriété peut fervir à le faire diftinguer du fulfate de foude qui s'y effleurit. Mais Bergman annonce, au contraire, qu'expofé à un air fec, le fulfate magnéfien perd d'abord fa tranfparence, &

se réduit à la fin en une poudre blanche ; & il avance que celui qu'on vend en petites aiguilles, est humide & déliquescent à cause du muriate de magnésie qu'il contient. M. Butini, citoyen de Genève, à qui l'on doit de fort bonnes recherches sur la magnésie, dit avoir trouvé dans le sel d'Epsom d'Angleterre du sulfate de soude ou sel de Glauber, auquel on pourroit attribuer cette efflorescence ; mais le sulfate de magnésie bien purifié quoique perdant un peu de sa transparence à l'air, n'est point à beaucoup près efflorescent comme le sulfate de soude, qui se réduit entièrement en poussière au bout d'un certain tems.

Le sulfate de magnésie est si dissoluble dans l'eau, qu'il ne demande pas deux parties de ce fluide froid pour être tenu en dissolution, & que l'eau chaude peut en dissoudre près du double de son poids. Il se cristallise par le refroidissement ; mais pour l'avoir très-régulier, il faut laisser évaporer spontanément une dissolution de ce sel faite à froid.

Ce sel n'éprouve aucune altération de la part des terres silicée & alumineuse.

La baryte le décompose parce qu'elle a plus d'affinité avec l'acide sulfurique que n'en a la magnésie.

La chaux le décompose par la même raison.

Si l'on met un peu de sulfate de magnésie dans de l'eau de chaux, ou si l'on verse cette dernière dans une dissolution de ce sel, il se forme un précipité dû à la magnésie & au sulfate calcaire. Cette précipitation est un caractère sûr pour distinguer le sulfate magnésien de celui de soude.

Les alkalis fixes purs décomposent aussi le sulfate de magnésie. L'ammoniaque caustique ayant la même propriété, tandis qu'elle ne décompose pas le sulfate calcaire, il est démontré que ce sel a plus d'affinité avec l'acide sulfurique que n'en a la magnésie, & qu'il en a moins que la chaux ; il peut donc servir à faire distinguer dans les eaux la présence du sulfate magnésien. C'est ainsi qu'on obtient par l'ammoniaque caustique la magnésie pure, dont nous avons fait l'histoire au commencement des matières salines. Bergman a vu cependant que l'ammoniaque ne précipite point complètement la magnésie du sel d'Epsom, & qu'il y a une partie de ce sel qui reste sans décomposition. La liqueur après ce mélange tient en dissolution du sulfate ammoniacal & du sulfate magnésien ; les chimistes ont découvert que ces deux sels forment ensemble une espèce de sel triple, ou composé d'un acide & de deux bases ; mais pour éviter l'erreur, remarquons, que quoique ces sels se trouvent dans la même eau, l'un est formé par l'acide sulfurique uni à l'ammoniaque, & l'autre par le même acide combiné avec la magnésie; tous les deux ont une portion différente d'acide, & ce n'est pas la même qui adhère en même-tems aux deux bases; mais ces deux sulfates ont une assez forte attraction l'un pour l'autre, ils se cristallisent ensemble, & c'est cette union opérée par la cristallisation qu'on peut appeler *sel triple ou sulfate ammoniaco-ma-gnésien.*

On ne connoît pas encore bien l'action du sulfate magnésien sur les sels neutres à base d'alkalis fixes & d'ammoniaque. Il est probable qu'il décomposeroit les sels nitriques & muriatiques de ces deux genres par une double affinité.

M. Quatremère Dijonval assure dans une lettre à M. de Morveau, (Journal de physique, Mai 1780, vol. XVII, pag. 391,) que lorsqu'on unit une dissolution de sulfate de magnésie avec une dissolution de sulfate ammoniacal, il s'opère une précipitation totale du premier sel sans décomposition; celui-ci, dit-il, tombe au fond du verre sous la forme de cristaux assez gros, qu'on peut reconnoître par la saveur, &c. Il attribue cet effet à ce que le sulfate ammoniacal est susceptible de s'emparer de l'eau du sulfate de magnésie, qu'il croit être très - cristallisable.

Mais c'eſt une erreur, puiſque le ſel criſtalliſé dans cette opération eſt un vrai ſel triple ou ſulfate ammoniaco-magnéſien, comme je m'en ſuis aſſuré par l'expérience.

Quant aux ſels carboniques, il eſt certain que le ſulfate magnéſien les décompoſe, & qu'il eſt décompoſé par eux. Lorſqu'on verſe une diſ-ſolution de carbonate de potaſſe ou de ſoude dans une diſſolution de ſulfate de magnéſie, il y a alors double décompoſition & double combinaiſon. L'acide ſulfurique du ſel d'Epſom s'unit aux alkalis fixes, l'acide carbonique qui ſe ſépare de ces derniers ſe reporte ſur la magnéſie, & forme avec elle un ſel neutre, connu ſous le nom de *magnéſie douce ou effer-veſcente*, & que nous nommerons *carbonate de magnéſie*. C'eſt par ce procédé que l'on prépare la magnéſie douce dont on fait uſage en mé-decine, comme d'un très-bon purgatif. Nous décrirons très en détail cette opération à la fin de ce chapitre.

Une diſſolution de ſulfate de chaux, mêlée avec une diſſolution de ſulfate de magnéſie, offre la précipitation de ce dernier, ſuivant M. Dijonval, quoique ce phénomène ſoit peu ſenſible à cauſe de la petite quantité de ſulfate calcaire tenue en diſſolution. Le nitrate & le muriate calcaires décompoſent auſſi le ſulfate

de magnéfie, & font décompofés en même-
tems par ce fel; mais nous ne croyons pas que
l'on puiffe en conclure, avec M. Dijonval,
que les acides nitrique & muriatique ont plus
d'affinité avec la magnéfie, que n'en a l'acide
fulfurique, puifque dans ces expériences on doit
néceffairement tenir compte des attractions
électives doubles.

Bergman dit que le quintal de fulfate de
magnéfie criftallifé contient dix-neuf parties de
magnéfie pure, trente-trois d'acide fulfurique,
& quarante-huit d'eau.

Le fulfate de magnéfie ou fel d'Epfom eft
employé en médecine avec beaucoup de fuccès.
C'eft un purgatif fort utile, & qui jouit en
même-tems de la propriété fondante. On le
préfère même aux autres fels purgatifs à caufe
de fa grande diffolubilité. On l'adminiftre, ou
feul, diffous dans l'eau, depuis une once jufqu'à
deux, ou comme adjuvant, à la dofe d'un à
deux gros. Il minéralife la plupart des eaux
purgatives naturelles, & fpécialement celles
d'Egra, de Sedlitz, de Seydschutz, mais il y eft
toujours accompagné de muriate de magnéfie.

Sorte II. NITRATE MAGNÉSIEN.

Le nitrate magnéfien appelé jufqu'ici par
les chimiftes *nitre de magnéfie* ou *magnéfie*

nitrée, a été examiné par Bergman. Cet illuftre chimifte dit que la diffolution de ce fel fait par l'art, donne après une évaporation convenable des criftaux prifmatiques, quadrangulaires, fpathiques, fans pyramides.

Ce fel a une faveur âcre & très-amère; il fe décompofe par la chaleur; il attire l'humidité de l'air. Il eft très-diffoluble dans l'eau; on ne l'obtient criftallifé que par une évaporation lente; & l'on ne connoît même pas affez bien les loix de fa criftallifation, pour le faire paroître à volonté fous fa forme régulière, comme cela a lieu pour un grand nombre d'autres fels. La baryte, la chaux & les alkalis le décompofent.

Comme le nitrate magnéfien fe trouve diffous dans les eaux mères du nitre, M. de Morveau a propofé d'en retirer en grand la magnéfie, en les précipitant par l'eau de chaux. Ce procédé pourroit être très-avantageux par la facilité de fon exécution & le peu de frais qu'il demande; mais le même chimifte ayant obfervé que l'eau de chaux récente précipite le nitrate calcaire bien pur, lorfque celui-ci ne contient point affez d'eau de diffolution, la magnéfie qu'on obtiendroit par ce procédé n'auroit point le degré de pureté convenable à un médicament auffi utile, fi l'on n'opéroit pas cette précipitation fur des eaux-mères étendues d'une très-grande quantité de liquide.

L'acide fulfurique & l'acide fluorique dégagent l'acide du nitrate de magnéfie. L'acide boracique le fépare auffi à l'aide de la chaleur, & à raifon de fa fixité. Telles font les propriétés de ce fel indiquées par Bergman.

M. Quatremère Dijonval, qui a fait des recherches fur plufieurs combinaifons de la magnéfie, a trouvé dans le nitrate magnéfien quelques propriétés très-différentes de celles annoncées par le chimifte d'Upfal. Il dit avoir obtenu des criftaux non déliquefcens de nitrate magnéfien, & il ajoute même que les fels magnéfiens font autant criftallifables & portés à s'effleurir que les fels calcaires font avides d'humidité.

Le nitrate de magnéfie paroît être fufceptible de décompofer, à l'aide des affinités doubles, les fulfates de potaffe, de foude & d'ammoniaque ; mais ces décompofitions ne font point fenfibles dans le mêlange des diffolutions de ces différens fels, comme dans celles qui font opérées par le nitrate calcaire, parce que les nitrates de potaffe, de foude & d'ammoniaque, ainfi que le fulfate de magnéfie, qui en réfultent, font tous très-folubles dans l'eau, tandis que le fulfate de chaux, formé dans la décompofition du fulfate de potaffe, de foude & d'ammoniaque par le nitrate calcaire, préfente un précipité très-abondant. Cependant on peut fe convaincre de l'effet de ces affinités doubles opérées par le nitrate magnéfien en évaporant les liqueurs. On trouve les nitrates formés par le tranfport des alkalis fur l'acide nitrique, & le fulfate de magnéfie réfultant de l'union de l'acide fulfurique des fels décompofés avec la bafe du nitrate magnéfien.

M. Dijonval a annoncé un fait digne de toute l'attention des chimiftes. C'eft la précipitation du nitrate magnéfien, opérée par le nitrate calcaire. Lorfqu'on mêle, dit M. Dijonval, des diffolutions tranfparentes & bien pures de ces deux fels, le nitrate de magnéfie fe dépofe fur-le-champ fous la forme criftalline, & fans être décompofé en aucune manière; la liqueur retient en diffolution le nitrate calcaire. Il eft très-fingulier que deux fels qui, féparés, ont affez d'eau pour être diffous parfaitement, préfentent dans leur mélange la précipitation & la criftallifation fubite de l'un des deux. M. Dijonval penfe, comme nous l'avons déjà annoncé plus haut, que cela dépend de la grande tendance du nitrate calcaire pour s'unir à l'eau. Ce fel pouvant, fuivant lui, abforber une plus grande quantité d'eau que celle qui lui eft néceffaire pour être tenu en diffolution , dès qu'on mêle avec lui une diffolution de nitrate de magnéfie, qui d'ailleurs tend fortement à fe criftallifer, il s'empare auffi-tôt de l'eau de criftallifation de ce dernier, & alors le nitrate de magnéfie n'étant plus équipondérable à la quantité d'eau qui le foutenoit, fe précipite fous fa forme criftalline. Cette explication ne paroît pas lever plufieurs difficultés qu'il eft poffible de lui oppofer. Comment en effet un fel, quelque diffoluble qu'il foit, & quelque tendance qu'il ait pour fe combiner avec l'eau, peut-il s'emparer de l'eau de criftallifation d'un autre fel, lorfqu'il eft lui-même uni à une affez grande quantité d'eau pour être tenu en diffolution ? Si l'on répond qu'il n'eft pas faturé d'eau, il exifte donc un point de faturation où le nitrate calcaire cefferoit de faire ainfi précipiter le nitrate de magnéfie ; & c'eft ce qu'il auroit été néceffaire de démontrer. Cette fuppofition même admife, comment le nitrate calcaire s'empareroit-il de l'eau de criftallifation du nitrate magnéfien, tandis qu'il peut abforber celle qui tient en diffolution ce même fel, avant de lui enlever la portion de ce fluide qui doit faire partie conftituante de fes criftaux ? Enfin, comment peut-on concevoir dans cette explication, que le nitrate magnéfien, privé de l'eau de fa criftallifation par le nitrate calcaire, foit fufceptible de fe précipiter fur-le-champ fous la forme criftalline, tandis qu'il a perdu un des élémens de fes criftaux ? Nous croyons d'après ces obfervations, qu'il a échappé à M. Dijonval quelques circonftances dans le phénomène qu'il a obfervé, & qu'il tient à une caufe qu'on ne connoîtra bien que lorfqu'on aura répété & varié cette expérience de beaucoup de manières différentes, relativement à la quantité d'eau, des fels, à la température, &c.

Le nitrate magnéfien n'eft d'aucun ufage dans les arts ni dans la médecine. Sa faveur forte, fa déliquefcence & toutes fes propriétés annoncent qu'il auroit une forte action fur l'économie animale, & il feroit fort à defirer qu'on l'effayât comme fondant & incifif dans tous les cas où les médicamens de ce genre font indiqués.

Sorte III. MURIATE MAGNÉSIEN.

Ce fel qui eft la combinaifon faturée d'acide muriatique & de magnéfie, exifte dans toutes les eaux falées, & dans toutes celles qui tiennent du fulfate de magnéfie en diffolution, comme les eaux d'Epfom, d'Egra, de Sedlitz, de Seydschutz & beaucoup d'autres; il eft infiniment plus commun qu'on ne l'a cru.

Le muriate magnéfien a une faveur très-amère & très-chaude. Bergman dit qu'on ne peut l'obtenir criftallifé qu'en expofant fubitement, à un grand froid fa diffolution fortement concentrée par l'évaporation. Il eft alors fous la forme de petites aiguilles très-déliquefcentes. Cette diffolution offre le plus fouvent une gelée tranfparente. M. Dijonval qui annonce avoir obtenu ce fel fous une forme régulière & permanente, croit même qu'il eft plutôt efflorefcent que déliquefcent.

Le muriate de magnéfie fe décompofe, & perd fon acide par l'action du feu. Les dernières portions d'acide ne fe dégagent qu'avec beaucoup de difficulté; la magnéfie refte cauftique après cette opération.

Ce fel expofé à l'air paroît en attirer puiffamment l'humidité & fe réfoudre promptement en liqueur. Bergman & beaucoup d'autres chimiftes ont reconnu cette propriété, M. Dijonval eft le feul qui ait annoncé que le muriate de magnéfie, comme le nitrate magnéffen, s'effleuriffoit plutôt que de s'humecter; mais cette affertion demande à être confirmée par de nouvelles expériences.

Le muriate magnéfien eft très-foluble dans l'eau; il paroît même qu'il ne lui faut qu'un poids de ce liquide égal au fien pour être tenu en diſſolution. Il eſt très-difficile de l'obtenir bien criſtalliſé; l'évaporation à l'aide de la chaleur ne réuſſit que très-mal , parce qu'il faut épaiſſir beaucoup la liqueur qui en ſe refroidiſſant prend preſque toujours la conſiſtance gélatineuſe ; il y a plus d'eſpoir de réuſſir en laiſſant évaporer ſpontanément dans les chaleurs de l'été une diſſolution de ce ſel bien pur ; encore ce moyen ne fournit-il des criſtaux qu'avec beaucoup de difficultés.

Le muriate de magnéſie, chauffé dans une cornue avec la terre ſilicée & l'argile , donne ſon acide ; mais comme l'action du feu ſeul le dégage , on ne peut point attribuer cette décompoſition aux terres.

La baryte & la chaux décompoſent ce ſel & en précipitent la magnéſie. Comme les eaux mères du muriate de ſoude des fontaines ſalées contiennent du muriate de magnéſie mêlé avec le muriate calcaire , on pourroit en précipiter en grand & à peu de frais la magnéſie par le moyen de l'eau de chaux.

Les alkalis fixes & l'ammoniaque cauſtique ont plus d'affinité avec l'acide muriatique que n'en a la magnéſie, & précipitent cette dernière du muriate magnéſien. La liqueur tient en diſſolution des muriates de potaſſe , de ſoude ou d'ammoniaque, ſuivant la nature de l'alkali qu'on a employé pour cette décompofition. L'ammoniaque ne le décompofe pas complètement, & forme un fel muriatique triple criftallifable, avec la portion fubfiftante de muriate magnéfien.

Les acides fulfurique & nitrique décompofent ce fel, & en féparent l'acide muriatique avec effervefcence. Pour opérer ces décompofitions, il faut diftiller dans une cornue de verre un mêlange d'une partie de ces acides & de deux parties de muriate de magnéfie. L'acide de ce dernier fe volatilife, tandis que les deux autres plus puiffans fe combinent avec la magnéfie, & forment du fulfate ou du nitrate magnéfien. L'acide boracique en dégage auffi l'acide muriatique par la chaleur.

Le muriate magnéfien décompofe les fels fulfuriques & nitriques à bafe d'alkalis fixes & d'ammoniaque, par la voie des doubles affinités; mais pour s'affurer de ces décompofitions, il faut évaporer ou mêler avec l'efprit-de-vin, les diffolutions de ces fels verfées fur la diffolution du muriate de magnéfie, parce que les matières falines nouvelles qui en réfultent, reftent en diffolution dans la liqueur aqueufe après le mélange.

Mis en contact avec le muriate de potaffe, & tous les deux en diffolution, le muriate de magnéfie fe précipite en criftaux , fuivant M. Dijonval, par la grande difpofition à fe criftallifer qu'il admet dans ce dernier , comparativement au muriate de potaffe, qui retient l'eau de fa diffolution. Il eft encore très-difficile de concevoir, dans l'opinion de ce chimifte, comment un fel auffi peu foluble & déliquefcent que le muriate de potaffe, en comparaifon de ces deux propriétés confidérées dans le muriate de magnéfie, peut s'emparer de l'eau qui diffout ce dernier. Si l'on mêle une diffolution de muriate magnéfien avec une diffolution de muriate calcaire, le premier fel fe précipite en criftaux d'après le même chimifte. Toutes ces affertions doivent être confirmées par de nouvelles expériences pour faire partie des élémens de la fcience chimique. Il eft très-vraifemblable que ces criftaux précipités ne font pas purs, & appartiennent à la claffe des fels triples.

Le muriate magnéfien n'eft d'aucun ufage; mais nous croyons qu'il pourra être employé en médecine avec beaucoup d'avantage comme purgatif & fondant; les médecins en adminif-trent tous les jours de petites quantités, en prefcrivant le fel d'Epfom, les eaux de Sedlitz, & le fel marin gris, puifque ces fubftances en contiennent toujours.

Sorte IV. Borate magnésien.

On doit donner ce nom à la combinaison de l'acide boracique avec la magnésie. Ce sel n'est presque pas connu. Bergman a observé que lorsqu'on jette de la magnésie dans une dissolution d'acide boracique, elle s'y dissout, mais lentement. La liqueur évaporée donne des cristaux grenus, sans forme régulière.

Ce sel se fond au feu sans se décomposer. Les acides le décomposent en s'emparant de la magnésie, & en en séparant l'acide boracique. L'esprit-de-vin lui enlève aussi cet acide, & laisse la magnésie à nud ; celle-ci n'adhère donc point fortement à l'acide du borax.

On ignore, comme l'on voit, presque toutes les propriétés de ce sel, sur lequel les chimistes n'ont encore fait que très-peu d'expériences.

Sorte V. Fluate magnésien.

La combinaison de la magnésie avec l'acide fluorique qu'on doit appeler *fluate magnésien*, n'est pas plus connue que le borate magnésien. Bergman est le seul chimiste qui en ait dit quelque chose. Suivant lui, l'acide fluorique dissout rapidement la magnésie ; une grande partie de ce fel fe dépofe à mefure que la faturation approche.

La diffolution fournit, par l'évaporation fpontanée, une forte de mouffe, tranfparente, qui grimpe fur les parois du vafe, & qui préfente quelques filets criftallins allongés & très-fins. On obtient auffi dans le fond du vafe des criftaux fpathiques, en prifmes hexagones terminés par une pyramide peu élevée, compofée de trois rhombes. Ce fel n'éprouve aucune altération de la part du feu le plus violent. Aucun acide ne peut le décompofer par la voie humide. C'eft un des fels neutres fluoriques qui mériteroient un examen fuivi d'après les fingulières propriétés que Bergman lui a reconnues.

Sorte VI. Carbonate de magnésie.

Ce fel nommé *magnéfie douce* ou *efferveſcente* par le docteur Black, qui l'a fait connoître le premier, eft formé comme l'indique le nom que nous avons adopté, par la combinaifon faturée de la magnéfie avec l'acide carbonique. On le prépare ordinairement, en précipitant une diffolution de fulfate de magnéfie, par les carbonates de potaffe ou de foude, ainfi que nous l'expoferons à la fin de cet article.

Le carbonate de magnéfie a le plus fouvent l'afpect terreux ; il eft en poudre très-blanche ; cependant Bergman & M. Butini de Genève l'ont obtenu criftallifé par le procédé que nous décrirons plus bas. Il eft fufceptible de contenir une plus ou moins grande quantité de fon acide, comme tous les fels carboniques en général, & fes propriétés varient fuivant qu'il en eft plus ou moins chargé ; fa faveur eft crue & comme terreufe ; il en a une plus marquée dans les inteftins, puifqu'il eft purgatif.

Lorfqu'on l'expofe au feu dans un creufet, ce fel perd l'eau & l'acide qui lui font unis. M. Tingry, apothicaire de Genève, a obfervé que lorfqu'on calcine en grand la magnéfie effervefcente, elle bouillonne & femble jouir d'un mouvement de fluidité à fa furface ; ce phénomène dépend du dégagement de fon gaz acide. Il s'élève du creufet un léger brouillard qui dépofe fur les corps environnans, une pouffière blanche que l'on reconnoît facilement pour de la magnéfie emportée par le courant de l'acide carbonique. Si l'on y plonge un corps chaud, ce fel y adhère, fuivant le même obfervateur ; un corps froid en emporte encore davantage. Sur la fin de l'opération, la magnéfie brille d'une lueur bleuâtre & phofphorique très-fenfible dans l'obfcurité.

N iij

Si l'on calcine le carbonate de magnéfie dans des vaiffeaux fermés avec un appareil pneumato-chimique, on obtient l'eau & l'acide qu'il contient. M. Butini, qui a fait cette opération avec beaucoup d'exactitude, affure, d'après des calculs fur les produits qu'il a obtenus, que trente-deux grains de magnéfie commune, (il appelle ainfi l'efpèce de carbonate magnéfien que l'on prépare pour la pharmacie, & qui n'eft pas tout-à fait faturé d'acide,) contiennent environ treize grains de terre pure, douze grains d'acide & fept grains d'eau. Bergman eftime que ce fel contient au quintal vingt - cinq ou trente parties d'acide, fuivant fon état, trente d'eau & quarante-cinq de magnéfie pure. Si on le chauffe plus fortement, après qu'il a perdu fon acide, il s'agglutine & prend de la dureté comme la magnéfie pure ou cauftique.

Le carbonate de magnéfie n'éprouve point d'altération bien remarquable de la part de l'air; cependant il fe pelotonne dans l'air humide, & il paroît être légèrement déliquefcent.

L'eau ne diffout qu'une infiniment petite quantité de ce fel, & cette diffolubilité varie, fuivant qu'il contient plus ou moins d'acide. Si on le mêle avec un peu d'eau, il forme une efpèce de pâte qui n'a que peu de liant, & qui sèche fans prendre ni confiftance, ni retraite,

En l'étendant d'abord avec beaucoup d'eau, il se dissout à-peu-près à la dose d'un quart de grain par once de ce fluide, ce dont on peut s'assurer par l'évaporation. Mais il existe des moyens de faire dissoudre ce sel en beaucoup plus grande quantité, comme nous le dirons tout-à-l'heure.

Le carbonate de magnésie n'est pas décomposé par les terres pures. La chaux lui enlève son acide avec lequel elle a plus d'affinité. De l'eau de chaux versée dans une dissolution de ce sel occasionne un précipité assez notable, quelque petite que soit la quantité de ce sel neutre tenu en dissolution dans l'eau. Le précipité est du carbonate de chaux & un peu de magnésie caustique, qui, comme on le fait, est presque insoluble.

Les alkalis fixes & l'ammoniaque caustique le décomposent comme la chaux, parce qu'ils ont comme elle plus d'affinité avec l'acide carbonique que n'en a la magnésie. Il résulte de ces mélanges des carbonates de potasse de soude & d'ammoniaque ; la magnésie pure & caustique se précipite.

Les acides sulfurique, nitrique & muriatique décomposent le carbonate de magnésie d'une manière inverse, & rendent l'analyse de ce sel neutre complète. Ils s'unissent à la magnésie avec laquelle ils ont plus d'affinité que n'en a l'acide carbonique, & ils dégagent ce dernier acide fous la forme gazeufe, ce qui conftitue l'effervefcence. On peut reconnoître l'acide carbonique à fes caractères ordinaires. M. Butini a obfervé dans fes recherches que les acides en dégagent moins d'acide carbonique que le feu, & que chacun de ces fels fépare des quantités différentes de cet acide : qu'ainfi, par exemple, l'acide muriatique en dégage plus que l'acide nitrique, & celui-ci plus que le fulfurique. Il en conclut que les fels neutres formés par la magnéfie unie aux acides, favoir le fulfate & le nitrate magnéfiens, retiennent une portion d'acide carbonique.

L'acide carbonique a la propriété de rendre le carbonate de magnéfie beaucoup plus diffoluble qu'il ne l'eft naturellement. C'eft fur les phénomènes de cette diffolution, que roulent fpécialement les expériences neuves de M. Butini. Il a découvert que lorfqu'on jette de la magnéfie ordinaire & non faturée d'acide carbonique dans l'eau gazeufe, ou chargée de cet acide, la magnéfie fe fature d'abord de l'acide en l'enlevant à l'eau, & ne fe diffout que lorfqu'elle en eft très-chargée. Cette diffolution verdit le firop de violettes ; expofée au froid, elle perd fon acide furabondant, mais fans que la magnéfie s'en fépare, & elle refte en parfaite combinaifon dans l'eau même glacée. Si l'on chauffe une diffolution de magnéfie avec furabondance d'acide carbonique, elle fe trouble & reprend une forte de tranfparence lorfqu'on la laiffe refroidir ; ce phénomène fingulier nous offre, comme l'a très-bien dit M. Butini, un genre nouveau dans les fels, dont le caractère eft de fe diffoudre en plus grande quantité dans l'eau froide que dans l'eau bouillante. Plus une diffolution gazeufe eft chargée de magnéfie, plus vîte elle fe trouble par la chaleur. Pour bien obferver le paffage de cette diffolution de l'opacité à la tranfparence à l'aide du refroidiffement, il faut prendre, fuivant ce chimifte, une diffolution qui contienne deux grains par once, & la faire chauffer jufqu'à foixante degrés du thermomètre de Réaumur ; elle devient laiteufe par la chaleur, & toute la magnéfie qui s'en précipite fe rediffout par le froid.

Bergman avoit annoncé que la diffolution de magnéfie chargée d'acide carbonique évaporée lentement donnoit des criftaux, les uns en grains tranfparens, les autres reffemblans à deux faifceaux de rayons qui divergent du même point. M. Butini a obfervé avec la plus grande exactitude tous les phénomènes de cette criftallifation. Il a fait évaporer à la chaleur très-foible d'une lampe, une diffolution chargée de neuf grains de ce fel par once d'eau. Il s'eft formé d'abord à fa furface une pellicule dont le deffous ainfi que les parois du vafe étoient tapiffés de plufieurs houppes de criftaux. Le réfidu offroit des aiguilles brillantes, effilées par leurs bafes, & compofant de petites maffes hémifphériques à filets divergens. Ces aiguilles, qui n'avoient pas une ligne, offroient au microfcope de longs prifmes à fix pans tranchés par un hexagone & femblables à ceux de certains fpaths.

M. Butini a découvert encore une autre manière de faire criftallifer le carbonate de magnéfie. Elle confifte à expofer à l'air une diffolution acide de ce fel, précipitée par la chaleur. Il s'y forme au bout de quelques jours des criftaux femblables à ceux que l'on obtient par l'évaporation. La magnéfie précipitée du fel d'Epfom par le carbonate de potaffe, & deffé-chée, n'en donne aucun; lorfqu'on la délaye dans l'eau, elle ne forme jamais que des maffes pelotonnées irrégulières. Mais une diffolution de fulfate de magnéfie nouvellement précipitée par le même fel, donne dès criftaux aiguillés au bout de quelques jours. La même diffolution féparée de fon précipité par le filtre, fournit auſſi des aiguilles de magnéſie. J'ai obſervé pluſieurs fois qu'une diſſolution de carbonate de magnéſie préparée pour l'uſage d'un laboratoire, & conſervée dans des flaccons de verre bien bouchés, dépoſe au bout de quelque tems une grande quantité de petites aiguilles très-fines & très-brillantes, qui préſentent à la loupe des priſmes à ſix faces.

Les ſels neutres parfaits n'éprouvent point d'altération de la part du carbonate de magnéſie, & ils ne lui en font point éprouver ; ils augmentent ſeulement ſa diſſolubilité dans l'eau, ſuivant M. Butini ; il faut cependant excepter le carbonate de potaſſe qui lui enlève cette propriété.

Les ſels neutres calcaires ſont décompoſés par la magnéſie efferveſcente ; c'eſt en vertu des affinités doubles que s'opère cette décompoſition. Nous avons fait obſerver que la chaux a plus d'affinité avec les acides que n'en a la magnéſie, & qu'elle décompoſe les ſels neutres qui ont cette dernière ſubſtance pour baſe. Ce n'eſt donc qu'en raiſon de l'acide carbonique que ſe font ces décompoſitions ; & c'eſt à cauſe de la grande affinité de la chaux avec cet acide, qu'elle quitte les autres pour s'y unir, pourvu que ces derniers trouvent une baſe avec laquelle ils puiſſent ſe combiner. Lors donc qu'on verſe une diſſolution de carbonate de magnéſie dans une diſſolution de ſulfate, de nitrate ou de muriate calcaires, l'acide ſulfurique, nitrique ou muriatique quitte la chaux pour ſe porter ſur la magnéſie, s'y unit & forme du ſulfate, du nitrate ou du muriate de magnéſie, tandis que la chaux ſe combine avec l'acide carbonique ſéparé de la magnéſie, & ſe précipite en craie.

Il en eſt donc de la magnéſie comme de l'ammoniaque. Lorſque tous les deux ſont purs & cauſtiques, ils ne peuvent décompoſer les ſels calcaires, parce qu'ils ont moins d'affinité avec les acides que n'en a la chaux. Mais lorſqu'ils ſont unis à l'acide carbonique, & dans l'état de ſels neutres, alors ils ſont capables de décompoſer les ſels calcaires, en vertu des doubles attractions, comme nous l'avons déjà expliqué à l'article du ſulfate de chaux, du nitrate calcaire, &c.

Le ſel dont nous venons d'expoſer les propriétés eſt d'uſage en médecine, ſous le nom de *magnéſie douce* ou *blanche*. On la préparoit autrefois avec l'eau-mère du nitre évaporée à ſiccité, ou précipitée par l'alkali fixe. Elle a été connue d'abord ſous les noms de *poudre du comte de Palme*, *poudre de Sentinelli ;* elle a été nommée enſuite *poudre laxative polychreſte* par *Valentini*, *magnéfie blanche du nitre*, *ma-gnéfie du fel commun*, parce qu'on la retiroit auffi de l'eau-mère de ce dernier fel. Mais ce médicament préparé de cette manière, contient toujours de la terre calcaire & plufieurs autres fubftances étrangères. Celle dont on fe fert aujourd'hui eft ordinairement précipitée du fulfate de magnéfie par l'alkali fixe végétal ou carbonate de potaffe.

M. Butini a donné un très-bon procédé pour l'obtenir très-fine & en plus grande quantité poffible. On délaye une quantité quelconque de potaffe dans le double de fon poids d'eau froide ; on la laiffe expofée à l'air pendant quelques mois, fi le tems le permet, pour qu'elle abforbe l'acide carbonique de l'atmof-phère, & pour que la terre qu'elle contient fe précipite ; on la filtre, on diffout une quantité de fulfate de magnéfie égale à celle de la potaffe, dans quatre ou cinq fois fon poids d'eau, on filtre cette diffolution, & on y ajoute de nou-velle eau à-peu-près quinze fois le poids du fel. On fait chauffer cette liqueur, & lorfqu'elle bout, on y verfe la diffolution alkaline. Le précipité de magnéfie fe forme, on agite bien le mélange, & on le filtre au papier. On lave le précipité refté fur le filtre avec de l'eau bouil-lante, pour enlever le fulfate de potaffe qui peut y être mêlé. Quand la magnéfie eft bien égouttée, on l'enlève de deffus le filtre, on l'étend en couches minces fur des papiers que l'on porte à l'étuve. Lorfqu'elle eft defféchée, elle offre des morceaux blancs qui s'écrafent fous le doigt en une poudre extrêmement fine & adhérente à la peau.

On doit préférer comme purgative cette magnéfie combinée avec l'acide carbonique, à celle qui eft cauftique, parce qu'elle eft beaucoup plus foluble. On la donne à la dofe d'une ou de deux onces, fuivant les cas. La magnéfie cauftique lui eft, au contraire, préférable comme abforbante, & on doit en préparer des deux efpèces dans les pharmacies. La raifon principale de cette préférence dans les divers cas de pratique, & de la néceffité d'avoir les deux efpèces de magnéfie dans les pharmacies, a été très-bien expofée par Macquer dans un mémoire configné parmi ceux de la fociété royale de médecine. Lorfqu'on adminiftre la magnéfie comme abforbante, c'eft pour détruire & neutralifer un acide développé & trop abondant dans les premières voies, comme cela a lieu chez les enfans, les jeunes filles, les femmes en couche, &c. Cet acide gaftrique eft certainement plus fort que l'acide carbonique; lorfque la magnéfie douce eft retenue dans ce vifcère, il fe produit une effervefcence plus ou moins vive, fuivant que l'aigre eft plus ou moins développé dans les premières voies; l'acide carbonique dégagé par cette effervefcence diftend l'eftomac, occafionne fouvent des douleurs, des naufées, des vomiffemens, des difficultés de refpirer, & beaucoup d'autres accidens fpafmodiques fuivant la fenfibilité des fujets. Dans ces circonftances il vaut beaucoup mieux employer la magnéfie pure, qui abforbe auffi puiffamment les aigres, & qui n'occafionne pas d'effervefcence.

Lorfqu'au contraire on donne la magnéfie comme purgative, & dans les cas où l'on n'a point l'indication d'abforber des aigres dans les premières voies, on peut prefcrire celle qui eft chargée d'acide carbonique. Alors cet acide n'eft point dégagé, & l'on n'a point à craindre les accidens qui dépendent de la diftenfion de l'eftomac par ce fluide élaftique. Il eft donc néceffaire que les médecins connoiffent ces deux efpèces de magnéfie, les cas où chacune d'elles doit être préférée, & que les apoticaires en aient dans leurs pharmacies.

M. Butini propofe une eau minérale artificielle faite avec l'eau gazeufe chargée de magnéfie; il obferve que ce fluide peut contenir plus de trois gros de cette terre magnéfienne

par livre, & que d'ailleurs elle n'eft pas plus
difficile à préparer que les eaux martiales aci-
dulées ou gazeufes. En effet, la manipulation
eft abfolument la même pour toutes les deux.
Les médecins pourroient s'en fervir dans plufieurs cas avec fuccès.

CHAPITRE IX.

Genre V. *SELS NEUTRES ARGILEUX OU ALUMINEUX.*

L'ARGILE ou l'alumine bien pure fe combine très-bien avec la plupart des acides; il
réfulte de ces combinaifons des fels neutres
qu'on connoît fous le nom de *fels argileux* ou
alumineux. Ce genre de matières falines, fi l'on
en excepte la première forte, n'a pas encore
été examiné avec affez de foin par les chimiftes.
Auffi leurs propriétés font-elles encore moins
connues que celles des quatre genres précédens. En général les fels alumineux font moins
parfaits que tous les fels neutres dont nous nous
fommes déjà occupés, ils cèdent leurs acides
aux alkalis fixes, à l'ammoniaque, à la baryte,
à la chaux & à la magnéfie; ils ont une faveur
acerbe & aftrigente.

Ce

Ce genre comprend six sortes, l'alun ou le sulfate d'alumine, le nitrate alumineux, le muriate alumineux, le borate alumineux, le fluate alumineux & le carbonate d'alumine.

Sorte I. SULFATE D'ALUMINE *ou* ALUN.

L'alun est un sel neutre formé par la combinaison de l'acide sulfurique avec l'alumine, ou argile pure, & qui mérite en conséquence le nom de *sulfate d'alumine*. Les chimistes n'ont pas toujours été d'accord sur la base de l'alun. Les uns la distinguoient de l'argile, & la désignoient sous le nom particulier de *terre alumineuse* ou *de terre de l'alun*. Margraf a démontré que cette terre broyée avec le silex réduit en poudre fine, forme de l'argile. Hellot, Geoffroy, Pott, & sur-tout M. Baumé, ont fait de véritable alun avec l'argile & l'acide sulfurique. Enfin, si les vrais caractères de l'argile sont de prendre du liant avec l'eau, de la retraite & de la dureté au feu, la terre alumineuse présentant toutes ces propriétés dans un degré éminent, doit être regardée comme la partie la plus pure de l'argile. Telle est aujourd'hui l'opinion générale de tous les chimistes. On sent d'après cela de plus en plus la nécessité de distinguer cette terre base de l'alun par le nom particulier d'*alumine*, puifque l'argile, quelque pure qu'elle foit, contient toujours de la filice.

Le fulfate d'alumine ou l'alun a une faveur d'abord douceâtre & enfuite fortement aftringente ; il rougit le papier bleu , ce qui annonce qu'une portion de fon acide eft à nud & n'eft point faturée. Il eft fufceptible de prendre une forme très-régulière qui fera décrite plus bas.

L'alun n'exifte prefque jamais pur & ifolé dans la nature ; on le trouve quelquefois dans le voifinage dés volcans ; il eft toujours mêlé avec de l'argile. Les minéralogiftes , & fur - tout Wallerius , ont diftingué plufieurs fortes d'alun natif , tels que l'alun folide , l'alun criftallifé , l'alun en efflorefcence , les terres alumineufes blanches , grifes , brunes , noires , les fchiftes alumineux.

On connoît plufieurs fortes d'alun dans le commerce.

1°, L'alun de glace ou de Roche en maffes confidérables & tranfparentes. Bergman croit que ce nom lui vient de la ville de Roche en Syrie, aujourd'hui *Edeffe*, où étoit établie la plus ancienne manufacture de ce fel, & non pas de fa forme femblable à celle d'un rocher, comme l'ont dit plufieurs auteurs, ou bien de ce qu'on le retire des rochers ; cette efpèce d'alun eft fort impure.

2°. L'alun de Rome, qui se prépare dans le territoire de Civita-Vecchia, & qu'on retire d'un lieu nommé en italien *Aluminiere della Tolfa*; cet alun est en morceaux gros comme des œufs; il est couvert d'une efflorescence rougeâtre; il passe pour pur, lorsqu'on en a séparé cette efflorescence.

3°. L'alun de Naples, que l'on extrait d'une terre particulière à la Solfatare; il est en masses plus grosses que celui de Rome, & une de ses surfaces est toute hérissée de cristaux pyramidaux.

4°. L'alun de Smyrne; c'est à ce qu'il paroît dans les environs de cette ville & de Constantinople, qu'ont été élevées les plus anciennes manufactures d'alun. Il n'en existe que quelques échantillons dans les cabinets.

5°. L'alun de France; on prépare de toutes pièces de l'alun dans plusieurs manufactures de France, & sur-tout à Javel près Paris.

6°. On peut extraire de l'alun des schistes efflorescens, & des produits volcaniques. J'en ai retiré une quantité notable d'une terre qui m'a été envoyée d'Auvergne; on pourroit retirer ce sel de plusieurs substances analogues que la France possède, & enlever ainsi cette branche de commerce aux étrangers. On extrait ainsi l'alun des terres ou des pierres qui le contiennent dans beaucoup d'endroits de l'Allemagne où il y avoit des manufactures dès 1544, en Angleterre, en Efpagne, en Suède, & dans prefque toutes les parties de l'Europe.

Beckman a fait fur l'hiftoire de la fabrication de ce fel une differtation très - détaillée que l'on trouve dans les actes de Gottingue. Il paroît, d'après les recherches de ce favant, que les peuples de l'Orient ont les premiers préparé ou extrait de l'alun ; car ce que les anciens, & Pline en particulier, appeloient *chiflon*, *trichités*, *calchités*, & qu'ils paroiffent avoir confondu avec l'alumen & le ϛυπτηρία des grecs, paroît plutôt appartenir aux différens états du fulfate martial ou de la couperofe verte. Les italiens prirent à bail les fabriques d'alun des environs de Conftantinople ; vers l'année 1459, Bartholomé Perdix ou Pernix génois découvrit une mine de ce fel dans l'ile d'Ifchia ; dans le même tems à-peu-près Jean de Caftro en trouva une autre à la Tolfa, & bientôt il s'établit un grand nombre de fabriques d'alun en Italie, fur-tout lorfque le pape Pie II défendit l'importation de l'alun d'Orient. Cet art paffa enfuite en Efpagne, en Allemagne, en Angleterre & en Suède vers le commencement du dix-feptième fiècle. (V. *Beckman*.)

La préparation du sulfate d'alumine est très-variée suivant les pays & les matières d'où on le retire. Bergman qui a fait une très-bonne dissertation sur cet objet, divise les matières que l'on emploie pour préparer ce sel, & que l'on nomme ordinairement *mines d'alun*, en deux espèces ; celles qui le contiennent tout formé, & celles qui n'en contiennent que les principes. Les premières n'ont besoin que d'être lessivées pour fournir leur alun ; telle est la terre qui se trouve à la Solfatare, telle est aussi celle d'Auvergne dont j'ai parlé. A la Solfatare on met cette terre avec de l'eau dans des chaudières de plomb enfoncées dans le sol. La chaleur naturelle du sol favorise la dissolution & la cristallisation de l'alun ; on le purifie par une seconde cristallisation. On pourroit lessiver ainsi les terres de l'Auvergne, &c. évaporer l'eau dans des chaudières de plomb, & faire cristalliser l'alun.

Quant aux substances naturelles qui ne contiennent que les principes du sulfate d'aluminé, & qui sont beaucoup plus communes que les premières, elles demandent une préparation préliminaire avant de fournir ce sel neutre ; il faut les calciner ou les exposer à l'air, suivant leur nature. Les schistes alumineux demandent à être calcinés, afin de brûler le bitume qui les colore, & de décomposer les pyrites qui doivent fournir l'alun. Bergman s'eſt aſſuré qu'avant d'avoir été calciné, ce ſchiſte ne donne pas un atôme d'alun, lorſqu'on le lave avec de l'eau. L'expoſition à l'air fait le même effet ſur les pyrites pures que l'on arroſe d'eau. La décompoſition ſpontanée de ces ſubſtances produit de l'acide ſulfurique qui ſe porte ſur l'argile & forme de l'alun. On leſſive ces pyrites effleuries, on laiſſe dépoſer à pluſieurs repriſes le fer que contient la leſſive, on la fait évaporer & on la met criſtalliſer dans des tonneaux. Le ſel ſe dépoſe en gros criſtaux. On emploie ſouvent une forte leſſive des ſavoniers pour faciliter la criſtalliſation de l'alun. Tel eſt le procédé qu'on ſuit dans pluſieurs manufactures; mais ces aluns retirés des pyrites contiennent toujours plus ou moins de fer; celui que l'on retire des pierres où il exiſte tout formé, eſt toujours plus pur, comme l'alun de Rome. L'alun qu'on fabrique en combinant directement l'acide ſulfurique avec les argiles eſt ſouvent mêlé d'une certaine quantité de fer, parce que les argiles colorées qu'on emploie pour cette préparation ſont chargées de ce métal.

Le ſulfate d'alumine ſous ſa forme régulière, eſt un octaèdre parfait formé de deux pyramides tétraèdres jointes baſe à baſe. Cette forme varie beaucoup ſuivant les circonſtances de la criſtalliſation; l'octaèdre eſt plus ou moins tron-qué, irrégulier, aigu, applati. Les angles ſont plus ou moins complets, coupés, les criſtaux ſont ſouvent réunis & comme emboités les uns dans les autres par leurs pyramides. M. Romé de Lille a décrit avec beaucoup de ſoin toutes ces variétés dans la nouvelle édition de ſa Criſ-tallographie.

Ce ſel ſe liquéfie à une chaleur douce; il exhale des vapeurs aqueuſes très-abondantes : il ſe bourſouffle beaucoup, & il offre une maſſe très-volumineuſe, légère, d'un blanc mat, & remplie de beaucoup de cavités. Ce phénomène eſt dû, comme dans le borate, au dégagement de l'eau, dont les bulles ſoulèvent peu-à-peu & étendent les molécules ſalines. L'alun dans cet état prend le nom d'alun calciné; il a perdu à-peu-près la moitié de ſon poids; il eſt un peu altéré, il rougit le ſirop de violettes; ſa ſaveur eſt beaucoup plus conſidérable, & il ſemble que ſon acide ſe ſoit développé. Si on le diſſout dans l'eau, il s'en précipite un peu de terre; on peut le faire criſtalliſer, mais il ne ſe bourſouffle preſque plus lorſqu'on le cal-cine de nouveau, ſuivant l'obſervation de M. Baumé. Si on calcine de l'alun dans un appa-reil diſtillatoire, on obtient du phlegme qui ſur la fin devient acide; mais on ne peut pas le décompofer entièrement, puifque Geoffroy l'a tenu dans une cornue à un feu extrême, pendant trois jours & trois nuits, fans qu'il ait fubi d'altération bien remarquable. Cependant je penfe qu'on n'a point encore examiné convenablement les changemens que l'alun éprouve de la part d'un feu long-tems foutenu.

Le fulfate d'alumine s'effleurit légèrement à l'air, & perd l'eau de fa criftallifation. Ce fel n'eft que peu diffoluble dans l'eau froide, puifque deux livres de ce fluide ne peuvent diffoudre que quatorze gros d'alun, fuivant M. Baumé; mais l'eau bouillante en diffout plus de la moitié de fon poids. Huit onces de ce fluide dans cet état peuvent tenir en diffolution cinq onces de ce fel. Il fe criftallife très-bien par refroidiffement. Ses criftaux paroiffent être des efpèces de pyramides triangulaires dont les angles font tronqués, mais qui ne font que des portions d'octaèdres. Lorfqu'ils fe dépofent fur des fils au milieu de la diffolution, ils forment alors des octaèdres très-réguliers, dont les pyramides précédentes ne font qu'une moitié coupée obliquement.

La terre filicée ne fait éprouver aucun changement notable au fulfate d'alumine. Ce fel peut s'unir à une plus grande quantité d'alumine qu'il n'en contient dans fon état ordinaire. Il prend dans cette union les caractères de l'argile commune, suivant les recherches de M. Baumé. Pour saturer l'alun de sa terre, on fait bouillir une dissolution de ce sel avec de l'alumine bien pure; on continue de chauffer ce mélange jusqu'à ce qu'il ait perdu la saveur styptique. La combinaison bien faite n'a plus qu'une saveur fade, douceâtre & terreuse. M. Baumé a observé qu'en la faisant évaporer, on en obtenoit des paillettes semblables au mica. M. le duc de Chaulnes ayant laissé long-tems exposée à l'air une lessive de ce sel saturé de sa terre, y trouva au bout de quelques mois des cristaux cubiques très-réguliers. M. le Blanc a également obtenu ces cristaux cubiques à volonté. Il paroît qu'on ne peut plus faire repasser l'alun saturé de sa terre à l'état de véritable alun, comme il étoit auparavant.

Le sulfate d'alumine peut être décomposé par la baryte & par la magnésie, qui ont plus d'affinité avec l'acide sulfurique que n'en a l'alumine. Il résulte du sulfate barytique ou magnésien de ces décompositions.

L'eau de chaux versée dans une dissolution de ce sel neutre, en précipite la terre. Les alkalis fixes, ainsi que l'ammoniaque, ont aussi la propriété de décomposer l'alun. Les carbonates de potasse, de soude, d'ammoniaque, de chaux & de magnéfie en féparent auffi l'alumine qui retient une portion de l'acide carbonique, fi la précipitation fe fait à froid ; mais j'ai obfervé qu'en prenant une diffolution d'alun, ainfi que des diffolutions des carbonates alkalins chaudes, & en mêlant les liqueurs, la précipitation eft accompagnée d'une efferveſcence produite par le dégagement de l'acide carbonique.

L'alumine précipitée par ces différentes fubſtances, eft flocconneufe, elle fe dépofe peu-à-peu ; defféchée doucement, elle eft très-blanche, elle décrépite au feu comme les argiles ; la chaleur forte lui donne une dureté confidérable ; fon volume eft en même-tems fort diminué, & elle prend beaucoup de retraite ; elle n'eft point fufible, même au plus grand feu, telle que celui de la lentille du jardin de l'Infante. Elle retient les dernières portions d'eau avec une fi grande force, qu'il faut un feu de la dernière violence pour l'en priver. Elle fe délaye dans l'eau, & forme une pâte qui a du liant, & qui fe cuit au feu en une porcelaine d'excellente qualité. L'alumine a donc tous les caractères des terres argileufes, & c'eft l'argile la plus pure que l'on puiffe fe procurer, ainfi que l'a annoncé Macquer.

On ne connoît pas bien l'action de la baryte,

de la magnéfie, de la chaux & des alkalis purs
fur l'alumine. Il eft vraifemblable que ces fubftances, fur-tout les dernières, la mettroient à
l'aide du feu, dans l'état d'une fritte vitreufe.
M. Achard a fait une fuite d'expériences qui
prouvent cette affertion. La couleur, la tranfparence, la dureté & toutes les propriétés
de ces efpèces de verres, varient fuivant les
proportions relatives des fubftances que l'on
mêle pour les obtenir, comme on l'apprend
dans la differtation du chimifte de Berlin déjà
cité.

L'acide fulfurique diffout facilement l'alumine
lorfqu'elle eft fraîche & humide; il ne la diffout
qu'avec peine quand elle eft sèche. Cette diffolution faite à la dofe de plufieurs onces,
donne des criftaux d'alun mêlé de quelques
paillettes ou écailles femblables à celles du
mica. M. Baumé ajoute même que fi on fait
cette expérience en petit, on n'obtient prefque
que de ces dernières & point d'alun. Les autres
acides diffolvent auffi cette terre, & forment
avec elle des fels peu connus, dont nous parlerons dans les articles fuivans.

On ne fait pas quelle feroit l'action de la terre
alumineufe fur les fels neutres. Mais la propriété
la plus fingulière qu'elle préfente, c'est celle de
fe combiner par excès au fulfate d'alumine, &

de lui donner des caractères nouveaux, comme nous l'avons déjà fait obferver plus haut. M. Baumé, à qui appartient cette découverte, a fait bouillir une diffolution d'alun avec de la terre précipitée de ce fel par les alkalis fixes ; cette liqueur a diffous la terre avec effervef- cence. Filtrée, elle n'avoit plus la faveur de l'alun, mais celle d'une eau dure ; elle ne rougiffoit point la teinture de tournefol, & elle verdiffoit le firop de violettes. Par une évapo- ration fpontanée, elle a fourni quelques crif- taux en écailles douces au toucher, femblables au mica ; M. Baumé les compare à la félénite ou fulfate de chaux. Il n'eft pas aifé de réfor- mer de l'alun en ajoutant de l'acide vitriolique à ce fel déjà faturé de fa terre ; le mélange eft alors acide fans ftipticité. Cependant par une évaporation fpontanée de trois mois, la diffo- lution a donné des criftaux d'alun, mêlés avec quelques paillettes micacées, femblables à celles que fournit l'alun faturé de fa terre. Tel eft le précis des travaux de MM. Macquer & Baumé fur la terre alumineufe.

L'alun traité au feu avec les matières com- buftibles, forme une fubftance qui s'enflamme à l'air, & qu'on appelle *pyrophore de Hom- berg*. Ce chimifte qui l'a fait connoître en 1711, travailloit fur la matière fécale humaine, pour en tirer une huile blanche qui devoit fixer le mercure en argent fin. Ce travail fut l'origine de plufieurs découvertes. Un réfidu de cette matière animale, diftillée avec de l'alun, prit feu à l'air. Homberg répéta plufieurs fois ce procédé, qui lui réuffit conftamment. Lémery le cadet a publié en 1714 & 1715 deux Mémoires, dans lefquels il a annoncé qu'on pouvoit faire du pyrophore avec un grand nombre de matières végétales & animales, traitées par l'alun. Mais il n'a pas réuffi à en former avec plufieurs autres fels fulfuriques. Ces deux chimiftes, qui regardoient l'alun comme une combinaifon d'acide fulfurique & de terre calcaire, penfoient que cette dernière, réduite à l'état de chaux, attiroit l'humidité de l'air, & enflammoit par la chaleur qui s'excitoit dans le mêlange, le foufre qu'ils favoient s'y former.

Depuis ces chimiftes, le Jay de Suvigny, docteur en médecine, a donné fur le pyrophore un très-bon Mémoire imprimé parmi ceux du troifième volume des Savans Etrangers. Il y détaille un grand nombre d'expériences par lefquelles il eft parvenu à faire du pyrophore, non-feulement avec l'alun & différentes matières combuftibles, comme l'avoit fait Lémery, mais encore avec la plupart des fels qui contiennent l'acide fulfurique. Ce médecin a auffi donné fur l'inflammation du pyrophore expofé à l'air, une théorie qui a été adoptée par tous les chimiftes jufqu'à ces derniers tems. Il penfe que le pyrophore contient de l'*huile de vitriol glaciale* qui, attirant l'humidité de l'air & s'échauffant fortement, allume le foufre & produit l'inflammation fpontanée.

Pour préparer le pyrophore, on fait fondre dans une poële de fer trois parties d'alun avec une partie de fucre, de miel ou de farine; on defsèche ce mélange jufqu'à ce qu'il foit noirâtre, & qu'il ne fe bourfouffle plus; on le concaffe; on le met dans un matras ou dans une fiole lutée avec de la terre, on place ce vaiffeau dans un creufet avec du fable; on le chauffe jufqu'à ce qu'il forte du col de la fiole une flamme bleuâtre; & lorfqu'elle a brûlé pendant quelques minutes, on retire le creufet du feu; on le laiffe refroidir, & on verfe le pyrophore qu'il contient dans un flaccon bien fec & qui bouche exactement. Si l'on expofe ce pyrophore à l'air, il s'enflamme d'autant plus vîte que l'atmofphère eft plus humide. On accélère fa combuftion en dirigeant à fa furface une vapeur humide, comme celle de l'haleine. Il ne faut pas chauffer trop long-tems le pyrophore, fans cela il ne prend plus feu à l'air. Il fe charge peu-à-peu d'humidité, lorf-

qu'il eſt dans un vaiſſeau mal bouché ; il perd
ſa combuſtibilité, mais on peut la lui rendre
en le calcinant de nouveau avec les précautions
indiquées.

Telles étoient les connoiſſances que l'on avoit
ſur le pyrophore avant M. Prouſt, qui a donné
d'utiles recherches ſur cette matière dans le
Journal de Médecine, juillet 1778. Ce chimiſte ayant eu occaſion de trouver dans ſes
expériences un grand nombre de réſidus pyro-
phoriques, dans leſquels on ne pouvoit pas
ſoupçonner l'exiſtence de l'acide ſulfurique, a
cru que cet acide n'eſt pas la cauſe de l'inflammation ſpontanée du pyrophore ; il a prouvé
par une expérience bien ſimple qu'en effet cette
ſubſtance combuſtible n'en contient pas un
atôme de libre, puiſqu'en verſant de l'eau ſur le
pyrophore, il ne ſe produit point de chaleur.
Il paroît d'après le dénombrement des différens
pyrophores qu'il a obtenus, que toutes les ſubſtances qui laiſſent après leur décompoſition un
réſidu charbonneux, diviſé par une terre ou
par un oxide métallique, ſont ſuſceptibles
de s'enflammer à l'air. Mais on ne peut diſ-
convenir que la partie de ſon travail que
M. Prouſt a fait connoître, n'indique point
encore la cauſe de l'inflammation du pyrophore
de Homberg, qui, ſuivant lui, diffère de ceux

qu'il a obſervés ; & en effet, ſon Mémoire n'apprend rien ſur la compoſition de la ſubſtance qui nous occupe.

M. Bewly, chirurgien anglois, dans une lettre écrite à M. Prieſtley, attribue l'inflammation du pyrophore à ce qu'il contient une ſubſtance capable d'attirer l'acide nitrique de l'atmoſphère. Il eſt fondé dans cette opinion, parce qu'il a découvert que l'eſprit de nitre enflamme ſur-le-champ un pyrophore qui n'a pas été aſſez calciné, ou qui s'eſt chargé d'humidité. Mais il n'eſt pas démontré d'une part, que l'acide nitrique ſoit contenu en nature dans l'atmoſphère ; & d'une autre part, M. Prouſt a découvert que l'inflammation du pyrophore par l'eſprit de nitre, eſt due au charbon contenu dans cette ſubſtance, puiſque cet acide détone avec toutes les matières charbonneuſes bien sèches & très-diviſées, comme nous le dirons plus en détail à l'article du charbon. L'explication de M. Bewly n'eſt donc pas plus ſatisfaiſante que celle des chimiſtes qui l'ont précédé.

La ſeule manière de découvrir la cauſe de ce phénomène, eſt de bien connoître la nature chimique du pyrophore de Homberg ; il paroît qu'elle contient la terre de l'alun, une matière charbonneuſe très-diviſée, fournie par le miel, le ſucre, &c. un peu de potaſſe, & du ſoufre

uni

uni en partie à la terre de l'alun, & en partie à l'alkali. En chauffant fortement du pyrophore dans un appareil pneumato-chimique, on en retire une grande quantité de gaz hydrogène fulfuré, ou *hépatique*. Lorfqu'il n'en fournit plus, il ne s'enflamme plus à l'air. Si l'on plonge du pyrophore dans l'air vital, il brûle rapi-dement avec une flamme rouge très-brillante. En le lavant avec de l'eau chaude, on en retire un véritable fulfure d'alumine, & il ne refte plus fur le filtre que la matière charbonneufe & un peu d'alumine. Le pyrophore eft alors décom-pofé. Lorfque le pyrophore a ceffé de brûler, il a augmenté de poids à caufe de la portion d'oxigène qu'il a abforbée. Sa leffive fournit alors du fulfate d'alumine, parce que le foufre brûlé par l'action de l'air forme de l'acide fulfu-rique qui s'unit à la terre alumineufe ; mais ce fel eft de l'alun faturé de fa terre.

On a donné dans le Journal de Phyfique, Novembre 1780, des obfervations fur le pyro-phore, dans lefquelles on annonce, 1°. que cette fubftance doit fa combuftibilité à une cer-taine quantité de phofphore formé par l'acide des matières muqueufes ; 2°. que la diftillation du pyrophore fournit par once cinq à fept grains de phofphore ; 3°. que l'on peut en faire fur-le-champ en triturant dans un mortier de fer cinquante-quatre grains de fleurs de foufre, trente-fix de charbon de faule bien fec & trois grains de phofphore ordinaire. Les détails de cette analyfe ne répondent pas exactement aux inductions qu'on en tire, puifqu'il n'y eft pas démontré qu'on en ait retiré du véritable phof-phore. Au refte, ce mémoire offre plufieurs faits intéreffans, & qui feront utiles aux chimiftes qui voudront entreprendre une analyfe fuivie du pyrophore.

L'alun eft d'un ufage très-étendu. On l'em-ploie en médecine comme aftringent ; mais il demande beaucoup de précautions pour être adminiftré à l'intérieur. On s'en fert plus fouvent à l'extérieur, comme d'un ftiptique & d'un defficcatif puiffant. Il entre dans les collyres, les gargarifmes, les emplâtres, &c.

L'alun eft une des matières falines les plus utiles dans les arts. Les chandeliers le mêlent au fuif pour le rendre plus ferme. Les im-primeurs frottent leurs balles avec l'alun calciné, pour leur faire prendre l'encre. Le bois, im-prégné d'une diffolution d'alun, ne brûle qu'avec peine ; c'eft d'après cela qu'on a propofé ce moyen pour garantir les édifices des incendies ; on a le même avantage pour le papier ; mais celui ci jaunit & s'altère affez promptement.

Les blanchiffeufes jettent un peu d'alun dans

l'eau trouble pour l'éclaircir. M. Baumé croit
que ce fel fe charge d'une partie de la terre fuf-
pendue dans ce fluide, & fe précipite avec elle,
eu formant un compofé infoluble. Quelques
perfonnes fe fervent de ce moyen pour purifier
& rendre claire l'eau que l'on veut boire. On
s'en fert pour préparer les cuirs, pour imprégner
les papiers & les toiles que l'on veut colorer à
l'aide de l'impreffion.

Une diffolution d'alun retarde la putréfaction
des fubftances animales. C'eft un moyen très-
bon & très - économique pour conferver les
productions naturelles que l'on envoie des pays
étrangers. La terre d'alun fait la bafe des paftels,
& elle leur donne du corps; enfin ce fel eft
l'ame de la teinture, comme le dit Macquer.
Il augmente l'éclat & l'intenfité des couleurs; il
donne de la folidité aux parties colorantes ex-
tractives, qui fans lui ne feroient point durables
& s'enleveroient par l'eau. Cette dernière action
de l'alun fur les matières colorantes végétales,
fera examinée dans l'hiftoire de ces matières
on y verra que c'eft en changeant leur nature,
en les décompofant, & en les rendant indif-
folubles dans l'eau, que l'alun leur fait prendre
de la folidité.

Sorte II. NITRATE ALUMINEUX.

M. Baumé dit que l'acide nitrique diſſout complètement la terre de l'alun. Cette diſſolution eſt limpide & beaucoup plus aſtringente que celle de l'alun. Elle donne par une évaporation ſpontanée des petits criſtaux pyramidaux, très-ſtiptiques, qui ſont déliqueſcens.

On n'a point encore examiné les autres propriétés de ce ſel ; on ſait ſeulement qu'il eſt décompoſable par les mêmes intermèdes que l'alun. On ne l'a point encore trouvé dans la nature, & il eſt toujours un produit de l'art.

Sorte III. MURIATE ALUMINEUX.

L'acide muriatique diſſout mieux la terre alumineuſe que ne le fait l'acide nitrique. Cette diſſolution ſaturée eſt gélatineuſe ; on ne peut la filtrer qu'en l'étendant dans beaucoup d'eau. La ſaveur du muriate alumineux eſt ſalée & ſtiptique ; il rougit le ſirop de violettes, & le verdit enſuite. Il donne par une évaporation ſpontanée des criſtaux très-ſtiptiques, dont on n'a point examiné la forme : l'eau de chaux le décompoſe. Le muriate alumineux eſt déliqueſcent ; il a toujours été juſqu'à préſent un produit de l'art. On ne connoît point ſes autres propriétés.

Sorte IV. BORATE ALUMINEUX.

On n'a point encore examiné la combinaison de l'acide boracique avec l'alumine, que nous appelons borate alumineux. On fait que fi l'on verfe une diffolution de borate de foude dans une diffolution de fulfate alumineux, il fe forme un précipité léger & floconneux. L'acide fulfurique quitte l'alumine pour s'unir à la foude. Cette terre fe combine avec l'acide boracique, qui fe fépare en même-tems ; & ce nouveau fel fe rediffout peu-à-peu. Cette liqueur précipite enfuite par l'alkali fixe, & elle donne par l'évaporation une maffe vifqueufe & aftringente , dans laquelle le fulfate de foude & le borate alumineux font confondus. Cette efpèce de borate eft décompofable par les mêmes intermèdes que l'alun ; au refte on n'en a point examiné avec affez de foin les propriétés.

Sorte V. FLUATE ALUMINEUX.

Nous défignons par ce nom la combinaifon d'acide fluorique avec l'alumine. Ce fel neutre n'eft point connu, & on ne l'a point du tout examiné. MM. Schéele, Boullanger & Bergman n'ont rien dit fur cette combinaifon.

Sorte VI. CARBONATE ALUMINEUX.

L'union de l'acide carbonique avec l'alumine

n'a été encore que peu examinée. Il eſt cependant certain que cet acide ſe combine avec une portion de terre alumineuſe, puiſque, 1°. ſuivant la remarque de Bergman, lorſqu'on précipite une diſſolution d'alun par les carbonates alkalins, la liqueur filtrée laiſſe dépoſer au bout de quelque tems un peu de terre, qui y étoit tenue en diſſolution par l'acide carbonique, & qui s'en ſépare à meſure que ce dernier ſe diſſipe; 2°. cette précipitation faite à froid ne préſente point d'efferveſcence, & une portion de l'acide carbonique qui ſe ſépare de l'alkali, paroît ſe porter ſur l'alumine, tandis qu'une autre portion ſe diſſout dans la liqueur.

D'ailleurs il eſt reconnu aujourd'hui d'après l'analyſe de pluſieurs terres argileuſes faites par quelques chimiſtes modernes, qu'elles contiennent de l'acide carbonique, puiſqu'elles font une efferveſcence plus ou moins marquée, lorſqu'on les diſſout dans les acides ſulfurique & muriatique.

CHAPITRE X.

Genre VI. *SELS NEUTRES BARYTIQUES, OU A BASE DE BARYTE.*

LA baryte forme avec les acides des fels neutres différens de tous ceux que nous avons examinés jufqu'ici, non - feulement par leur forme, leur faveur, leur folubilité, mais encore par les loix qu'ils fuivent dans leur décompofition. La bafe terreo-alkaline qui les conftitue a plus d'affinité avec les acides que n'en ont les trois alkalis & les autres terres; il faut que ces fubftances alkalines foient unies à l'acide carbonique pour pouvoir féparer cette bafe & décompofer les fels barytiques. Ces fels font au nombre de fix, favoir, le fulfate barytique ou fpath pefant, le nitrate barytique, le muriate barytique, le borate barytique, le fluate barytique & le carbonate barytique. A ces fix fels il faut ajouter les combinaifons de la baryte avec les acides tunftique, arfénique, molybdique, & fuccinique; mais ceux-ci étant bien moins connus, nous n'en parlerons que dans l'hiftoire particulière de ces quatre acides.

P iv

Sorte I. Sulfate barytique ou Spath pesant.

Le *spath pesant*, regardé jusqu'à présent comme une pierre par les naturalistes, parce qu'il n'a ni saveur, ni dissolubilité, est le résultat de la combinaison de l'acide sulfurique avec la baryte, & doit porter le nom de *sulfate barytique*. Ce sel terreux a souvent été confondu avec le *spath fluor* ou fluate calcaire par beaucoup de naturalistes; & en effet, il a la même cassure, & ne fait pas plus d'effervescence que lui avec les acides. Mais sa forme, son peu de transparence, & sur-tout sa pesanteur extrême, le font assez facilement distinguer. Un seul caractère chimique suffit encore pour le faire reconnoître. Si on verse un peu d'acide sulfurique sur ce spath réduit en poudre, cet acide le mouille sans en dégager aucune vapeur, ni aucune odeur; tandis que le fluate calcaire ou spath-fluor, traité de même, exhale peu-à-peu un gaz d'une odeur piquante, qui forme une fumée blanche dès qu'il est en contact avec l'air, & que l'on reconnoît bientôt pour l'acide fluorique. D'autres naturalistes l'ont confondu avec le *spath séléniteux*, mais celui-ci n'a ni la même forme, ni la même insolubilité, & il est décomposé par les alkalis fixes purs ou caustiques, tandis que le spath pesant n'éprouve point d'altération de la part de ces sels.

Le sulfate barytique se trouve en grande quantité dans la nature; il accompagne le plus souvent les mines métalliques; il est, ou cristallisé, ou en masses informes, mais toujours disposé par couches plus ou moins épaisses, & plus ou moins étendues. Il est d'une dureté assez considérable, quoiqu'il n'étincèle pas sous le briquet. Ses principales variétés sont les suivantes.

Variétés.

1. Sulfate barytique ou *spath pesant* blanc, demi-transparent, cristallisé, en prismes à six faces, deux très-larges, quatre très-petites, terminés par des sommets dièdres. Ces cristaux sont placés obliquement sur des masses de même nature. Ils ressemblent à des plaques quarrées allongées, dont les quatre bords auroient été taillés en biseau à chaque face. Ils sont souvent recouverts de cristaux rhomboïdaux jaunâtres. On l'appelle comme le suivant, *spath pesant en tables.*

2. Sulfate barytique, ou *spath pesant* d'un blanc laiteux en tables sans biseaux. Il n'est pas cristallisé régulièrement, mais il est formé de couches assez épaisses, posées les unes sur les autres. Il est souvent incrusté d'une poussière rouge de mine d'argent rougeâtre ou de *pyrites.*

Variétés.

3. Sulfate barytique ou *spath pesant* arrondi & demi-chatoyant; pierre de Boulogne. Elle est formée de plusieurs filets convergens, qui se réunissent en lames appliquées les unes sur les autres. C'est cette variété qui est la plus connue, à cause de sa propriété phosphorique. Elle a manifestement été roulée par les eaux.

4. Sulfate barytique ou *spath pesant* octaèdre. Il a la cristallisation de l'alun; les sommets des pyramides sont souvent tronqués, ce qui forme un décaèdre. Il présente aussi plusieurs autres variétés suivant l'allongement ou la troncature de ses angles.

5. Sulfate barytique ou *spath pesant* dodécaèdre. Il a la forme de certains grenats & de quelques pyrites. Il est plus rare que le précédent.

6. Sulfate barytique ou *spath pesant* pyramidal. Cette variété, ainsi que la précédente, est indiquée dans le tableau de M. Daubenton.

J'avois regardé comme une variété de *spath pesant* celui qu'on appelle *spath perlé*, & qui avoit été placé autrefois parmi les *spath sélé-*

niteux comme la plupart des précédentes. Ce spath est formé de petites écailles rhombéales souvent brillantes, qui se recouvrent obliquement les unes les autres. Il est opaque, brillant, comme micacé & semé sur du spath calcaire, sur du quartz ou sur la première variété que nous avons décrite. Il est coloré en jaune ou en vert sale; quelquefois il est d'un blanc argentin. C'est un vrai *spath calcaire* suivant M. l'abbé Haüy.

Margraf, qui a examiné plusieurs variétés de sulfate barytique, telles que la pierre de Boulogne & le spath pesant blanc opaque, avoit cru le reconnoître pour une espèce de *sélénite* ou sulfate calcaire, mêlée avec un peu d'argile, qui la rendoit insoluble; mais MM. Gahn, Schéele & Bergman y ont trouvé la terre particulière, que nous avons appelée *baryte*. M. Monnet y avoit aussi reconnu une base différente de la terre calcaire par les sels qu'elle forme avéc les acides; mais ce chimiste y admet le soufre tout formé, & regarde le *spath pesant* comme un *foie de soufre* terreux cristallisé.

Le sulfate barytique se fond à une chaleur violente, telle que celle des fours de porcelaine, &c. il donne un verre plus ou moins coloré. Exposé à une chaleur foible, il n'est nullement altéré. Si on le porte dans l'obscurité,

lorſqu'il a été chauffé un peu fortement, il préſente une lumière bleuâtre très-vive. Lemery
rapporte qu'un cordonnier d'Italie appelé
Vincenzo Caſciarolo découvrit le premier la
propriété phoſphorique de la pierre de Boulogne. Cet homme ramaſſa au bas du mont Pa-
termo cette pierre dont le brillant & la peſanteur
lui avoient fait penſer qu'elle contenoit de l'argent; l'ayant expoſée au feu, pour eſſayer ſans
doute d'y reconnoître quelques traces de ce
précieux métal, il remarqua qu'elle étoit lumi-
neuſe dans l'obſcurité; cette découverte attira
ſon attention, & l'expérience répétée pluſieurs
fois lui réuſſit conſtamment. Beaucoup de phyſiciens & de chimiſtes ſe ſont ſucceſſivement
occupés de ce phénomène, & ont varié de toutes
les manières la calcination de la pierre de
Boulogne; les ouvrages de la Poterie, de Mon-
talban, de Mentzel, de Lemery, les Mémoires
de Homberg, de Dufay, de Margraf contiennent pluſieurs procédés pour cette opération.

On ſait aujourd'hui que cette propriété eſt
commune à toutes les variétés de ſulfate barytique. Il ſuffit de les faire rougir dans un creuſet,
de les réduire en poudre dans un mortier de
verre, d'en faire une pâte avec un peu de mu-
cilage de gomme adragant, d'en former des
gâteaux minces comme des lames de couteau;

on fait fécher enfuite ces gâteaux, & on les calcine fortement en les mettant au milieu des charbons dans un fourneau qui tire bien ; on ne les en retire que lorfque le charbon eft confumé & le fourneau refroidi ; on les nettoie par le moyen d'un foufflet, on les expofe à la lumière pendant quelques minutes, & en les portant dans un lieu obfcur, on les voit briller comme un charbon ardent. Ces gâteaux luifent même dans l'eau ; ils perdent peu-à-peu cette propriété, & on la leur rend en les chauffant de nouveau. Mais beaucoup d'autres fubftances préfentent le même phénomène ; la magnéfie, la craie, le fulfate, & le fluate calcaire, &c. deviennent lumineux après avoir été chauffés. Macquer a reconnu la même propriété dans la terre de l'alun, le fulfate de potaffe, la craie de Briançon, la pierre à fufil noire calcinée, ce qui prouve que la préfence d'un acide n'eft pas abfolument néceffaire pour la production de ce phénomène, quoiqu'elle paroiffe contribuer pour quelque chofe à fon intenfité.

Le fulfate barytique chauffé dans une cornue, n'a rien donné à Margraf. Ce favant a obfervé que ce fpath n'étoit nullement altéré par cette opération.

Ce fel eft parfaitement infoluble dans l'eau ; les matières terreufes & falino-terreufes n'ont aucune action fur lui. Les alkalis fixes purs ne peuvent le décompofer ; & c'eft-là la propriété la plus fingulière qu'il préfente. En effet, les autres matières terreufes & falino-terreufes ont moins d'affinité avec l'acide fulfurique, que n'en ont les alkalis fixes. La baryte, au contraire, a plus d'affinité que ces fels avec ces acides. Auffi nous avons fait obferver, d'après Berg-man, que cette terre décompofoit les fulfates de potaffe & de foude. Il en eft de même de l'ammoniaque.

Les acides minéraux n'ont point d'action fur le fulfate barytique, parce que l'acide fulfu-rique eft le plus adhérent de tous à la terre qui fert de bafe à ce fel. Les fels neutres ne l'altè-rent pas davantage, fi l'on en excepte les car-bonates de potaffe & de foude. Ces deux fubftances falines décompofent le *fpath pefant* à l'aide des affinités doubles. La baryte eft féparée de l'acide fulfurique, parce qu'elle eft attirée par l'acide carbonique, en même-tems que l'un ou l'autre des alkalis fixes fe porte fur le premier acide. Pour opérer cette décom-pofition, on fait fortement chauffer dans un creufet un mêlange de deux parties de carbonate de potaffe, & d'une partie de fulfate barytique réduit en poudre. On leffive cette matière, qui eft à demi-vitrifiée, dans l'eau diftillée ; on filtre la liqueur, & on en obtient par l'évaporation du sulfate de potasse. La substance restée sur le filtre est le carbonate de baryte; on le lave à grande eau pour le bien dessaler, & il est sous la forme d'une matière pulvérulente très-blanche & très-fine, mais ordinairement impure, parce qu'il contient presque toujours une portion de sulfate barytique qui a échappé à la décomposition.

Les substances combustibles ayant la propriété de décomposer ce sel terreux, peuvent aussi être employées pour en obtenir la base. Lorsqu'on expose au feu, dans un creuset, ce sel pulvérisé avec un huitième de son poids de charbon en poudre, & lorsqu'on fait rougir le creuset pendant deux ou trois heures, la matière versée dans de l'eau distillée, donne sur-le-champ à ce fluide une couleur jaune rougeâtre, & tous les caractères d'une dissolution de sulfure terreux. En effet, le charbon ayant enlevé l'oxigène à l'acide sulfurique, le soufre mis à nud par cette décomposition s'unit à la baryte qui le réduit dans l'état de sulfure ou d'*hépar*. On précipite la dissolution de ce sulfure à l'aide d'un acide; on choisit l'acide muriatique parce qu'il forme avec cette terre, un sel soluble, tandis que l'acide sulfurique réformeroit du sulfate barytique qui est insoluble;

on filtre la liqueur décomposée par l'acide; le soufre séparé par cet acide reste sur le filtre, & l'eau filtrée tient en dissolution du muriate barytique. On le décompose par une dissolution de carbonate de potasse, & la baryte se précipite unie à l'acide carbonique, dont on peut la séparer par la calcination, comme nous le dirons dans un autre article. Ce procédé que j'ai exécuté un grand nombre de fois, ne fournit que très-peu de baryte, & l'on ne trouve sur le filtre de la précipitation de l'hépar par l'acide muriatique que quelques atomes de soufre, si l'on ne fait pas chauffer très - fortement le mélange. Pour aider la décomposition de ce sel terreux, Bergman & Schéele ont prescrit d'ajouter au mélange de sulfate barytique & de charbon un quart environ de *sel fixe de tartre*. Alors on sépare plus facilement le soufre & la baryte; ce qui dépend de la fusion plus complète opérée par l'alkali fixe.

On voit, d'après les deux procédés par lesquels on décompose le sulfate barytique, ainsi que d'après l'examen de toutes les propriétés de ce sel, combien la terre ou la substance salino-terreuse qui en fait la base, differe de celles que nous connoissons, savoir, de l'alumine, de la chaux & de la magnésie.

Le sulfate barytique n'est absolument d'aucun usage

uſage dans les arts : on en prépare des gâteaux phoſphoriques, & on en extrait la baryte pour l'uſage des laboratoires de chimie.

Sorte II. NITRATE BARYTIQUE.

L'acide nitrique s'unit facilement à la baryte ; il réſulte de cette combinaiſon un ſel neutre, qui donne ou de gros criſtaux hexagones, ou de petits criſtaux irréguliers, ſuivant M. d'Arcet : on ne l'obtient criſtalliſé qu'avec aſſez de difficultés.

Le nitrate barytique ſe décompoſe au feu, & il donne de l'air vital.

Il attire l'humidité de l'air ; & cependant il lui faut une aſſez grande quantité d'eau pour être tenu en diſſolution.

Les alkalis purs ne le décompoſent point non plus que le ſable, l'alumine, la chaux & la magnéſie.

L'acide ſulfurique verſé dans la diſſolution du nitrate barytique en précipite ſur-le champ du ſulfate de baryte. L'acide fluorique s'empare auſſi de ſa baſe.

Les carbonates alkalins le décompoſent par une double affinité.

Ce ſel n'eſt encore que très-peu connu.

Sorte III. MURIATE BARYTIQUE.

Ce ſel a été auſſi peu examiné que le précé-

dent. Bergman dit qu'il eſt ſuſceptible de criſtalliſer, & qu'il ne ſe diſſout que difficilement ;
on l'obtient en effet ſous la forme de criſtaux
quarrés & allongés aſſez ſemblables à ceux du
ſpath peſant en tables.

Le ſable, l'alumine, la chaux, la magnéſie
& les alkalis cauſtiques ou purs n'ont nulle
action ſur ce ſel, & n'en ſéparent point les
principes.

Les acides ſulfurique & fluorique décompoſent ce ſel, en s'emparant de ſa baſe.

Les carbonates de potaſſe & de ſoude en
précipitent la baryte unie à l'acide carbonique.

Bergman met le muriate barytique au nombre des réactifs les plus ſenſibles ; & il le propoſe pour reconnoître la plus petite quantité
poſſible d'acide ſulfurique contenu dans une
eau minérale. Une ou deux gouttes de diſſolution de ce ſel verſées dans environ trois livres
d'eau chargée de douze grains de ſulfate de
ſoude en criſtaux, y produiſent bientôt des
ſtries blanches de ſulfate barytique, formé par la
double décompoſition de ces deux ſels, & par
le tranſport de l'acide ſulfurique ſur la baryte ;
il reſte du muriate de ſoude en diſſolution dans
la liqueur : tous les ſels ſulfuriques ſont également ſenſibles par ce réactif qui les décompoſe
en formant du ſulfate barytique.

Sorte IV. Borate barytique.

On ne connoît point du tout cette combinaison de l'acide boracique avec la baryte.

Bergman affure que l'acide du borax eft un de ceux qui a le moins d'affinité avec cette fubftance falino-terreufe, & il le place dans fa table au-deffous de la plupart des acides végétaux & animaux.

Sorte V. Fluate barytique.

Ce fel n'eft pas plus connu que le précédent, & c'eft un objet de travail abfolument neuf, ainfi que beaucoup d'autres matières falines, qui n'ont point encore été examinées, & fur lefquelles la difette de faits nous a obligés d'être fort courts.

Bergman affure dans fa differtation fur les attractions électives, que l'acide fluorique verfé dans une diffolution de nitrate ou de muriate barytique, y occafionne un précipité, & que ce précipité fait effervefcence avec l'acide fulfurique qui en dégage l'acide fluorique.

Cette expérience prouve que l'acide fluorique a plus d'affinité avec la baryte que les acides nitrique & muriatique, & qu'il forme avec cette fubftance falino-terreufe un fel beaucoup moins foluble que le nitrate & le muriate barytiques.

Q ij

Sorte VI. CARBONATE BARYTIQUE.

La baryte eſt ſuſceptible de s'unir à l'acide carbonique, & il en réſulte une eſpèce de ſel neutre qui préſente des propriétés particulières, & qui ſemble avoir quelques rapports avec la craie.

On a déjà obſervé que c'eſt en raiſon de l'affinité de la baryte avec l'acide carbonique, que le ſulfate barytique & tous les ſels en général dont cette terre eſt la baſe, ſont décompoſés par les carbonates alkalins. Dans ces décompoſitions, il ſe précipite toujours du carbonate de baryte. On prépare encore cette eſpèce de ſel en expoſant à l'air une diſſolution de cette ſubſtance ſalino-terreuſe pure ; la ſurface ſe couvre lentement d'une pellicule qui fait efferveſcence avec les acides, & qui eſt due à cette terre chargée de l'acide carbonique de l'atmoſphère, & devenue moins ſoluble par ſa neutraliſation ; ce phénomène eſt ſemblable à celui que préſente l'eau de chaux, & c'eſt une analogie frappante qui exiſte entre ces deux ſubſtances ſalino-terreuſes, quoiqu'elles different ſingulièrement par beaucoup d'autres propriétés.

Le carbonate barytique expoſé au feu, perd ſon acide. Si on le chauffe dans une cornue ou dans un matras auquel on a adapté un appareil pneumato-chimique, on obtient cet acide sous sa forme gazeuse naturelle. Cependant on n'en sépare les dernières portions que très-difficilement & à une chaleur excessive.

Tous les acides minéraux décomposent ce sel & en dégagent l'acide carbonique ; ce qui produit l'effervescence vive qui le distingue d'avec la baryte caustique ou pure. Bergman estime que ce sel contient au quintal sept parties d'acide carbonique, soixante-cinq de baryte & huit d'eau.

L'eau ne dissout qu'à peine le carbonate barytique, mais lorsqu'elle est elle-même chargée d'acide carbonique, elle en dissout environ un mil-cinq-cent-cinquantième de son poids. On voit, d'après cela, que le carbonate barytique est moins dissoluble que la baryte pure ou caustique, puisque dans ce dernier état l'eau peut en dissoudre environ un neuf-centième, suivant les expériences de Bergman. Il se comporte donc à-peu-près comme la craie ou le carbonate de chaux, puisqu'il se précipite aussi comme ce dernier à mesure que l'acide carbonique uni à l'eau qui le tient en dissolution, s'évapore. Au reste il en differe par un grand nombre d'autres propriétés, & sur-tout par les sels qu'il forme avec les autres acides, comme nous l'avons démontré par l'examen de ces fels.

Le carbonate barytique n'eft d'aucun ufage : on l'a trouvé dans la nature.

CHAPITRE XI.

Récapitulation fur tous les fels minéraux comparés entr'eux.

APRÈS avoir expofé les connoiffances acquifes jufqu'à ce jour fur les propriétés de tous les fels minéraux connus, nous croyons devoir préfenter un précis de leurs principaux caractères, de leur nature comparée & de leurs attractions réciproques.

I. Les fels fe reconnoiffent à quatre propriétés générales, la faveur, la tendance à la combinaifon, la diffolubilité & l'incombuftibilité ; ces propriétés font dans des degrés très-différens d'énergie, & ces degrés conftituent des différences effentielles dans les matières falines.

II. Tous les fels peuvent être rapportés à quatre ordres ou à quatre genres principaux, favoir, 1°. les fubftances falino-terreufes qui joignent des propriétés terreufes aux qualités

salines; 2°. les alkalis dont les caractères consistent dans la saveur urineuse & dans la propriété de verdir plusieurs couleurs bleues végétales; 3°. les acides reconnoissables par la saveur
aigre & la couleur rouge qu'ils font prendre aux
matières végétales bleues; 4°. les sels moyens
ou neutres qui diffèrent des précédens par moins
de saveur, & sur-tout une saveur mixte salée,
amère, &c. moins de dissolubilité, &c.

III. Il y a trois substances salino-terreuses,
la terre pesante ou baryte, la magnésie & la
chaux. On connoît assez bien leurs propriétés,
mais on ignore leur composition. Aucun chimiste n'a encore pu séparer les principes de ces
substances ni les reformer par des combinaisons;
ainsi ces matières font réellement simples, relativement à l'état actuel de la science; peut-être
parviendra-t-on par la suite à les décomposer.

IV. On connoît trois sels alkalis; la potasse
appelée aussi *alkali fixe végétal, alkali du tartre*;
la soude nommée *alkali minéral* ou *alkali marin*;
l'ammoniaque ou alkali volatil. Les deux premiers font secs, solides, caustiques, fusibles,
déliquescens, &c. On ne peut les distinguer
l'un de l'autre lorsqu'ils font purs; on les distingue facilement par leurs combinaisons avec
les acides. Aucune expérience n'apprend encore
rien de positif sur leur composition intime;

perſonne n'en a ſéparé les principes, ou n'en a formé par des combinaiſons particulières.

L'opinion des chimiſtes qui les regardoient comme une union de l'eau & de la terre, n'eſt qu'une hypothèſe ingénieuſe à laquelle on doit renoncer, parce qu'elle n'eſt appuyée ſur aucun fait poſitif. L'ammoniaque diffère des deux premiers, parce qu'elle eſt ſous la forme d'un fluide élaſtique très-odorant, très-expanſible, &c. On entrevoit aujourd'hui qu'elle eſt compoſée de la baſe de deux gaz, de celle du gaz inflammable ou hydrogène, & de celle de la mofette atmoſphérique ou de l'azote, qu'elle ſe décompoſe dans pluſieurs opérations, & qu'elle ſe forme dans d'autres. Il paroît que les deux alkalis fixes contiennent auſſi de l'azote, & que ce corps peut être regardé comme le principe alkalifiant ou comme alkaligène.

V. Les acides bien connus ſont au nombre de ſix ; l'acide carbonique, l'acide muriatique, l'acide fluorique, l'acide nitrique, l'acide ſulfurique & l'acide boracique ; tous ont des propriétés particulières qui les diſtinguent ; l'acide carbonique, l'acide muriatique, l'acide fluorique prennent très-facilement l'état élaſtique ou aériforme ; il n'en eſt pas de même de l'acide nitrique & de l'acide ſulfurique ; l'acide boracique eſt concret & criſtallin. Les acides arfénique, molybdique & tunftique, dont nous traiterons dans une efpèce de fupplément, font concrets, mais pulvérulens & fans forme criftalline.

VI. On commence à connoître la nature des acides beaucoup mieux qu'autrefois. Il eft prouvé que l'hypothèfe, qui les regardoit comme l'union intime de l'eau & de la terre, n'a plus rien de vraifemblable. On a démontré que la bafe de l'air vital ou l'oxigène entre dans leur compofition ; que fouvent cet oxigène y eft uni avec un corps combuftible, comme le charbon dans l'acide carbonique, le foufre dans l'acide fulfurique, l'azote dans l'acide nitrique ; la formation d'un grand nombre d'acides particuliers par l'action de l'acide nitrique fur des corps combuftibles, confirme cette affertion fur la néceffité de l'oxigène pour conftituer les acides.

VII. Les acides s'uniffent fans décompofition à l'alumine, à la baryte, à la magnéfie, à la chaux, aux alkalis fixes & à l'ammoniaque ; il réfulte de ces combinaifons un grand nombre de fels appelés *fels compofés*, *fels moyens*, *fels neutres*. On nomme bafes les fubftances qui neutralifent les acides dans ces combinaifons falines.

VIII. Les fels moyens ou neutres ont des propriétés différentes de celles de leurs composans, on ne reconnoît plus dans la plupart les caractères de l'acide ni de la base. Cependant celle-ci paroît donner aux sels neutres quelques propriétés générales ou communes, & c'est pour cela que nous avons distingué les genres de ces sels par leurs bases.

IX. Il y a d'après ce principe six genres de sels neutres dont nous croyons devoir retracer ici l'ordre, la composition & la nomenclature.

Genre I. *Sels neutres a base d'alkalis fixes.*

Noms anciens.

Sorte I. Acide sulfurique & potasse.

SULFATE DE POTASSE. — Tartre vitriolé, Sel de duobus, Arcanum duplicatum, Vitriol de potasse.

Sorte II. Acide sulfurique & soude.

SULFATE DE SOUDE. — Sel de Glauber, Vitriol de soude.

Sorte III. Acide nitrique & potasse.

NITRATE DE POTASSE. — Nitre commun, Salpêtre.

Sorte IV. Acide nitrique & soude.

NITRATE DE SOUDE. — Nitre cubique, Nitre rhomboïdal.

Sorte V. Acide muriatique & potasse.

MURIATE DE POTASSE. — Sel digestif, Sel febrifuge de Sylvius, Sel marin régénéré.

Sorte VI. Acide muriatique & soude.

MURIATE DE SOUDE. — Sel marin, Sel de mer, Sel commun, Sel de cuisine.

Sorte VII. Acide boracique & potaſſe.

BORATE DE POTASSE.   *Borax végétal.*

Sorte VIII. Acide borac. & ſoude.

BORATE SURSATURÉ DE SOUDE *ou* BORAX.   *Borax commun, Tinckal.*

Sorte IX. Acide fluorique & potaſſe.

FLUATE DE POTASSE.   *Tartre ſpathique.* / *Spath de tartre.*

Sorte X. Acide fluorique & ſoude.

FLUATE DE SOUDE.   *Soude ſpathique.*

Sorte XI. Acide carbonique & potaſſe.

CARBONATE DE POTASSE.   *Tartre crayeux.* / *Craie de potaſſe.*

Sorte XII. Acide carbonique & ſoude.

CARBONATE DE SOUDE.   *Soude crayeuſe.* / *Craie de ſoude.*

Genre II. *SELS NEUTRES AMMONIACAUX.*

Sorte I. Acide ſulfurique & ammoniaque.

SULFATE AMMONIACAL.   *Sel ammoniac ſecret de Glauber, Vitriol ammoniacal.*

Sorte II. Acide nitrique & ammoniaque.

NITRATE AMMONIACAL.   *Nitre ammoniacal.*

Sorte III. Acide muriatique & ammoniaque.

MURIATE AMMONIACAL.   *Sel ammoniac.*

Sorte IV. Acide fluorique &
    ammoniaque.

FLUATE AMMONIACAL.

Sorte V. Acide boracique &
    ammoniaque.

BORATE AMMONIACAL.

Sorte VI. Acide carbonique &
    ammoniaque.

CARBONATE AMMONIACAL. $\begin{cases} \textit{Sel volatil d'Angleterre.} \\ \textit{Alkali volatil concret.} \\ \textit{Craie ammoniacale.} \end{cases}$

Noms anciens.

Genre III. *SELS NEUTRES CALCAIRES.*

Sorte I. Acide sulfurique & chaux.

SULFATE CALCAIRE. $\begin{cases} \textit{Plâtre.} \\ \textit{Gypse.} \\ \textit{Sélénite.} \\ \textit{Vitriol calcaire.} \end{cases}$

Sorte II. Acide nitrique & chaux.

NITRATE CALCAIRE.   *Nitre calcaire.*

Sorte III. Acide muriatique &
    chaux.

MURIATE CALCAIRE. $\begin{cases} \textit{Sel ammoniac fixe, Huile de} \\ \textit{\quad chaux.} \\ \textit{Sel marin calcaire.} \end{cases}$

Sorte IV. Acide fluorique &
    chaux.

FLUATE CALCAIRE. $\begin{cases} \textit{Spath cubique, Spath vitreux,} \\ \textit{\quad Spath fusible ou fluor, Fluor} \\ \textit{\quad spathique, Chaux fluorée.} \end{cases}$

Sorte V. Acide boracique &
    chaux.

BORATE CALCAIRE.

Sorte *VI*. Acide carbonique &
    chaux.   Noms anciens.

    Carbonate de chaux.   { *Craie, Spath calcaire, Terre calcaire.*

Genre IV. *SELS NEUTRES MAGNÉSIENS.*

Sorte *I*. Acide sulfurique &
    magnésie.

    Sulfate magnésien.   { *Sel d'Epsom, de Sedlitz, Sel cathartique amer, Vitriol de magnésie.*

Sorte *II*. Acide nitrique &
    magnésie.

    Nitrate magnésien.

Sorte *III*. Acide muriatique &
    magnésie.

    Muriate magnésien.   *Sel marin à base de magnésie.*

Sorte *IV*. Acide fluorique &
    magnésie.

    Fluate magnésien.

Sorte *V*. Acide boracique &
    magnésie.

    Borate magnésien.

Sorte *VI*. Acide carbonique &
    magnésie.

    Carbonate magnésien. { *Magnésie effervescente. Magnésie douce, aérée. Craie magnésiene.*

Genre V. *SELS NEUTRES ALUMINEUX.*

Sorte *I*. Acide sulfurique &
    alumine.

    Sulfate alumineux.   *Alun, Vitriol d'argile.*

Sorte II. Acide nitrique & alumine.　　　Noms anciens.

NITRATE ALUMINEUX. { *Nitre argileux.*
{ *Alun nitreux.*

Sorte III. Acide muriatique & alumine.

MURIATE ALUMINEUX. { *Sel marin argileux.*
{ *Alun marin.*

Sorte IV. Acide fluorique & alumine.

FLUATE ALUMINEUX. { *Argile spathique.*
{ *Fluor argileux.*

Sorte V. Acide boracique & alumine.

BORATE ALUMINEUX. *Borax argileux.*

Sorte VI. Acide carbonique & alumine.

CARBONATE ALUMINEUX. { *Argile effervescente.*
{ *Craie argileuse.*

Genre VI. *SELS NEUTRES A BASE DE BARYTE, OU SELS NEUTRES BARYTIQUES.*

Sorte I. Acide sulfurique & baryte.

SULFATE BARYTIQUE. { *Spath pesant.*
{ *Vitriol barotique.*

Sorte II. Acide nitrique & baryte.

NITRATE BARYTIQUE. { *Nitre pesant.*
{ *Nitre barotique.*

Sorte III. Acide muriatique & baryte.

MURIATE BARYTIQUE. *Sel marin pesant.*

Sorte IV. Acide fluorique &   Noms anciens.
      baryte.
   FLUATE BARYTIQUE.
Sorte V. Acide boracique &
      baryte·

BORATE BARYTIQUE. $\begin{cases} Terre~pesante~aérée. \\ Terre~pesante~crayeuse. \end{cases}$

Sorte VI. Acide carbonique &
      baryte.
   CARBONATE BARYTIQUE.   *Craie barotique.*

X. On pourra joindre à ces sels ceux qui sont formés par les acides arsénique, molybdique, tunstique & succinique, en appelant des premiers ARSENIATES DE POTASSE, DE SOUDE, &c. les seconds, MOLYBDATES DE POTASSE, DE SOUDE, AMMONIACAL, CALCAIRE, &c. les troisièmes, TUNSTATES DE POTASSE, DE SOUDE, DE CHAUX, &c. les quatrièmes, SUCCINATES DE POTASSE, DE MAGNÉSIE, D'ALUMINE, &c. Nous traiterons de ces quatre genres de sels neutres dans l'histoire des substances métalliques & bitumineuses.

XI. Chaque sel en particulier, soit simple, soit neutre ou moyen, a des caractères distinctifs qui le font différer de tous les autres & à l'aide desquels on peut le reconnoître. Ces caractères consistent dans leur saveur, leur forme, leur altérabilité par le feu, par l'air, par les terres & par les diverses substances

falines. On ne peut apprendre à les bien diftinguer qu'en étudiant avec foin toutes leurs propriétés, en les comparant entr'elles, & fur-tout
en confidérant celles qui contraftent les unes
avec les autres.

XII. Quoique la plupart des fels fimples &
fpécialement des fels neutres foient prefque
toujours un produit de l'art, la nature en préfente
cependant beaucoup à la furface ou à très-peu
de profondeur de la terre. On n'a point encore
trouvé la baryte & la magnéfie pure ; la chaux
exifte aux environs des volcans ; les alkalis
fixes ne font jamais cauftiques à la furface du
globe, mais combinés avec des acides ; l'acide
carbonique eft contenu dans l'atmofphère,
remplit quelques cavités fouterreines, & fe
dégage de plufieurs eaux ; l'acide muriatique
paroît être libre à la furface de la mer ; l'acide
fluorique eft toujours combiné avec la chaux ;
l'acide nitrique fe rencontre dans les environs
des matières en putréfaction ; l'acide fulfurique
a été trouvé criftallifé par M. Baldoftari dans
une grotte des bains de S. Philippe en Italie,
& par M. de Dolomieu dans une grotte de
l'Etna. M. Vandelli a obfervé qu'aux environs
de Sienne & de Viterbe, l'acide fulfurique
diffous dans l'eau fuinte à travers les pierres.
L'acide fulfureux fe dégage fans ceffe dans les
lieux

lieux volcanifés. L'acide boracique eſt diſſous dans l'eau de pluſieurs lacs de Toſcane, ſuivant M. Hoëfer.

XIII. Parmi les quarante-deux eſpèces principales (1) de ſels neutres dont nous avons fait l'hiſtoire, on n'a trouvé à la ſurface du globe, dans les eaux ou dans les fluides des êtres organiſés que les ſuivans, dans le genre des ſels neutres parfaits ou à baſe d'alkalis fixes. Le ſulfate de potaſſe dans les végétaux ; le ſulfate de ſoude dans les eaux & dans quelques plantes ; le nitre dans les ſucs des végétaux & dans les terres impregnées de matières putrides ; le muriate de potaſſe dans les eaux & dans les plantes marines ; le muriate de ſoude dans la terre, dans les eaux, dans les végétaux du bord de la mer & dans les humeurs animales ; le carbonate de potaſſe dans les végétaux ; le carbonate de ſoude en effloreſcence ſur la terre, ſur les pierres, & dans les humeurs animales ; il y a de l'incertitude ſur le borax. Le nitrate

______

(1) On ne parle pas ici des modifications de ces ſels appelés Sulfites de, &c. Nitrites de, &c. Muriates oxigènes de, &c. ni des 28 ſortes formées par les acides métalliques & bitumineux ; le nombre des ſels neutres ſeroit bien plus conſidérable ; d'ailleurs ceux-ci ne paroiſſent pas exiſter dans la nature.

de foude, le fluate de potaffe, le fluate de foude, le borate de potaffe, font toujours un produit de l'art.

XIV. Parmi les fels ammoniacaux, on ne connoît tout formés dans la nature que le muriate ammoniacal aux environs des volcans, & le carbonate ammoniacal dans les matières animales pourries ; le fulfate ammoniacal, le nitrate ammoniacal, le fluate ammoniacal & le borate ammoniacal font toujours formés par les chimiftes dans leurs laboratoires.

XV. Les fels neutres calcaires font très-abondans à la furface du globe ; & des fix efpèces que nous en connoiffons, cinq ont été trouvées produites par la nature. Le fulfate calcaire ou la félénite forme des lits confidérables dans les montagnes ; le carbonate de chaux ou les matières calcaires conftituent une grande partie des couches fupérieures du globe ; le nitrate calcaire accompagne conftamment le nitre ordinaire dans les lieux où il fe produit ; le muriate calcaire en fait autant à l'égard du muriate de foude ; le fluate calcaire fe trouve abondamment dans les mines.

XVI. Les fels magnéfiens font beaucoup plus rares dans la nature ; il n'y a que le fulfate magnéfien & le muriate de magnéfie qui fe rencontrent diffous dans plufieurs eaux ; le nitrate magnéfien y exifte auffi quelquefois, mais en très-petite quantité. La nature n’a point encore offert le borate magnéfien, le fluate magnéfien & le carbonate de magnéfie ; celui-ci paroît être cependant contenu dans plufieurs pierres.

XVII. Des fix fels neutres barytiques, le fulfate de baryte eft le feul qui ait été trouvé abondamment parmi les minéraux ; on le rencontre dans les fentes des montagnes, & toujours aux environs des mines. On ne connoît point encore dans la nature, le nitrate, le muriate, le borate, ni le fluate barytiques. Mais on a découvert, il y a quelques mois, le carbonate de baryte pur, très-bien criftallifé & en groffes maffes, en Angleterre.

XVIII. Il en eft à-peu-près de même des fels alumineux. Le fulfate d’alumine eft prefque le feul que l’on trouve aux environs des volcans, & dans les terres volcanifées. Il fe rencontre en efflorefcence fur les laves décompofées, &c. les pyrites effleuries en contiennent auffi ; quant au nitrate, au muriate, au borate & au fluate alumineux, on ne les a point encore reconnus dans les produits naturels. L’alumine eft affez fréquemment combinée avec l’acide carbonique, & il n’y a prefque aucune terre de cette efpèce, dont on ne puiffe féparer plus ou moins d'acide carbonique par des acides plus forts.

CHAPITRE XII.

Examen de quelques propriétés générales des sels, particulièrement de leur cristallisation, de leur fusibilité, de l'efflorescence ou la déliquescence, de leur dissolubilité, &c.

LES propriétés que nous avons fait connoître dans les sels simples & neutres, & que nous n'avons examinées que dans chacun d'eux isolés, doivent être considérées en général & comparées dans les diverses espèces, pour qu'on puisse en tirer quelques résultats utiles. Nous traiterons donc ici sous ce point de vue de la cristallisation, de la fusibilité, de l'efflorescence, de la déliquescence & de la dissolubilité dans l'eau.

La cristallisation, considérée en général dans tous les corps qui en sont susceptibles, est une propriété par laquelle ils tendent à prendre une forme régulière, à l'aide de certaines circonstances nécessaires pour en favoriser l'arrangement. Presque tous les minéraux en jouissent,

mais il n'y a point de corps dans lesquels elle
foit auſſi énergique que les ſubſtances ſalines.
Les circonſtances qui la favoriſent, & ſans leſ-
quelles elle ne peut avoir lieu, ſe réduiſent
toutes pour les ſels aux deux ſuivantes ; 1°. il faut
que leurs molécules ſoient diviſées & écartées
par un fluide, afin qu'elles puiſſent enſuite tendre les unes vers les autres par les faces qui
ont le plus de rapport entr'elles ; 2°. il eſt néceſſaire pour que ce rapprochement ait lieu ,
que le fluide qui écarte leurs parties intégrantes
ſoit enlevé peu-à-peu , & ceſſe de les tenir
écartées. Il eſt aiſé de concevoir, d'après ce
ſimple expoſé, que la criſtalliſation ne s'opère
qu'en vertu de l'attraction entre les molécules ,
ou de l'affinité d'aggrégation qui tend à les faire
adhérer les unes aux autres. Ces conſidérations
conduiſent à penſer que les parties intégrantes
d'un ſel , ont une forme qui leur eſt particulière, & que c'eſt de cette forme primitive
des molécules, que dépend la figure différente
que chaque ſubſtance ſaline affecte dans ſa criſtalliſation ; elles portent également à croire que
les petites figures polyèdres appartenantes aux
molécules des ſels ayant des côtés inégaux ou
des faces plus étendues les unes que les autres,
ces molécules doivent tendre à ſe rapprocher
& à ſe réunir par celles de ces faces qui ſont

les plus larges. Cela posé, l'on concevra facilement qu'en enlevant le fluide qui tient ces
molécules dispersées, elles se réuniront par les
faces qui se conviennent le plus, ou qui ont
le plus de rapport entr'elles, si ce fluide ne
les abandonne que peu-à-peu, & de manière à
laisser, pour ainsi dire, aux parcelles salines le
tems de s'arranger, de se présenter convéna-
blement les unes aux autres, alors la cristallisation sera régulière ; & qu'au contraire, une
souftraction trop prompte du fluide qui les écarte
les forcera de se rapprocher subitement, &
pour ainsi dire par les premières faces venues ;
dans ce cas la cristallisation sera irrégulière &
la forme difficile à déterminer. Si même l'évaporation est tout-à-fait subite, le sel ne formera
qu'une masse concrète qui n'aura presque rien
de cristallin.

C'est sur ces vérités fondamentales qu'est fondé
l'art de faire cristalliser les matières salines. Tous
les sels en sont susceptibles, mais avec plus
ou moins de facilité ; il en est qui cristallisent si
facilement qu'on réussit constamment à leur faire
prendre à volonté la forme régulière ; d'autres
demandent plus de soin & de précautions ;
enfin il y en a plusieurs qu'il est si difficile d'obtenir dans cet état, qu'on n'a pas encore pu y
parvenir. C'est en étudiant bien les circonstances

particulières à chaque sel, qu'on réussit à le faire cristalliser. Une première condition pour réussir dans ces opérations, c'est de dissoudre les substances salines dans l'eau; mais il y en a qui font si peu solubles par nos moyens, qu'il est presqu'impossible ensuite d'en obtenir le rapprochement régulier; tels sont le sulfate calcaire, le carbonate calcaire, le fluate calcaire, le sulfate barytique; la nature nous présente tous les jours ces sels neutres terreux cristallisés très-régulièrement, & l'art ne peut l'imiter qu'à l'aide d'un tems très-long; même plusieurs savans distingués ne croient point encore à la possibilité de ce procédé, que nous indiquons d'après M. Achard, & à l'aide duquel on a assuré avoir produit des cristaux de carbonate calcaire. Ce procédé ingénieux consiste à faire passer l'eau qui a séjourné long-tems sur des sels très-peu solubles, à travers un canal très-étroit, & à en procurer l'évaporation avec beaucoup de lenteur. Il y a, au contraire, d'autres matières salines qui sont si solubles, & qui ont tant d'adhérence avec l'eau, qu'elles ne l'abandonnent qu'avec beaucoup de difficulté, & qu'il est aussi très-difficile de les obtenir sous des formes régulières, comme cela a lieu pour tous les sels déliquescens, tels que les nitrates & les muriates calcaires & magnésiens.

R iv

On ne peut douter que chaque sel n'ait sa manière propre & particulière de cristalliser, ou ce qui est la même chose, qu'il n'ait dans ses dernières molécules une forme déterminée & différente de celle de tous les autres. Telle est sans doute la cause des variétés remarquables qui existent entre les cristaux qu'on obtient. Les sels simples, depuis les substances salino-terreuses jusqu'aux acides les plus puissans, n'ont, pour la plupart, aucune forme distinctive, il n'y a que quelques circonstances qui, sans détruire tout-à-fait leurs propriétés salines distinctives, leur font affecter une forme cristalline, comme cela a lieu dans l'acide muriatique oxigéné, & dans l'acide sulfurique concret. Cependant les alkalis caustiques cristallisent en lames suivant M. Bertholet, & l'acide du borax présente la même forme générale à tous les chimistes. Malgré cette anomalie apparente entre les sels simples, la plupart ne prennent point de forme régulière dans nos laboratoires, soit parce qu'en effet ils n'en sont pas réellement susceptibles, soit parce que nos moyens sont insuffisans pour la leur donner; mais les sels neutres ou moyens affectent tous une forme régulière, & l'art est parvenu à la reproduire & à la faire disparoître à volonté dans la plupart d'entr'eux. En considérant cette propriété bien différente de celle des fels fimples, eft-il poffible de déterminer fi elle dépend des acides, ou fi elle dépend des bafes alkalines qui les neutralifent. Il paroît qu'on ne peut attribuer ni aux uns ni aux autres, cette propriété exclufive, puifque les mêmes acides forment fouvent avec des bafes différentes des fels d'une figure très-diverfe; tandis que dans d'autres exemples, la même bafe combinée avec des acides divers préfente la même diffemblance dans les criftaux; c'eft donc au changement total des propriétés de chaque nouveau compofé falin qu'il faut attribuer la diverfité des formes que ces compofés affectent.

Il y a en général trois moyens de faire criftallifer les fels dans nos laboratoires; 1°. l'évaporation. Ce procédé confifte à faire chauffer une diffolution faline de manière à réduire en vapeurs l'eau qui en tient les molécules écartées. Plus cette évaporation eft lente, & plus la criftallifation fera régulière; c'eft ainfi qu'on procède pour obtenir criftallifés le fulfate de potaffe, les muriates de potaffe & de foude, le fulfate calcaire, le carbonate magnéfien. Leur forme n'eft que très-peu régulière fi l'on évapore trop promptement comme par la chaleur de l'ébullition; mais en tenant fur un bain de fable d'une chaleur de 45 degrés à-peu-près les diffolutions falines de cette nature, on obtient conftamment à l'aide d'un tems plus ou moins long des criftaux très-beaux & très-réguliers, & il n'y a prefque point de fel qui ne puiffe prendre une forme très-diftincte par ce procédé, s'il eft exécuté avec intelligence. 2°. Le refroidiffement eft employé avec fuccès pour ceux des fels qui font plus diffolubles dans l'eau chaude que dans l'eau froide ; on conçoit très-bien qu'un fel de cette nature doit préfenter ce phénomène, puifqu'il ceffe d'être également foluble dans l'eau dont la température s'abaiffe ; la portion qui ne reftoit diffoute qu'à la faveur de cette élévation de température, fe féparera à mefure que la liqueur fe refroidira, & lorfqu'elle fera tout-à-fait froide, l'eau n'en retiendra plus en diffolution que la partie qui eft diffoluble à froid. Il en eft de ce fecond procédé comme du premier, plus l'eau fe refroidira lentement, & plus les molécules falines fe rapprocheront par les faces qui fe conviennent le mieux, alors on aura une criftallifation très-régulière ; voilà pourquoi il faut entretenir pendant quelque tems un certain degré de chaleur fous les diffolutions falines, & le diminuer graduellement pour le conduire peu-à-peu fi cela eft néceffaire jufqu'au degré de la congélation. On doit obferver en effet que tous les fels qu'on peut faire criftallifer par ce procédé, font beaucoup plus diffolubles en général que ceux pour lefquels on fe fert du premier, & que comme on les diffout d'abord dans l'eau bouillante, celle-ci refroidie fubitement laifferoit dépofer en maffe informe, tout ce qui a été diffous à la faveur de la chaleur de l'ébullition ; au contraire, fi on place fur un bain de fable la diffolution très-chaude, & fi on a foin d'en graduer lentement le refroidiffement, la criftallifation fera très-régulière. Telle eft la manière d'obtenir en beaux criftaux, le fulfate de foude, le nitre, les carbonates de foude & de potaffe, le muriate ammoniacal, &c.

3°. La troifième manière de faire criftallifer les fels, c'eft de les foumettre à l'évaporation fpontanée. Pour cela on expofe une diffolution faline bien pure à la température de l'air dans des capfules de verre ou de grès qu'on a foin de couvrir de gaze afin d'empêcher la pouffière d'y tomber, fans s'oppofer à l'évaporation de l'eau ; on choifit pour cette opération une chambre ou un grenier ifolés, & qui ne fervent qu'à cela ; on laiffe cette diffolution ainfi expofée à l'air jufqu'à ce qu'on y apperçoive des criftaux, ce qui n'a quelquefois lieu qu'au bout de 4 à 5 mois & même plus tard pour certains fels. Ce procédé eft en général celui qui réuffit le mieux pour obtenir des

criftaux très-réguliers, & d'un volume confidérable. Il devroit être employé généralement
pour tous les fels, fi le tems le permettoit,
parce que c'eft le moyen de les avoir parfaitement purs. On doit opérer ainfi pour le nitrate
de foude, le muriate de foude, le borax, les
fulfates d'alumine & de magnéfie, le fulfate
ammoniacal, le nitrate ammoniacal, &c.

Dans quelques circonftances on réunit avec
avantage plufieurs de ces procédés ; c'eft particulièrement pour obtenir criftallifés les fels
très-déliquefcens, tels que le nitrate & le muriate calcaires, le nitrate & le muriate magnéfiens, &c. On évapore fortement leurs diffolutions & on les expofe tout de fuite à un grand
froid ; mais ce moyen ne fournit jamais que des
criftaux irréguliers, & quelquefois des maffes
concrètes fans forme régulière. Si l'on n'eft point
encore parvenu à faire criftallifer un affez grand
nombre de fels neutres, cela vient de ce qu'on
n'a pas déterminé exactement l'état de con-
centration où doit être chacune de leurs diffolutions pour pouvoir fournir des criftaux. Ce
travail facile en lui-même, & qui n'exige que
du tems & de la patience, n'a point encore été
complètement fuivi par les chimiftes ; c'eft par
la pefanteur fpécifique des diffolutions qu'on
arrivera à cette donnée fort utile pour les labo-

ratoires de chimie ; déjà ce procédé a été mis en ufage dans plufieurs travaux en grand fur les matières falines ; on fe fert avec fuccès d'un aréomètre ou pèfe-liqueur pour déterminer le point de la criftallifabilité pour les liqueurs falines.

Outre ces différens moyens de faire criftallifer les fels, il exifte plufieurs circonftances qui favorifent cette opération, & dont il eft néceffaire de favoir apprécier l'influence. Un léger mouvement eft quelquefois utile pour déterminer une criftallifation qui ne réuffit point ; c'eft ainfi qu'en agitant ou en tranfportant des capfules pleines de diffolutions falines qui n'offrent point de criftaux formés, on voit fouvent la criftallifation s'établir quelques inftans après la plus légère agitation ; j'ai déjà fait remarquer que ce phénomène avoit fur-tout lieu pour le nitrate & pour le muriate calcaires. Le contaſt de l'air eft d'une néceffité indifpenfable pour la formation des criftaux ; fouvent une diffolution évaporée au point néceffaire pour la criftallifation, ne fournit point de criftaux dans un flacon bien bouché, tandis qu'expofée à l'air dans une capfule, on les voit fe former très-promptement. Cette obfervation a été faite avec beaucoup d'exaſtitude par Rouelle l'aîné. La forme des vaiffeaux, les corps étrangers plongés

dans les diſſolutions ſalines ont encore beaucoup d'influence ſur la criſtalliſation. La première modifie la figure des criſtaux, & y produit une très-grande variété; c'eſt pour cela
qu'on place avec avantage des fils où des
petits bâtons dans les capſules où s'opère la criſtalliſation, pour obtenir des criſtaux réguliers;
ceux-ci ſe dépoſent ſur les fils, & comme leur
baſe eſt alors très-peu étendue, ils ont ordinairement la forme la plus régulière, tandis
qu'en s'appliquant ſur les parois obliques,
irrégulières, inégales des terrines & des autres
vaiſſeaux communément employés à cet uſage,
ils ſont plus ou moins tronqués & irréguliers.
Souvent les corps étrangers plongés dans les
diſſolutions ſalines ont encore un autre avantage; ils déterminent la formation des criſtaux
qui auroit été beaucoup plus lente ſans leur
préſence; c'eſt ainſi qu'un morceau de bois ou
une pierre jetée dans une ſource ſalée, devient
une baſe ſur laquelle l'eau dépoſe des criſtaux
de muriate de ſoude. C'eſt d'après l'obſervation
de ce phénomène que quelques chimiſtes ont
propoſé de plonger un criſtal ſalin dans une
diſſolution d'un ſel qui ne criſtalliſe point facilement; pluſieurs ont aſſuré que ce moyen favo-
riſoit la production des criſtaux des ſels qu'il eſt
très-difficile d'obtenir ſous une forme régulière.

Telles font les principales caufes qui influent fur la criftallifation ; il en eft fans doute encore beaucoup d'autres que l'obfervation fera connoître par la fuite aux chimiftes.

La féparation d'un fel d'avec l'eau qui le tenoit fondu ou en diffolution, ne peut fe faire d'une manière régulière fans que le fel ne retienne une partie de ce fluide. On peut fe convaincre de ce phénomène en prenant un fel réduit en poudre par la chaleur, comme du fulfate d'alumine, du borate de foude calcinés, ou du fulfate de foude defféché ; en les diffolvant dans l'eau & en les faifant criftallifer, on les trouvera augmentés quelquefois à partie égale après leur criftallifation ; c'eft-à-dire, qu'une once de fel traité ainfi donnera deux onces de criftaux. Les chimiftes ont conclu de ce phénomène, qu'un fel bien criftallifé contient plus d'eau que le même fel privé de fa forme par l'action du feu ou de l'air ; ils ont appelé cette eau étrangère à fon effence faline, mais néceffaire à fa forme criftalline, *eau de criftallifation*, parce qu'en effet elle eft un des élémens de leurs criftaux ; lorfqu'on leur enlève cette eau, ils perdent en même-tems leur tranfparence & leur forme régulière, les différens fels contiennent une plus ou moins grande quantité de cette eau de criftallifation ; il en eft qui en contiennent la moitié de leur poids, comme le fulfate de foude, le carbonate de foude, le fulfate alumineux ; d'autres n'en ont qu'une petite quantité, comme le nitre, le muriate de foude, &c. on n'a point encore déterminé exactement cette quantité relative d'eau de criftallifation dans tous les fels bien criftallifables. Cette eau peut être enlevée aux fels fans que leur nature intime en foit altérée en aucune manière, & elle eft elle-même parfaitement pure & femblable à de l'eau diftillée.

Comme d'après tout ce que nous avons expofé jufqu'ici fur la criftallifation des fels, il eft démontré que les diverfes fubftances falines ne criftallifent point par les mêmes procédés, & fuivent différentes loix dans leur formation en criftaux, il eft clair qu'on peut fe fervir de ce moyen avec avantage pour opérer leur féparation ; c'eft ainfi qu'un fel criftallifable par le refroidiffement peut être obtenu très-exactement féparé d'un autre fel criftallifable par la feule évaporation continuée, comme cela [a lieu pour les eaux des fontaines de Lorraine qui contiennent du muriate & du fulfate de foude. Malgré cela il arrive fouvent que deux fels diffous dans la même eau, quelque différence qu'ils préfentent dans la manière dont ils crif-tallifent, fe trouvent plus ou moins mêlés

enfemble,

enfemble, & qu'il faut avoir recours à plufieurs diffolutions & criftallifations fucceffives pour les obtenir purs & fans mélange. Cette obferva-tion eft encore plus importante à faire fur les fels qui fe reffemblent par les loix de leur crif-tallifation ; ceux ci font beaucoup plus difficiles à féparer les uns des autres, fur-tout s'ils font en plus grand nombre. Par exemple, fi la même eau contenoit quatre fels également criftalli-fables par l'évaporation ou par le refroidiffe-ment, il feroit impoffible de les féparer par une ou deux criftallifations fucceffives, & il faudroit multiplier ces opérations un affez grand nombre de fois, pour faire agir les nuances légères qui exiftent entre leurs criftallifabilités ; car il faut remarquer que, quoique deux ou plufieurs fels foient également criftallifables par le refroidiffement ou par l'évaporation, il y a cependant entr'eux des nuances fenfibles qui modifient pour ainfi dire cette loi générale ; fans cela ils criftalliferoient toujours enfemble, & l'on ne pourroit jamais les obtenir bien fépa-rés ; ce qui a cependant lieu même pour les fels les plus femblables par leur criftallifabilité. Il n'y en a que quelques-uns qui font exception à cette règle, parce qu'ils ont une adhérence particulière ou une affinité remarquable entr'eux; tels font en général les fels neutres formés par le même acide, & en même-tems criſtalliſables par le même procédé comme les ſulfates magnéſien & ammoniacal; mais on n'a point encore aſſez obſervé ces ſingulières adhérences entre les ſels neutres, & cet objet mérite toute l'attention des chimiſtes.

Enfin pour terminer cette hiſtoire abrégée de la criſtalliſation des ſels, nous ajouterons qu'il y a une autre manière de les obtenir criſtalliſés, c'eſt de les précipiter de leurs diſſolutions par une ſubſtance qui ait plus d'affinité avec l'eau qu'ils n'en ont; l'eſprit-de-vin verſé dans une diſſolution ſaline produit cet effet ſur le plus grand nombre des ſels neutres; on ne doit en excepter que ceux qui ſont diſſolubles dans ce menſtrue. Le même phénomène de précipitation dès criſtaux ſalins a lieu dans le mêlange de quelques ſels dont la diſſolubilité eſt très-différente, & même quelquefois par le mêlange de pluſieurs diſſolutions ſalines entr'elles; c'eſt ainſi que du ſulfate de magnéſie diſſous dans l'eau, paroît précipiter en criſtaux le ſulfate ammoniacal diſſous dans l'eau; mais on n'a point aſſez étudié ce qui ſe paſſe dans ces ſinguliers mêlanges, pour que je doive inſiſter ſur le phénomène qu'ils font naître.

La fuſibilité par la chaleur a été traitée dans l'hiſtoire de chaque ſubſtance ſaline en particulier, mais il eſt bon de la comparer dans les diverſes eſpèces. On diſtingue deux eſpèces de fuſibilité dans les ſels, l'une qui eſt due à l'eau & qu'on appelle *fuſion aqueuſe*, l'autre qui n'a point la même cauſe, qui appartient ſpécia-lement à la matière ſaline, & qu'on déſigne ſous le nom de *fuſion ignée*. La fuſion aqueuſe dépend entièrement de l'eau de criſtalliſation, qui étant très-abondante dans pluſieurs ſels, & faiſant quelquefois la moitié du poids des criſtaux ſalins, devient capable de diſſoudre ces ſels lorſqu'elle a acquis 60 degrés de cha-leur. Alors la forme criſtalline diſparoît, le ſel ſe diſſout, & la fuſion qu'il préſente n'eſt en effet qu'une véritable diſſolution ; cette obſervation eſt ſi vraie que lorſqu'on tient quelque tems fondu un ſel de cette nature comme le ſulfate de ſoude, le borate de ſoude, le ſulfate alumi-neux, l'eau qui les diſſout par la chaleur venant à s'évaporer peu-à-peu, le ſel ſe deſsèche & ceſſe de paroître fondu. Cette fuſion apparente ou aqueuſe eſt d'ailleurs indé-pendante de la véritable fuſion ignée, puiſque celle-ci peut avoir lieu dans tous les ſels qui ont été deſſéchés après avoir été d'abord liqué-fiés par leur eau de criſtalliſation. C'eſt ainſi qu'on fait fondre le muriate de ſoude & le borate de ſoude en les chauffant fortement, après leur avoir fait éprouver par une chaleur modérée la fufion aqueufe & le defféchement. La véritable fufibilité ignée n'eft pas la même pour tous les fels ; il en eft qui, comme le nitrate & le muriate de foude, fe fondent dès qu'ils commencent à bien rougir ; d'autres exigent un feu beaucoup plus violent pour fe fondre, ainfi que le fulfate de potaffe, le fulfate de foude. Enfin, il y en a quelques-uns dont la fufibilité eft fi forte, qu'ils peuvent la communiquer à des corps d'ailleurs très-réfractaires ou très-infufibles par eux-mêmes ; c'eft ainfi que les alkalis fixes entraînent dans leur fufion le quartz, le fable & toutes les terres filicées, qui font abfolument infufibles ; on appelle ces fels des *fondans* en raifon de cette propriété, & parce qu'on s'en fert pour hâter la vitrification & la fufion des fubftances terreufes & métalliques. Nous avons déjà fait remarquer ailleurs que l'extrême de la fufibilité étoit la volatilifation, & nous obferverons ici que les matières falines font toutes plus ou moins volatiles, & qu'il n'en eft aucune qu'on ne puiffe volatilifer par un très-grand feu. C'eft ainfi que le fulfate de potaffe & le muriate de foude fe fubliment en vapeurs au plus grand degré de chaleur qu'ils puiffent éprouver.

Tous les fels criftallifés expofés à l'air ne

s'altèrent point de la même manière, il en est qui n'y éprouvent aucun changement sensible, mais plusieurs perdent plus ou moins promptement leur transparence, leur forme, & parmi ceux-là les uns se fondent peu-à-peu en augmentant de poids, les autres deviennent pulvérulens en perdant une portion de leur masse. La première de ces altérations porte le nom de déliquescence, & la seconde celui d'efflorescence.

On a appelé l'un de ces phénomènes déliquescence, parce que la matière saline qui l'éprouve devient liquide ; on dit aussi qu'un sel tombe en *deliquium* lorsqu'il se fond ainsi par le contact de l'air. Autrefois le mot *défaillance* étoit synonime de déliquescence, mais cette expression a vieilli, & on ne la trouve presque plus aujourd'hui dans les livres de chimie. Cette altération dépend de ce que les sels attirent l'humidité contenue dans l'air, & j'ai cru devoir la regarder comme une vraie attraction élective, qui est plus forte entre le sel & l'eau, qu'entre cette dernière & l'air atmosphérique ; la déliquescence n'est pas la même dans tous les sels, soit pour la rapidité avec laquelle elle a lieu, soit pour l'espèce de saturation qui la borne ; il en est comme les alkalis fixes, l'ammoniaque gazeuse, le gaz acide muriatique & l'acide sul-

furique concentré qui enlèvent l'eau de l'atmofphère, deffèchent pour ainfi dire l'air avec une
énergie très - confidérable, & abforbent une
quantité de ce fluide plus confidérable que leur
poids ; cela eft fur-tout remarquable pour la
potaffe sèche, ainfi que pour l'acide fulfurique
rendu concret par le froid ; ces deux fels deviennent d'abord mous, & prennent bientôt
une liquidité épaiffe femblable à la confiftance
de quelques huiles, ce qui a fait appeler le
premier *huile de tartre*, & le fecond *huile de
vitriol*, quoique ces noms foient très - mal
appliqués & plus fufceptibles d'induire en erreur
que d'éclairer les perfonnes qui commencent
l'étude de la chimie. Quelques autres font
encore très-déliquefcens, mais n'attirent pas
l'humidité avec autant de promptitude, & en
auffi grande quantité que les précédens ; tels
font le nitrate & le muriate calcaires, le nitrate
& le muriate de magnéfie ; enfin, il y en a qui
ne font que s'humeéter fenfiblement, & qui ne
fe fondent point complètement, comme le
nitrate de foude, le muriate de potaffe, le
fulfate ammoniacal, &c.

L'efflorefcence a été ainfi nommée parce que
les fels qui en font fufceptibles femblent fe
couvrir de pétits filets blancs femblables aux
matières fublimées qu'on connoît en chimie fous

le nom de *fleurs*. Cette propriété est l'inverse
de la déliquescence ; dans celle-ci les cristaux
salins décomposent l'atmosphère humide, parce
qu'ils ont une détraction élective plus forte pour
l'eau que l'air atmosphérique ; dans l'efflorescence au contraire, c'est l'atmosphère qui décompose les cristaux salins, parce que l'air a
plus d'affinité avec l'eau que n'en ont les sels qui
forment ces cristaux. C'est donc l'eau de la cristallisation qui est enlevée par l'efflorescence,
& telle est la cause pour laquelle les sels qui
s'effleurissent perdent leur transparence, leur
forme & une partie de leur masse. Il est essentiel d'observer que tous les cristaux salins efflorescens éprouvent de la part de l'air une altération semblable à celle que la chaleur leur
fait subir ; c'est une sorte de calcination lente
& froide qui décompose les sels cristallisés,
& qui en sépare l'eau à laquelle ils doivent
leur forme cristalline, & toutes les propriétés
qui les caractérisoient cristaux salins ; aussi un
sel complètement effleuri éprouve-t-il exactement la même perte de poids dans cette opération que lorsqu'on le dessèche par l'action du
feu. Remarquons encore que les sels dont les
cristaux sont efflorescens appartiennent à la
classe des plus dissolubles, & de ceux qui cristallisent par le refroidissement de leurs dissolutions.

S iv

Il en eft de l'efflorefcence comme de la déliquefcence ; elle n'eft pas la même pour tous
les fels neutres dans lefquels on l'obferve. Il
en eft comme le fulfate & le carbonate de
foude, qui s'effleuriffent promptement, & jufqu'à
la dernière parcelle criftalline, de forte qu'ils
fe trouvent réduits en une pouffière blanche
très - fine ; comme ils ont perdu plus de la
moitié de leurs poids par cette décompofition
de leurs criftaux, on peut en conclure que
c'eft en raifon de la grande quantité d'eau qui
entre dans leur criftallifation, qu'ils éprouvent
une efflorefcence auffi complète ; & en effet
les fels qui ne s'effleuriffent que très-peu, tels
que le borate, le fulfate d'alumine & de magnéfie,
ne contiennent point une auffi grande quantité
de ce fluide dans leurs criftaux. Si l'efflorefcence
dépend d'une attraction élective plus forte
entre l'air & l'eau qu'entre cette dernière & les
fels, lorfque l'atmofphère fera très-sèche, ce
phénomène aura lieu d'une manière plus marquée & plus prompte, & c'eft auffi ce que l'on
obferve, tandis que l'air chargé d'humidité n'a
pas la même action fur les fels efflorefcens, &
les laiffe intacts. On peut encore confirmer
cette affertion en répandant une petite quantité
d'eau fur les criftaux falins fufceptibles d'efflorefcence ; par ce moyen l'atmofphère enlevant

cette eau & s'en faturant ne touche point à celle qui entre dans la conftitution des criftaux, & ceux-ci reftent fans altération; mais fi l'on n'a pas foin de renouveller ce fluide, l'air agit alors fur le fel criftallifé & en détruit la criftallifation. On obferve journellement ce phénomène dans les pharmacies où l'on a foin d'humecter le fulfate de foude ou *fel de Glauber* d'une petite quantité d'eau, afin de le conferver bien criftallifé.

La diffolution des fels dans l'eau eft un des phénomènes qui méritent le plus d'attention de la part des chimiftes. Quelques perfonnes ayant obfervé qu'elle fe fait fans le mouvement fenfible & fans l'effervefcence qui accompagne la diffolution des métaux dans les acides, avoient propofé de la diftinguer de celle-ci par le nom de *folution*, mais l'une & l'autre de ces expreffions ne préfentant point un fens différent, & l'action réciproque des acides & des métaux étant tout-à-fait différente de la diffolution des fels dans l'eau, & tenant à des caufes particulières que nous expoferons plus bas, cette diftinction ne peut avoir aucun avantage. La diffolution des fels dans l'eau a été regardée par quelques chimiftes phyficiens comme une fimple divifion mécanique des particules falines, mais il y a une pénétration intime entre ces deux corps, leur température change sur-le-champ, & il paroît qu'il se passe entre les sels & l'eau une vraie combinaison qu'on ne sauroit expliquer par le seul écartement des molécules des sels. Ceci est prouvé non-seulement par la température qui change dans ces opérations, mais encore par la possibilité de séparer un sel de l'eau par un autre sel qui a plus d'affinité avec ce fluide ; c'est ainsi que la potasse précipite le sulfate de potasse & le carbonate calcaire des eaux qui les tiennent en dissolution ; toutes les précipitations des sels les uns par les autres ne sont pas à beaucoup près connues, & la chimie tireroit beaucoup d'avantages d'un travail suivi sur cette matière importante. On a pu remarquer dans l'histoire particulière de chaque substance saline qu'elles jouissent toutes d'un degré de solubilité différent, depuis celles qui ont une si grande tendance pour s'unir à l'eau qu'elles sont toujours fluides, comme l'acide sulfurique & l'acide nitrique, jusqu'à celles qui sont presque parfaitement insolubles comme le sulfate barytique. Plusieurs chimistes ont déjà essayé de présenter des tables de la différente dissolubilité des sels ; mais ces tables seront incomplètes jusqu'à ce qu'on ait assez multiplié les expériences pour établir des proportions très-exactes entre ces diverses solubilités. Nous rappellerons ici que tous les sels simples, soit alkalins, soit acides, produisent constamment de la chaleur lorsqu'on les dissout dans l'eau, tandis qu'il s'excite toujours du froid pendant la dissolution des sels neutres. La mesure de ces changemens de température n'est point encore convenablement connue pour tous les sels ; on commence à faire plus d'attention aujourd'hui à ce phénomène qu'on n'en faisoit autrefois. Elle conduira sans doute à des résultats utiles ; & déjà l'on peut entrevoir quelques vérités dont on n'avoit pas même soupçonné l'existence ; par exemple, en observant que les sels neutres qui produisent le plus de froid dans leur dissolution, comme le sulfate de soude, le nitrate, le muriate ammoniacal, sont beaucoup plus solubles dans l'eau chaude que dans l'eau froide, ne peut-on pas penser que cette dissolubilité plus grande dépend de ce qu'ils trouvent dans l'eau chaude une quantité plus considérable de chaleur qu'ils paroissent avoir, pour ainsi dire, besoin d'absorber pour se fondre & prendre l'état liquide ; à la vérité cet excès de chaleur leur est facilement enlevé par l'air, de sorte qu'il s'en précipite une partie sous la forme de cristaux pendant le refroidissement.

CHAPITRE XII.

Des attractions électives qui ont lieu entre les diverses matières salines.

LES découvertes dues aux travaux multipliés que les chimistes ont faits sur les matières salines depuis le milieu de ce siècle, leur ont appris que ces matières ont entr'elles différens degrés d'affinités ou d'attractions électives. Geoffroy est le premier qui les ait comparées les unes aux autres, mais les recherches des modernes ont démontré que sa table contenoit plusieurs erreurs; Bergman les a corrigées, & a fait connoître un beaucoup plus grand nombre d'attractions électives entre tous les sels; cependant en consultant les articles de la table du célèbre chimiste Suédois qui ont rapport aux attractions électives des substances salines entre elles, on remarque que plusieurs ne sont point encore fondées sur un assez grand nombre d'expériences exactes, & qu'il en reconnoît lui-même l'incertitude. Sans étendre donc la théorie des attractions électives à un si grand nombre d'acides & de bases que l'a fait Bergman, il faut se borner dans l'état actuel de la chimie à l'examen des affinités qui ont lieu entre les matières falines dont la nature & les propriétés font les mieux connues.

Parmi les fix efpèces d'acides que nous avons examinés, l'acide fulfurique paroît être le plus fort ou celui dont les attractions électives font en général les plus marquées pour les différentes bafes ; c'eft-à-dire, qu'il enlève la plupart des bafes alkalines ou falino-terreufes aux autres acides ; ainfi il décompofe les nitrates, les muriates, les fluates, les borates & les carbonates en dégageant leurs acides.

L'acide nitrique tient en général le fecond rang, il cède les bafes alkalines à l'acide fulfurique, mais il les enlève aux quatre acides fuivans.

Pour mieux faire connoître les différentes affinités qui ont lieu entre les acides minéraux & les bafes falines du même règne, nous allons les préfenter dans l'ordre où Bergman les range dans fa table des affinités. En confidérant, 1°. chaque acide par rapport aux diverfes bafes auxquelles il peut s'unir ; 2°. chaque matière alkaline relativement aux acides qui les faturent, & au degré d'adhérence qui les tient unies avec ces fels.

I. Les attractions électives de l'acide fulfurique pour les différentes bafes font difpofées par

Bergman dans l'ordre fuivant, en commençant par celle à laquelle il adhère le plus (1).

ACIDE SULFURIQUE.

Baryte.

Potaffe.

Soude,

Chaux.

Ammoniaque.

Magnéfie.

Alumine.

Comme les acides nitrique & muriatique ont le même ordre d'attractions électives pour les bafes alkalines, nous les préfenterons ici à la fuite des premiers.

ACIDE NITRIQUE.

Baryte.

Potaffe.

Soude.

Chaux.

Ammoniaque.

Magnéfie.

Alumine.

(1) Nous avons déjà indiqué l'ordre des affinités des acides avec les bafes dans l'hiftoire de chacun d'eux ; mais nous avons cru devoir les repréfenter ici en colonnes, comme on le fait dans les tables d'affinités, afin de les voir fous un feul point de vue, & d'en faire la comparaifon.

Acide muriatique.

Baryte.

Potasse.

Soude.

Chaux.

Ammoniaque.

Magnésie.

Alumine.

La baryte a donc avec les acides sulfurique, nitrique & muriatique plus d'affinité que toutes les autres bases, & elle décompose tous les sels neutres formés par ces acides unis aux autres matières alkalines. Bergman place la magnésie avant l'ammoniaque, parce qu'il assure que cette substance salino-terreuse décompose les sels ammoniacaux. Nous remarquerons que l'ammoniaque décompose plus complètement les sels magnésiens ; à la vérité toute la magnésie n'est pas précipitée par cet alkali, & il reste dans la liqueur des sels mixtes ou triples formés par l'union des sels magnésiens avec les sels ammoniacaux. Nous croyons cependant, malgré l'autorité de Bergman, qu'il y a une plus grande attraction élective entre les acides & l'ammoniaque, qu'entre les mêmes sels & la magnésie, parce que celle-ci, quoiqu'elle dégage un peu d'ammoniaque des sels ammoniacaux par la voie humide, ne décompose pas ces sels par la diftillation ; c'eft pour cela que nous avons placé l'ammoniaque avant la magnéfie , & nous penfons que cette correction eft néceffaire dans la table de Bergman.

II. Les attractions électives de l'acide fluorique pour les bafes alkalines , font très-différentes de celles des trois précédens ; les alkalis cèdent cet acide à la chaux & aux deux autres fubftances falino-terreufes. Une diffolution de fluate barytique dans l'eau chaude eft précipitée par l'eau de chaux qui réforme fur le champ du fluate calcaire ; il en eft de même des autres fels neutres fluoriques ; la chaux leur enlève cet acide , comme l'exprime la huitième colonne de la table de Bergman difpofée ainfi :

ACIDE FLUORIQUE.

Chaux.
Baryte.
Magnéfie.
Potaffe.
Soude.
Ammoniaque.
Alumine.

Les mêmes phénomènes ont lieu par la voie sèche, car le fluate calcaire n'eft pas décompofé par les alkalis fixes purs & cauftiques, mais il l'eft par les carbonates de potaffe & de foude.

III.

III. Bergman présente dans sa dixième colonne les affinités de l'acide boracique dans le même ordre que celles de l'acide fluorique, parce qu'en faisant chauffer dans de l'eau du borax avec la chaux vive, celle-ci se porte sur son acide, forme du borate calcaire très-peu soluble, & laisse la soude pure. Quant aux autres bases, il ne les a disposées que par analogie, & il ne regarde encore cette disposition que comme une conjecture probable. *Quod idem accidat cum alkali vegetabili, acido boracis saturato, hactenus tantum probabilis est conjectura, æqué ac terræ ponderosæ & magnesiæ positura.*

ACIDE BORACIN.

Chaux.
Baryte.
Magnésie.
Potasse.
Soude.
Ammoniaque.
Alumine.

IV. Les attractions électives de l'acide carbonique sont un peu différentes de celles qui ont été exposées pour les autres. Cet acide adhère plus à la baryte & ensuite à la chaux qu'à toute autre substance. Sa combinaison avec la magnésie est aussi détruite par l'ammoniaque ;

comme Bergman l'a prouvé par des expériences exactes. Nous ne ferons donc pas ici l'obfervation que nous avons faite fur les autres acides, & nous préfenterons la partie de la colonne 25 de la table de ce célèbre chimifte, qui exprime les attractions de l'acide carbonique pour les diverfes bafes falines.

ACIDE CARBONIQUE.

Baryte.
Chaux.
Potaffe.
Soude.
Magnéfie.
Ammoniaque.
Alumine.

V. Les fept bafes terreufes ou alkalines dont nous avons examiné les combinaifons avec les acides minéraux, ont des attractions électives différentes les unes des autres pour ces mêmes acides. Cinq d'entr'elles, favoir, les deux alkalis fixes, l'ammoniaque, la chaux & l'alumine, fe reffemblent par l'ordre de leurs affinités. Toutes les cinq adhèrent aux acides dans les degrés de force fuivans, l'acide fulfurique, l'acide nitrique, l'acide muriatique, l'acide fluorique, l'acide boracique & l'acide carbonique ; mais la baryte & la magnéfie ont des affinités différentes de celles de ces cinq premières bases avec les acides minéraux , & analogues entr'elles.

Voici comment Bergman dispose les attractions électives de la baryte & de la magnésie relativement aux acides minéraux.

BARYTE & MAGNÉSIE.

Acide sulfurique.
Acide fluorique.
Acide nitrique.
Acide muriatique.
Acide boracique.
Acide carbonique.

Il n'y a d'autres différences entre ces affinités & celles des cinq bases précédentes, si ce n'est que l'acide fluorique est avant les acides nitrique & muriatique, ce qui indique que les nitrates & les muriates barytiques & magnésiens sont décomposés par l'acide fluorique ; tandis que les fluates barytique & magnésien ne cèdent pas leurs bases aux acides nitrique & muriatique.

VI. Les attractions électives que nous venons d'exposer indiquent l'ordre des décompositions simples qui ont lieu dans le mélange de trois matières salines entr'elles ; mais ce n'est point assez de connoître ces affinités ou attractions électives simples, il faut encore étudier celles

qui se passent souvent entre quatre de ces substances.

On doit se rappeler qu'on entend par affinité
double une force combinée en vertu de laquelle
un composé de deux corps qui ne peut être
détruit, ni par un troisième, ni par un quatrième
autre corps séparés, l'est cependant avec la
plus grande facilité lorsque ces deux derniers
sont combinés ensemble. Cette double attraction élective a très-souvent lieu dans les sels
neutres ; c'est ainsi que le sulfate, le nitrate &
le muriate calcaires ne sont point décomposés par l'ammoniaque ni par l'acide carbonique seuls, parce que le premier de ces
corps a moins d'affinité avec les acides sulfurique, nitrique & muriatique, que n'en a la
chaux, tandis que le second en a moins avec la
chaux, que n'en ont les mêmes acides ; mais
lorsqu'on présente à ces sels calcaires un composé
d'ammoniaque & d'acide carbonique, ce composé devient susceptible de détruire l'adhérence
de leurs principes. J'ai fait voir dans le chapitre
du premier volume où je traite des affinités
en général, qu'on pouvoit expliquer la raison
de ce phénomène, en exprimant par des nombres les différens degrés d'attractions électives.
J'ai essayé d'appliquer cette idée aux matières
salines ; mais comme on ne connoît point

encore bien la nature & les combinaisons des acides fluorique & boracique , je n'ai fait cette application qu'aux acides sulfurique, nitrique , muriatique & carbonique , considérés relativement aux bases salines minérales , & aux différens degrés d'adhérence qu'ils paroissent avoir avec ces bases. Les nombres que j'ai supposés pour exprimer ces divers degrés d'adhérence , sont fondés sur le résultat des décompositions simples ; on doit être prévenu qu'ils ne sont peut-être pas très-exactement l'expression de la force d'affinité , mais qu'ils ne sont destinés qu'à faire concevoir la cause des affinités doubles.

Je donnerai d'abord la table des affinités numériques des quatre acides désignés avec six bases, je n'y comprends pas encore la baryte, parce qu'on ne connoît point encore assez ses diverses combinaisons salines. J'exposerai ensuite dans des tableaux particuliers le jeu des affinités doubles connues entre les sels neutres, en adoptant la disposition donnée par Bergman, & que j'ai déjà décrite à l'article des affinités en général. Je rappellerai ici que dans cette ingénieuse disposition à laquelle je n'ai fait qu'ajouter l'expression des affinités par des nombres, la somme des deux nombres verticaux qui désignent les attractions divellentes doit l'emporter fur celle des nombres horifontaux qui indiquent les attractions quiefcentes, pour qu'il exifte une décompofition par affinité double.

TABLEAU des degrés d'attraction exprimés par des nombres entre quatre acides & fix bafes.

PREMIÈRE COLONNE.

L'acide fulfurique a pour fe combiner avec

- la potaffe , une affinité égale à 8
- la foude 7
- la chaux 6
- l'ammoniaque 4
- la magnéfie . . . . 3 $\frac{1}{2}$
- l'alumine 1

SECONDE COLONNE.

L'acide nitrique a pour fe combiner avec

- la potaffe , une affinité égale à 7
- la foude 6
- la chaux 4
- l'ammoniaque 3
- la magnéfie 2
- l'alumine 1

TROISIÈME COLONNE.

L'acide muriatique a
pour se combiner avec

{
la potasse, une affinité égale à.................6

la soude.................5

la chaux.................3

l'ammoniaque.................2

la magnésie.................1

l'alumine.................$\frac{1}{2}$
}

QUATRIÈME COLONNE.

L'acide carbonique a
pour se combiner avec

{
la chaux, une affinité égale à.................3

la potasse.................2

la soude.................1

l'ammoniaque.................$\frac{3}{4}$

la magnésie.................$\frac{1}{3}$

l'alumine.................$\frac{1}{4}$
}

TABLEAU de dix espèces d'affinités doubles qui ont lieu entre divers sels neutres & qui sont exprimées par des nombres pris du tableau précédent.

PREMIER EXEMPLE.

nitre.

	potasse.	7	acide nitrique.	
sulfate de potasse.	8 *affinités*	*aff. divellen.*	*quiescentes* 4 { 12* }	nitrate calcaire.
	acide sulfurique.	$\frac{6}{13}$	chaux.	

sulfate calcaire.

SECOND EXEMPLE.

muriate de potasse.

	potasse.	6	acide muriatique.	
sulfate de potasse.	8 *affinités*	*aff. divellen.*	*quiescentes* 3 { 11 }	sel marin calcaire.
	acide sulfurique.	$\frac{6}{12}$	chaux.	

sulfate calcaire.

---

* Ce nombre mis à droite dans une petite accolade est la somme des deux affinités horisontales, ou *quiescentes,*

Troisième Exemple.

nitrate de foude.

soude.   6   acide nitrique.

sulfate de foude.   7 affinités   aff. divellen.   quiescentes 4 { 11 } nitrate calcaire.

acide fulfurique.   6 / 12   chaux.

sulfate calcaire.

Quatrième Exemple.

muriate de foude.

soude.   5   acide muriatique.

sulfate de foude.   7 affinités   aff. divellen.   quiescentes 3 { 10 } muriate calcaire.

acide fulfurique.   6 / 11   chaux.

sulfate calcaire.

---

qui doit être moindre que celle des affinités verticales, ou *divellentes*, pour que la double décomposition ait lieu.

CINQUIÈME EXEMPLE.

sulfate ammoniacal.

sulfate calcaire.

acide sulfurique. 4　ammoniaque.

6 *affinités*　aff. divel.　quiesc. $\frac{3}{4}$　{ 6 $\frac{3}{4}$ }　carbonate ammoniacal, ou alkali volatil concret.

chaux.　$\frac{3}{7}$ acide carbonique.

carbonate calcaire.

SIXIÈME EXEMPLE.

nitrate ammoniacal.

nitrate calcaire.

acide nitrique. 3　ammoniaque.

4 *affinités*　aff. divel.　quiesc. $\frac{3}{4}$ { 4 $\frac{3}{4}$ }　carbonate ammoniacal.

chaux.　$\frac{3}{6}$　chaux.

carbonate calcaire.

SEPTIÈME EXEMPLE.

muriate ammoniacal.

muriate calcaire.

acide muriatique. 2　ammoniaque.

3 *affinités*　aff. divel.　quiesc. $\frac{3}{4}$ { 3 $\frac{3}{4}$ }　carbonate ammoniacal.

chaux.　$\frac{3}{5}$ acide carbonique.

carbonate calcaire.

HUITIÈME EXEMPLE.

sulfate magnésien, ou sel d'Epsom.

carbonate ammoniacal alkali volatil concret.

$$
\text{sulfate calcaire.}
\begin{cases}
\text{acide sulfurique. } 3\tfrac{1}{2} \qquad \text{magnésie.} \\
6 \text{ affinités} \qquad \text{quiesc. } \tfrac{1}{3} \left\{ 6\,\tfrac{1}{3} \right. \\
\text{chaux.} \qquad \dfrac{3}{6\tfrac{1}{2}}\text{acide carbonique.}
\end{cases}
\left.\begin{matrix} \\ \\ \\ \end{matrix}\right\}
\text{carbonate de magnésie, ou magnésie effervescente.}
$$

aff. divel.

carbonate calcaire.

NEUVIÈME EXEMPLE.

nitrate magnésien.

$$
\text{nitrate calcaire.}
\begin{cases}
\text{acide nitrique. } 2 \qquad \text{magnésie.} \\
4 \text{ affinités} \qquad \text{quiesc. } \tfrac{2}{3} \left\{ 4\,\tfrac{2}{3} \right. \\
\text{chaux.} \qquad \dfrac{3}{5}\text{acide carbonique.}
\end{cases}
\left.\begin{matrix} \\ \\ \\ \end{matrix}\right\}
\text{carbonate magnésien.}
$$

aff. divel.

carbonate calcaire.

DIXIÈME ET DERNIER EXEMPLE.

muriate magnésien.

$$
\text{muriate calcaire.}
\begin{cases}
\text{acide muriatique. } 1 \qquad \text{magnésie.} \\
3 \text{ affinités} \qquad \text{quiesc. } \tfrac{1}{3} \left\{ 3\,\tfrac{1}{3} \right. \\
\text{chaux.} \qquad \dfrac{3}{4}\text{acide carbonique.}
\end{cases}
\left.\begin{matrix} \\ \\ \\ \end{matrix}\right\}
\text{carbonate de magnésie.}
$$

aff. divel.

carbonate calcaire.

carbonate ammoniacal

carbonate ammoniacal

Ces dix affinités doubles ne font pas les feules qui exiftent entre tous les fels neutres que nous avons examinés ; nous avons vu par exemple que les fels barytiques ne font pas décompofés par la potaffe, tandis que les carbonates de potaffe & de foude les décompofent ; que le fluate calcaire préfente le même phénomène ; ces deux efpèces d'affinités doubles, & peut-être quelques autres qui ne font point encore connues entre les fels, n'ont point été repréfentées dans la table précédente, parce qu'on n'a point encore affez étudié les attractions électives de la baryte & de l'acide fluorique, pour que nous ayons pu les défigner par des nombres. Lorfque les recherches néceffaires pour acquérir ces con-noiffances auront été faites, il fera fans doute néceffaire de changer les nombres indiqués, pour les faire quadrer avec les affinités que l'on découvrira ; mais la méthode propofée reftera toujours & elle ne pourra même acquérir que plus d'exactitude.

TROISIEME SECTION.

DE LA MINÉRALOGIE.

CORPS COMBUSTIBLES.

CHAPITRE PREMIER.

Des Corps combustibles en général.

NOUS avons déjà parlé de la combustion dans l'histoire de l'air. L'ordre que nous avons adopté, exige que nous rappellions en peu de mots ce qui a été dit sur cet objet.

Un corps combustible est, suivant Stahl, un composé qui contient le feu fixé ou le phlogistique. La combustion n'est, d'après sa théorie, que le dégagement de ce feu fixé, & son passage à l'état de feu libre ; ce dégagement se manifeste par la lumière & par la chaleur. Lorsqu'il est entièrement fini, le corps qui l'a éprouvé rentre dans la classe des matières incombustibles, & on peut lui rendre sa première combustibilité en lui rendant son phlogistique, ou en lui unissant la matière du feu fixée dans un autre corps. Nous avons trouvé quatre grandes difficultés dans cette théorie ; 1°. l'impoſſibilité de démontrer la préſence du phlogiſtique ; 2°. l'augmentation de poids par la combuſtion qui ne peut pas ſe concevoir avec la perte d'un principe ; 3°. la perte de poids du corps par l'addition du phlogiſtique, lorſqu'on le fait paſſer de l'état incombuſtible à l'état inflammable ; 4°. le peu d'attention que Stahl avoit fait à la néceſſité de l'air.

Ce dernier phénomène mieux obſervé, & l'augmentation de poids des corps combuſtibles pendant leur combuſtion, a fait naître la théorie ſuivante.

Un corps n'eſt combuſtible que parce qu'il tend fortement à ſe combiner avec la baſe de l'air vital ou l'oxigène. La combuſtion n'eſt que l'acte même de cette combinaiſon, elle n'a lieu qu'autant que l'oxigène perd le calorique qui le tenoit en état d'air. Cette opinion eſt fondée ſur les quatre faits ſuivans : 1°. Un corps ne peut brûler ſans air vital ; 2°. plus l'air eſt pur, plus la combuſtion eſt rapide ; 3°. dans la combuſtion il y a abſorption de l'air & augmentation de poids dans le corps brûlé ; 4°. enfin, le corps brûlé dans l'atmoſphère contient en oxigène la partie en poids que l'air atmoſphérique a perdue, & on peut ſouvent extraire cet oxigène par différens moyens que nous connoîtrons plus bas.

Macquer avoit réuni cette théorie avec celle de Stahl en regardant la lumière fixée comme le phlogiſtique, & en admettant l'air vital comme précipitant de la lumière; il penſoit que dans toute combuſtion, le phlogiſtique étoit ſéparé dans l'état de lumière par l'air vital qui prenòit ſa place dans le corps combuſtible, & il regardoit ces deux matières, la lumière & l'air vital, comme les précipitans l'une de l'autre; ainſi, lorſqu'on faiſoit paſſer la lumière fixée d'un corps combuſtible dans un corps déjà brûlé, il croyoit que ce paſſage n'avoit lieu qu'à meſure que l'air vital uni au corps brûlé cédoit ſa place à la matière de la lumière, & ſe tranſportoit dans celui d'où la lumière s'échappoit. La forme exacte & rigoureuſe que la doctrine moderne a acquiſe depuis quelques années, n'exige, ne permet même plus qu'on ait recours à ces théories compliquées & forcées : en la rappelant ici nous ne ferons qu'ajouter à la ſimplicité & à la clarté.

L'air vital eſt compoſé d'une baſe fixable appelée *oxigène*, & qui eſt tenue en diſſolution dans l'état de fluide élaſtique par le calorique & la lumière. Lorſqu'on chauffe un corps combuſtible dans ce fluide, ce corps décompoſe l'air vital en s'emparant de ſa baſe ou de ſon oxigène, & alors le calorique, & la lumière devenus libres, reprennent tous leurs droits, & s'échappent avec les caractères qui les diſtinguent ; ſavoir, le premier ſous forme de chaleur, & la ſeconde ſous celle de flamme. Suivant cette doctrine, l'air vital eſt le véritable & le ſeul corps combuſtible. Cette théorie ſemble ne pas détruire la préſence du phlogiſtique dont la lumière joue ici le rôle, mais elle diffère de celle de Stahl par le lieu du phlogiſtique ou du feu fixé, que nous admettons dans le corps qui ſert à la combuſtion, tandis que Stahl l'admettoit dans le corps combuſtible. Quoiqu'on puiſſe faire contre le principe oxigène de l'air vital, l'objection qu'on a faite contre le phlogiſtique de Stahl ; puiſqu'on ne connoît pas plus ce principe iſolé ou pur, puiſqu'il eſt toujours ou combiné avec le calorique dans l'air vital, ou avec les corps combuſtibles, lorſqu'ils ont brûlé ; puiſqu'enfin il ne fait comme le phlogiſtique que paſſer d'un corps dans un autre, & changer de combinaiſon, ſans pouvoir être ſéparé & préſenté dans un état de pureté ; il y a cependant une très-grande différence entre les deux théories ; la dernière, celle que nous admettons a tous les caractères de l'exactitude & de la vérité, elle eſt fondée ſur l'addition ou la ſouſtraction du poids, ce qui n'a jamais pu être fait dans la doctrine de Stahl.

Les

Les différens corps combustibles présentent beaucoup de degrés ou de différences dans leur tendance à se combiner avec l'oxigène ; & il paroît que le plus ou le moins de combustibilité dépend des rapports variés qui existent entre ce principe & les corps combustibles ; de sorte qu'on pourroit établir un ordre de leur combustibilité, & construire une table de leur affinité avec la base de l'air vital.

Cette variété d'affinité entre les corps combustibles & l'oxigène est la cause des différens phénomènes que ces corps présentent dans leur combinaison avec ce fluide.

On pourroit d'après cela distinguer quatre sortes de combustions.

1°. La combustion avec flamme & chaleur, comme celle du soufre, &c.

2°. La combustion avec chaleur sans flamme, comme celle de plusieurs métaux, &c.

3°. La combustion avec flamme sans chaleur, comme celle des phosphores, &c.

4°. La combustion très-lente sans flamme ni chaleur apparentes, comme cela a lieu par le contact de certains corps combustibles avec l'air, ou lorsque l'oxigène fixé dans un corps & dépourvu de calorique, passe tacitement de ce corps dans un autre.

Il faut observer qu'outre cette distinction,

Tome II. V

la combuſtion differe encore par un grand nombre d'autres phénomènes particuliers à chaque corps combuſtible. La rapidité, la couleur, l'étendue de la flamme, l'odeur qui l'accompagne, la quantité d'oxigène abſorbée, la forme, la couleur, la peſanteur, l'état du réſidu du corps brûlé, & pluſieurs autres circonſtances qu'il feroit inutile de développer ici, & qui feront traitées avec toute l'importance qu'elles méritent à l'article de chaque corps combuſtible, établiſſent les différences eſſentielles, & propres à caractériſer chacun des êtres qui appartiennent à cette claſſe.

En conſidérant toutes les variétés que préſentent les corps combuſtibles pendant leur combuſtion, on ne peut s'empêcher de convenir que leur cauſe n'eſt point encore connue, & qu'il reſte des découvertes importantes à faire ſur ce point de la théorie chimique ; déjà les degrés d'affinité différens que paroiſſent avoir les divers corps combuſtibles pour s'unir à l'oxigène, peuvent ſervir à expliquer une partie de ces phénomènes ; en effet, il eſt naturel de croire qu'un corps qui a une grande attraction pour ſe combiner avec ce principe offrira dans cette combinaiſon plus de chaleur, plus de mouvement & plus de lumière, parce que celle-ci ſera ſéparée de l'air vital avec plus d'énergie.

Mais cette doctrine n'explique point encore quelle est la cause de la couleur si variée de la flamme des différens corps inflammables; pourquoi, par exemple, le cuivre brûle en vert, &c. Elle n'explique point non plus, au moins par des expériences, comment quelques matières combustibles brûlent sans flamme apparente, à moins qu'on ne croie avec plusieurs physiciens que la matière de la lumière est la même que celle de la chaleur, & n'en differe que parce qu'elle est plus divisée, plus éparpillée ; or, on sait combien cette opinion souffre encore de difficultés. Si l'on se rappelle que la lumière est un des principes de l'air vital, & qu'elle s'en dégage pendant la combustion, on pourroit croire que ce corps est dégagé diversement de l'air vital par les différentes matières combustibles, qu'il y en a, par exemple, où toute la lumière, l'ensemble de ses sept rayons ou principes, est séparée, qu'il en est d'autres où il n'y a que le rayon orangé de dégagé comme par le gaz nitreux, le jaune ou le vert comme par le zinc & le cuivre ; mais cette hypothèse, dont il a déjà été question dans l'histoire de la combustion traitée à l'article de l'air, n'est point encore appuyée par l'expérience. Il suffit qu'il soit pres-que démontré que la lumière est plutôt contenue dans l'air vital, que dans les corps combuſtibles. En effet, comment concevoir qu'un corps auſſi diviſé & auſſi élaſtique en même-temps que la lumière, puiſſe ſe fixer & prendre de la ſolidité? N'eſt-il pas plus naturel & plus conforme à toutes les idées de la ſaine phyſique de penſer, que loin de pouvoir prendre ainſi une forme ſolide, la lumière eſt plutôt capable de la faire perdre à ceux qui en jouiſſent, & qu'elle eſt une des cauſes de l'élaſticité de l'air vital, qui n'eſt que l'oxigène ſolide par lui-même uni au calorique & à la lumière.

Quoiqu'il reſte donc encore quelques difficultés à réſoudre dans l'hiſtoire de la combuſtion, il eſt bien prouvé aujourd'hui que les corps combuſtibles qui ont brûlé ont tout-à-fait changé de nature, que l'oxigène qui y eſt fixé leur donne toujours plus de peſanteur abſolue, & que ce principe y a pris lui-même une forme plus ſolide que celle qu'il avoit dans ſa combinaiſon avec le calorique & la lumière qui le conſtituent air vital.

Nous diviſons les matières combuſtibles du règne minéral en cinq genres; ſavoir, le diamant, le gaz hydrogène ou inflammable, le ſoufre, les matières métalliques & les bitumes.

CHAPITRE II.

Genre I. *Diamant.*

LE diamant eſt une ſubſtance unique dans ſon eſpèce ; on l'a placé avec les pierres, parce qu'il en a la dureté, l'inſipidité, l'inſolubilité. Il eſt d'ailleurs le plus tranſparent & le plus dur de tous les minéraux. Sa dureté eſt telle que l'acier le mieux trempé ne mord point ſur lui, & qu'on ne peut uſer les diamans qu'en les frottant l'un contre l'autre ; c'eſt ce qu'on nomme égriſer.

Les diamans ſe trouvent aux grandes Indes, particulièrement dans les royaumes de Golconde & de Viſapour. On en tire auſſi du Bréſil ; mais ils paroiſſent d'une qualité inférieure : on les connoît dans le commerce ſous le nom de *diamans de Portugal.*

Les diamans ſe rencontrent ordinairement dans une terre ochracée, jaunâtre, ſous des roches de grès & de quartz ; on en trouve auſſi quelquefois dans l'eau des torrens ; ces diamans ont été détachés de leurs mines. Il eſt rare que les diamans ſoient d'un certain volume. Les ſouverains de l'Inde gardent les plus volumineux, afin que le prix de ces subſtances ne diminue point.

Les diamans ne ſortent pas de la terre avec leur éclat ; il ne s'en trouve de brillans que dans les eaux. Tous ceux que l'on retire des mines ſont enveloppés d'une croûte terreuſe, qui recouvre une ſeconde couche de la nature du ſpath calcaire, ſuivant M. Romé de Liſle.

Souvent les diamans n'ont pas de forme régulière ; ils ſont plats ou roulés. Quelquefois ils offrent des criſtaux réguliers en octaèdres, formés de deux pyramides quadrangulaires réunies par leurs baſes ; on en trouve auſſi à 12, à 24 & à 48 faces.

Quelques diamans ſont parfaitement tranſparens & de la plus belle eau ; d'autres ſont tachés, veinés, nués ; alors ils perdent beaucoup de leur prix. Il en eſt qui ont des teintes uniformes & bien marquées de jaune, de rouge, de bleu, de noir ; ces derniers ſont fort rares.

Les diamans paroiſſent être formés de lames appliquées les unes ſur les autres ; on les diviſe aiſément, en les frappant dans le ſens de ces lames avec un inſtrument de bon acier. Il y a cependant quelques diamans qui ne paroiſſent point compoſés de lames diſtinctes, mais de fibres entortillées, comme ſont celles que l'on obſerve dans les nœuds du bois. Ces derniers ſont fort durs, & ne peuvent être travaillés, les lapidaires les nomment *diamans de nature.*

La tranſparence, la dureté du diamant, la forme criſtalline régulière qu'il affecte, avoient déterminé les naturaliſtes à ranger cette ſubſtance au nombre des pierres vitrifiables. Ils le regardoient comme la matière du criſtal de roche, la plus pure & la plus homogène. Ils le croyoient inaltérable au feu, parce que les joailliers ſont dans l'uſage de faire chauffer & même rougir les diamans tachés de jaune ; par ce procédé, les taches deviennent noires, & n'empêchent pas l'éclat de la pierre. Cependant on ſavoit que le diamant étoit plus peſant & plus dur que le criſtal de roche, & qu'il avoit une propriété électrique très - marquée ; mais on n'attribuoit cela qu'à ſon extrême pureté.

On ſait que tous les corps tranſparens pierreux ou ſalins refrangent la lumière en raiſon directe de leur denſité, mais que les corps tranſparens combuſtibles la refrangent en raiſon double de leur denſité. Le diamant a une force réfringente preſque triple de celle qu'il devroit avoir en raiſon de ſa denſité ; il paroît que c'eſt de cette grande force réfringente que dépend le ſingulier éclat du diamant. Comme il eſt

très-tranfparent, & que la lumière fe refrange
fortement entre fes lames, lorfqu'on multiplie
fes furfaces par la taille, chacune de fes facettes
fournit un faifceau de lumière très – brillant.
Auffi ceux qui font taillés à facettes fur toute
leur circonférence ont-ils un éclat bien fupérieur
à ceux qui ne font taillés que d'un côté ; c'eft
pour cela que les lapidaires défignent les premiers fous le nom de *brillans*, & qu'ils appellent
les feconds des *rofes*.

Boyle avoit dit que le feu altéroit les diamans,
& qu'il s'en dégageoit des vapeurs âcres ; mais le
fait annoncé par ce phyficien ne fixa point l'attention des favans. Cependant Cofme III, grand
duc de Tofcane, vit à Florence en 1694 & 1695,
le diamant fe détruire au miroir ardent. L'em-
pereur François I fut auffi témoin à Vienne de
la deftruction du diamant par le fimple feu des
fourneaux.

M. d'Arcet, dans fes belles expériences fur
les matières pierreufes expofées à l'action d'un
feu violent & continu, n'oublia pas les diamans. Il annonça qu'ils s'évaporoient dans le
fens de leurs lames, & que fi on arrêtoit l'évaporation à propos, ce qui reftoit n'étoit nullement altéré, & n'offroit qu'un diamant de
moindre volume.

M. d'Arcet voulant favoir fi l'évaporation du

diamant n'étoit pas une fimple décrépitation, imagina de le traiter dans des vaiffeaux différemment fermés. Il prit une fphère de pâte de porcelaine, & après l'avoir coupée en deux, il plaça un diamant au centre, il ajufta enfuite les deux hémifphères, de manière que le diamant fe formant à lui-même fa cavité, il n'y eût pas d'efpace vide autour. Ayant laiffé ces boules au four jufqu'à ce qu'elles fuffent cuites, il les caffa, & trouva la loge vide & le diamant évaporé, fans qu'on pût appercevoir là moindre gerçure à la boule.

M. d'Arcet a varié cette expérience de plufieurs manières, tantôt en prenant des boules de pâte de porcelaine, tantôt des creufets de porcelaine cuite, fermés d'un bouchon de pareille matière, enduit avec une fubftance fufible qui, en fe vitrifiant au feu, faifoit un lut hermétique. M. d'Arcet a toujours vu le diamant difparoître, & en a conclu qu'il étoit évaporable fans le fecours de l'air.

Depuis MM. d'Arcet & Roux ont obfervé qu'il n'étoit pas néceffaire d'avoir recours à des feux d'une fi grande violence, pour opérer la volatilifation du diamant; & en 1770 M. Roux en volatilifa un, aux écoles de médecine, en cinq heures de tems dans un fourneau de coupelle.

En 1771 Macquer obferva un nouveau phénomène relatif à la deftruction de cette fubftance. Ayant eu un diamant à volatilifer, il
employa le fourneau de Pott, auquel il avoit
fait quelques corrections. Ce fourneau, lorfqu'il
eft terminé par un tuyau de poële de dix à douze
pieds de hauteur, produit une chaleur égale à
celle d'un four à porcelaine dure. Macquer
avoit placé une moufle au centre de fon fourneau,
qui n'avoit qu'un tuyau de deux pieds. Il
mit un diamant taillé en brillant, & pefant
trois-feizièmes de karat, dans une coupelle qu'il
plaça d'abord au-devant de la moufle bien rouge; il eut foin de ne l'enfoncer que par degrés, pour éviter que le diamant ne s'éclatât.
Au bout de vingt minutes, ayant obfervé le
diamant, il le trouva augmenté de volume &
beaucoup plus brillant que la capfule dans
laquelle il étoit; enfin, il obferva une flamme
légère & comme phofphorique, qui formoit
une auréole très-marquée autour de la pierre;
mais il ne fentit point de vapeurs âcres, comme
l'avoit annoncé Boyle. Le diamant ayant été
reporté fous la moufle, au bout de trente
minutes, il étoit entièrement difparu, fans
laiffer après lui aucune trace. Ainfi Macquer
a volatilifé en moins d'une heure un diamant
de près de quatre grains, & il a vu que ce corps

brûle avec une flamme fenfible à la manière des autres corps combuftibles.

Ce fait annoncé par Macquer a été vérifié plufieurs fois depuis. En 1775 Bucquet a volatilifé un diamant d'environ trois grains & demi ; il s'eft fervi du fourneau de Macquer, mais fans tuyau, & la moufle eft refté ouverte prefque tout le tems de l'opération, afin qu'on pût voir ce qui fe paffoit pendant la combuftion du diamant. Il eft refté environ quinze minutes avant de s'enflammer, & à compter du moment de l'inflammation, il n'a pas fallu vingt-cinq minutes pour fon entière volatilifation.

Comme aucune de ces expériences ne démontroit ce que devenoit le diamant, MM. Macquer, Lavoifier & Cadet réfolurent de faire quelques effais dans des vaiffeaux clos. Ils diftillèrent vingt grains de diamans dans une cornue de grès, avec un appareil propre à retenir les produits s'il eût paffé quelque chofe ; ils employèrent un feu de la plus grande violence, & n'obtinrent rien ; ils trouvèrent les diamans bien entiers, mais ayant perdu un peu de leur poids ; ils foupçonnèrent dès-lors que cette perte dépendoit de ce que les diamans avoient brûlé en partie, à l'aide du peu d'air renfermé dans les vaiffeaux ; les diamans d'ailleurs étoient couverts d'un enduit noirâtre, &

comme charbonneux, qui difparoiffoit promptement en les frottant fur la meule.

Pendant que les chimiftes s'occupoient des recherches fur le diamant, les lapidaires croyoient
toujours à la parfaite indeftructibilité de cette
pierre. L'un d'eux, M. le Blanc, porta chez
M. Rouelle un diamant pour être expofé au
feu; mais il voulut l'envelopper à fa manière.
En conféquence, il le mit dans un creufet avec
un cément de craie & de poudre de charbon;
ce premier creufet fut enfermé dans un autre,
fermé de fon couvercle & luté avec le fable
des fondeurs. Cet appareil refta au feu pendant
quatre heures, ainfi que plufieurs autres diamans fur lefquels M. Rouelle travailloit. Au
bout de ce tems, les diamans de M. Rouelle
avoient difparu, ainfi que celui de M. le Blanc.
M. Maillard, autre lapidaire, fe rendit chez
M. Cadet, où travailloient MM. Macquer &
Lavoifier; ayant apporté trois diamans, il pro-
pofa de les expofer au feu, après qu'il les
auroit cémentés à fa manière. Il remplit de
charbon pilé & bien preffé, le fourneau d'une
pipe, & ayant mis les diamans au centre du
charbon, il couvrit la pipe d'une plaque de fer
qu'il luta avec le fable des fondeurs; la pipe
fut renfermée dans un creufet garni de craie
& revêtu d'un enduit de fable détrempé avec

l'eau falée. Le tout fut mis au fourneau de Macquer, & effuya un feu tel, qu'au bout de deux heures l'appareil étoit ramolli & prêt à couler. Après l'opération, le creufet étoit vitrifié & informe; on le caffa avec précaution, & l'on trouva la pipe bien entière: le charbon qu'elle contenoit étoit parfaitement noir, & les diamans n'avoient rien perdu. Ils étoient feulement noircis à leur furface, mais en les frottant fur la meule, ils redevinrent blancs & brillans. Macquer a répété cette expérience dans le grand four qui cuit la porcelaine dure de Sèves, elle a réuffi de même; cependant, comme le fer qui couvroit la pipe avoit été fondu, une partie ayant atteint le diamant, l'avoit fcorifié d'un côté, mais l'autre étoit bien entier; le feu avoit duré vingt-quatre heures.

M. Mitouard ayant eu occafion de traiter plufieurs diamans dans des vaiffeaux fermés & avec différens cémens, a reconnu que le charbon étoit celui de tous qui empêchoit le mieux la combuftion de ce corps.

Tous les chimiftes ont été perfuadés par ces faits, que le diamant brûloit à la manière des corps combuftibles, & qu'il ne fe détruifoit, comme le charbon, qu'autant qu'il avoit le contact de l'air. Cependant les expériences très-bien faites & très-multipliées de M. d'Arcet sembloient établir le contraire. Pour éclaircir ce point de théorie, Macquer prit du charbon en poudre, il en emplit plusieurs boules de porcelaine cuite & plusieurs creusets de pâte de porcelaine ; le charbon se réduisit en cendres dans les creusets de porcelaine non cuite, les cendres mêmes se vitrifièrent, tandis que le charbon, renfermé dans les vaisseaux de porcelaine cuite resta sans altération ; d'où ce chimiste a conclu, qu'il y a une grande différence entre ces deux sortes de vaisseaux. Il pense que pendant la cuite de la porcelaine, il se fait des fentes, des gerçures peu sensibles, mais suffisantes pour faciliter la combustion, & que ces porcelaines prenant de la retraite en se refroidissant, toutes ces petites ouvertures se referment & disparoissent entièrement après la cuite.

M. Lavoisier a ajouté à ces expériences de nouvelles recherches qui prouvent que le diamant ne se brûle qu'autant qu'il a le contact de l'air. Il a exposé des diamans au foyer de la lentille de M. de Trudaine, après les avoir couverts d'une cloche, sous laquelle il a fait monter de l'eau ou du mercure en aspirant l'air. Ce chimiste dans des travaux sur les effets du verre ardent, faits en commun avec MM. Macquer,

Cadet & Briſſon, avoit déjà obſervé que ſi on chauffoit bruſquement les diamans, ils pétilloient & s'éclatoient ſenſiblement, ce qui n'arrive pas lorſqu'on les chauffe lentement & par degrés. Il a vu auſſi les diamans ſe fondre & couler en certains endroits : la ſurface de ceux qui étoient reſtés quelque tems expoſés au feu de la lentille, lui a paru criblée de petits trous comme une pierre ponce. En les chauffant dans l'appareil pneumato-chimique décrit ci-deſſus, il s'eſt convaincu que le diamant ne brûloit que pendant un certain tems plus ou moins long, à raiſon de la quantité d'air contenu ſous la cloche; il a examiné l'air dans lequel avoit brûlé le diamant, & il l'a trouvé abſolument ſemblable à celui qui reſte après la combuſtion de tous les autres corps combuſtibles, c'eſt-à-dire, privé de la partie d'air vital propre à entretenir ce phénomène. Une circonſtance qu'il faut noter, c'eſt que cet air réſidu de la combuſtion du diamant précipitoit l'eau de chaux & contenoit de l'acide carbonique.

Pour conſtater de plus en plus la nature du diamant, M. Lavoiſier a eſſayé de le brûler ſous une cloche pleine d'acide carbonique. Le diamant a éprouvé un peu de déchet dû ſans doute à une portion d'air mêlé à cet acide. Ce chimiſte penſe que cette perte dépend auſſi en grande partie de la volatilifation du diamant, & il en conclut que ce corps pourroit fe volatilifer en entier dans des vaiffeaux fermés, fi on lui appliquoit une chaleur fuffifante. M. Lavoifier ayant opéré de même fur le charbon, a eu des réfultats analogues, foit relativement à la combuftion, foit relativement à la volatilifation. Il a auffi vu le diamant fe noircir toujours à fa furface.

Il réfulte de ces différens faits, que le diamant eft une fubftance très-différente des pierres ; que c'eft, au contraire, un véritable corps combuftible, fufceptible de brûler avec flamme toutes les fois qu'on le chauffe jufqu'à le faire rougir avec le contact de l'air ; en un mot, que c'eft un corps combuftible volatil, puifque le diamant ne laiffe aucun réfidu fixe ; qu'il reffemble parfaitement au charbon par la manière dont il fe comporte au feu, encore qu'il en differe beaucoup par fa tranfparence, fa pefanteur, fa dureté, & plufieurs autres propriétés. Toutes ces expériences, ainfi que l'art de cliver le diamant, ont appris qu'il eft formé de lames ou de couches placées les unes fur les autres ; qu'il y a quelquefois entre ces couches, une matière étrangère colorante à laquelle eft peut-être dû l'enduit charbonneux dont fe couvrent les diamans chauffés,

chauffés, fur-tout dans les vaiſſeaux fermés. C'eſt cette couche colorée, placée plus ou moins profondément, qui rend incertain le procédé employé par les lapidaires pour blanchir les diamans tachés. Si elle eſt peu profonde, elle peut ſe détruire facilement, & le diamant ſera blanchi. Si elle eſt, au contraire, dans l'inté-rieur de ce corps, on ne pourra l'enlever que par la deſtruction ſucceſſive des lames qui la recouvrent, & alors il faut quelquefois détruire preſqu'entièrement le diamant avant de lui en-lever ſa couleur.

Malgré tous ces travaux, on ne ſait rien encore ſur la compoſition du diamant, & on doit le regarder, dans l'état actuel de nos connoiſſan-ces, comme un corps combuſtible particulier & différent de tous les autres.

Le diamant n'eſt d'uſage que comme orne-ment; mais la propriété qu'il a de réfranger les rayons lumineux, de les décompoſer & d'offrir à l'œil les couleurs les plus brillantes & les plus vives, le rend véritablement précieux, ſans qu'on puiſſe attribuer au caprice de la mode l'eſtime dont il jouit. Sa dureté exceſſive à laquelle il doit le poli inaltérable de ſes ſur-faces, ſa rareté & l'art de la taille ajoutent encore à ſon prix. On s'en ſert avec avantage pour graver ſur le verre & ſur les pierres dures, &

pour donner à ces corps la forme & les grandeurs convenables.

La poussière de diamant sert à user & à polir ceux qui sont entiers.

CHAPITRE III.

Genre II. *GAZ HYDROGENE.*

LE gaz nommé *air inflammable* par Priestley, & que nous désignons par le nom de *gaz hydrogène*, est un fluide aériforme qui jouit de toutes les propriétés apparentes de l'air. Il est environ 13 fois plus léger que lui, il ne peut servir à la combustion, il tue très-promptement les animaux en leur donnant des convulsions vives. Il a une odeur forte & très-reconnoissable: une de ses propriétés caractéristiques, est de s'allumer lorsqu'il est en contact avec l'air & qu'on lui présente un corps enflammé, ou qu'on y fait passer l'étincelle électrique.

Le gaz hydrogène étoit connu depuis long-tems dans la nature & dans l'art. Les mines métalliques, celles de charbon de terre, la surface des eaux, les matières animales ou végétales en putréfaction, avoient offert un grand nombre d'exemples de vapeurs combustibles naturelles. L'art s'étoit exercé à en produire dans la dissolution de plusieurs métaux par les acides sulfurique & muriatique, par la distillation des substances animales & végétales. Mais personne avant M. Priestley n'avoit imaginé de recueillir ces vapeurs dans des récipiens, & d'en examiner les propriétés. Ce physicien a découvert qu'elles formoient une espèce de fluide élastique permanent.

Le gaz hydrogène présente tous les phénomènes des corps combustibles dans un degré très-marqué. Comme eux il ne peut brûler sans le contact de l'air ; il brûle avec une flamme plus ou moins rouge lorsqu'il est bien pur, & bleue ou jaune, quand il est uni à quelque substance capable de modifier ses propriétés. Souvent il pétille & produit en brûlant de petites étincelles brillantes, avec un bruit semblable à celui du nitre qui détone. Il s'excite dans sa combustion une chaleur vive. Il s'allume par le contact de l'étincelle électrique.

Il brûle d'autant plus rapidement, qu'il est environné d'une plus grande quantité d'air. Comme ces deux fluides ont une aggrégation pareille, on conçoit qu'il est possible de les mêler de sorte qu'une molécule de gaz hydrogène soit environnée de molécules d'air ; & qu'alors il doit brûler avec rapidité. C'est aussi ce qui a lieu lorfqu'on enflamme un mélange de deux parties d'air atmofphérique & d'une partie de gaz hydrogène; ce mélange s'allume, il brûle dans un inftant, & en produifant une explofion vive femblable à celle de la poudre à canon; le gaz hydrogène feul ne brûle, au contraire, que lentement & à fa furface.

On peut le faire brûler de même, en un inftant & avec beaucoup plus de véhémence, fi on en mêle deux ou trois parties avec une partie d'air vital ou gaz oxigène; il produit alors une explofion beaucoup plus confidérable que dans l'expérience précédente.

M. Cavendifch a remarqué, il y a plufieurs années, que toutes les fois qu'on brûle du gaz hydrogène, il fe manifefte toujours des gouttes d'eau. En faifant brûler ce gaz dans un vaiffeau plein d'air vital, & au deffus du mercure, il fe produit du vide dans l'appareil, le mercure remonte, & les parois du vafe fe trouvent enduites d'une grande quantité de goutelettes d'eau très-pure qui augmentent en quantité à mefure que la combuftion s'opère. M. Lavoifier a combiné de cette manière une affez grande quantité de ces deux fluides élaftiques l'un avec l'autre pour pouvoir obtenir plufieurs gros d'eau. Il a eu foin de faire paffer l'un & l'autre de ces fluides à travers un cylindre de verre rempli

d'alkali fixe cauſtique bien ſec, afin de les dé-
pouiller de la portion d'eau qu'ils pouvoient
contenir. L'eau qu'il a obtenue répondoit parfaitement par ſon poids à celui des fluides élaſ-
tiques qu'il avoit employés ; & il en a conclu
qu'elle eſt en effet un compoſé de ces deux
fluides, ſavoir, de ſix parties en poids d'oxigène
& d'une partie d'hydrogène ; car il eſt aiſé de
concevoir d'après tout ce que nous avons fait
connoître juſqu'ici que le calorique & la lumière
de l'air vital & du gaz hydrogène ſe dégagent
pendant leur combuſtion ; c'eſt à ce dégagement qu'on doit attribuer la peſanteur de l'eau
comparée à celle des gaz oxigène & hydrogène ;
ce fluide eſt à la peſanteur du gaz hydrogène
comme 11050 eſt à 1, en ſuppoſant celle de ce
dernier gaz relativement à celle de l'air dans
le rapport de 13 à 1 ; ce rapport ſera encore
bien plus éloigné ſi l'on élève la légéreté du gaz
hydrogène à 16, comme il paroît que cela peut
être lorſqu'il eſt d'une parfaite pureté.

L'eau obtenue par la combuſtion de l'air vital
& du gaz hydrogène, s'eſt trouvée contenir
quelques grains d'acide nitrique. Pour concevoir
la formation de cet acide, il faut ſe rappeler
que M. Cavendiſch l'a produit en combinant à
l'aide de l'étincelle électrique ſept parties d'air
vital & trois parties de gaz azotique de l'atmoſ-

phère. Or, l'air vital que M. Lavoifier a employé pour fon expérience ayant été retiré du précipité rouge ou oxide mercuriel par l'acide nitrique, cet oxide qui l'a fourni a bien pu donner une petite quantité de l'azote qui entre dans fa compofition ; ainfi, cette portion d'acide ne change rien au réfultat & aux affertions de M. Lavoifier fur la production de l'eau. Si l'on compare à cette belle expérience celle par laquelle le même chimifte a décompofé l'eau en la faifant tomber fur le fer, le zinc & le charbon rouge, ainfi que fur les huiles bouillantes, & en a retiré du gaz hydrogène en proportion de la combuftion qui avoit lieu dans ces différens corps, on fera convaincu que cette théorie de la nature de l'eau eft appuyée fur des fondemens auffi folides que toutes celles qui ont été propofées fur les différens faits chimiques.

La proportion des compofans de l'eau, démontrée par les expériences les plus exactes, eft de 85 parties d'oxigène & de 15 d'hydrogène en poids.

Il ne refte plus qu'un point à déterminer fur la nature du gaz hydrogène ; cet être eft-il fimple ou compofé d'une feule efpèce toujours identique ? Peut-on le regarder comme le phlogiftique de Stahl, ainfi que le penfent plufieurs chimiftes anglois, & fur-tout M. Kirwan ?

A l'égard de la première queſtion, les chimiſtes ſont aujourd'hui bien près d'être d'accord
entr'eux ſur l'identité de gaz inflammable retiré
de ſubſtances très - différentes, & qui paroît
jouir de propriétés diverſes.

Il en eſt, à la vérité, quelques-uns qui penſent
encore qu'il y en a réellement pluſieurs eſpèces;
tels ſont, ſuivant eux, le gaz inflammable obtenu
du fer & du zinc par l'eau, qui brûle en rouge
& détone avec l'air vital; celui que M. de
Laſſone a retiré du bleu de Pruſſe, de la réduction des fleurs de zinc par le charbon, qui
brûle ſans détoner avec l'air; le gaz inflammable
des marais qui brûle en bleu & ne détone pas;
celui que l'on obtient de la diſtillation des matières organiques & qui reſſemble au gaz des
marais. Mais une analyſe exacte nous a prouvé
que ces deux derniers ſont des compoſés
de véritable gaz hydrogène pur & détonant,
avec du gaz azotique ou acide carbonique en
différentes proportions ; & nous étions portés à
croire avec l'illuſtre Macquer, en 1782, qu'il
n'y a qu'un être de cette eſpèce ſuſceptible de
pluſieurs modifications par ſes combinaiſons
avec différentes ſubſtances. Les travaux d'un
grand nombre de phyſiciens célèbres, & en
particulier de MM. Cavendiſch, Prieſtley,
Wath, Kirwan, Lavoiſier, Monge, Berthollet,

dé Morveau, &c. ont confirmé cette opinion. Les mélanges de gaz étrangers indiqués, la dif-folution du charbon, du foufre, du phofphore dans le gaz hydrogène dont ils augmentent la pefanteur & diminuent la combuftibilité, annoncent que c'eft à ces mélanges ou à ces combinaifons que font dues les différences apparentes des gaz inflammables. Je crois donc qu'on peut regarder comme démontré aujourd'hui, qu'il n'y a qu'une feule efpèce de gaz inflammable provenant toujours de la décompofition de l'eau, la reformant par fon union avec l'air vital; en un mot, qu'il n'exifte dans ce genre que le gaz hydrogène préfentant plus ou moins d'inflammabilité & des couleurs diverfes dans fa combuftion, fuivant qu'il eft mêlé ou combiné avec différens autres corps.

Quant à la feconde queftion, quoique l'opinion de Bergman & des chimiftes anglois qui regardent le gaz hydrogène comme le phlogiftique de Stahl paroiffe s'accorder avec un certain nombre de faits, il en eft cependant un plus grand nombre qui empêchent qu'on puiffe l'adopter. En effet, il paroît que ce ne font point toujours les fubftances combuftibles dans lefquelles Stahl admettoit la préfence du phlogiftique qui fourniffent cette efpèce de fluide, & que l'eau contribue toujours à fa formation. M. Kirwan, qui s'occupe depuis quelques années de l'examen de cette importante queſtion, n'a point encore trouvé, à notre connoiſſance, d'expérience qui puiſſe la démontrer poſitive-ment. Nous aurons ſoin d'expoſer dans pluſieurs autres articles de cet ouvrage, ce que nous penſons du gaz hydrogène que ce célèbre chi-miſte a obtenu d'une amalgame de zinc, ainſi que de quelques autres expériences analogues, que pluſieurs Phyſiciens ont oppoſées à notre doctrine. Nous n'entrerons point ici dans le détail des objections qu'on peut lui oppoſer, parce que nous riſquerions de n'être point en-tendus des perſonnes qui n'auront lu que ce qui précède ce chapitre de nôtre ouvrage ; nous ferons connoître ces objections dans les chapitres où nous traiterons des ſubſtances mé-talliques, du phoſphore , &c. Quoi qu'il en ſoit, nous conviendrons ici qu'il ſeroit poſſible d'ex-pliquer les phénomènes de la chimie en ad-mettant l'hydrogène pour phlogiſtique ; mais nous obſerverons en même-tems que cette théorie phlogiſtique exige des ſuppoſitions forcées , & qu'elle eſt bien loin de paroître auſſi ſimple & auſſi ſatisfaiſante que celle que nous avons adoptée, comme le ſimple réſultat des faits (1).

---

(1) Voyez la traduction de l'ouvrage de M. Kirwan , & les notes que nous y avons ajoutées.

Aucun chimiste n'a pu, jusqu'à présent, séparer les principes du gaz hydrogène, c'est un être simple dans l'état actuel de nos connoissances; sa base ou l'hydrogène se combine en entier avec celle de l'air pur ou l'oxigène, & forme de l'eau dans cette combinaison. On doit s'appercevoir que nous ne disons rien des théories de quelques auteurs qui ont avancé, les uns, que le gaz inflammable est un composé d'air & de la matière du feu; les autres, que c'est une modification de la lumière, du feu, du fluide électrique, &c. Toutes ces assertions sont trop vagues, elles ressemblent trop au langage inexact & incertain des premiers tems de la physique, & elles sont trop éloignées des expériences & de toutes démonstrations, pour qu'elles nous paroissent devoir mériter une discussion soutenue. On ne peut douter que le gaz hydrogène ne contienne beaucoup de chaleur spécifique ou de calorique, peut-être même de la matière de la lumière, & que la première ne se sépare de ce gaz toutes les fois qu'il perd son état élastique, & qu'il passe dans des combinaisons liquides.

Le gaz hydrogène ne s'unit point à l'eau; on peut le conserver long-tems sans altération au-dessus de ce fluide. Cependant à la longue il est altéré & n'est plus inflammable. M. Priestley

n'a point déterminé cette espèce de changement, ni l'état de l'eau qui le produit. Il est
vraisemblable que cette expérience faite avec
soin, jetteroit beaucoup de jour sur la nature
de ce corps combustible.

Le gaz hydrogène ne paroît point avoir
d'action sur les terres, ni sur les trois substances
salino-terreuses; cependant il détruit la blancheur de la baryte & il la colore; ce qui l'a
fait regarder comme la chaux ou l'oxide d'un
métal particulier encore inconnu.

On ne connoît point l'altération que les
alkalis & les acides pourroient lui faire éprouver, & celle qu'il feroit naître lui-même dans
ces sels. Il est vraisemblable qu'il décomposeroit quelques acides, & sur-tout l'acide sulfurique & l'acide muriatique oxigéné, en s'emparant de leur oxigène avec lequel il forme-
roit de l'eau. Quant à l'acide sulfurique, on
peut soupçonner qu'il éprouveroit cette décomposition, la base de l'air vital ayant plus d'affinité avec l'hydrogène qu'avec le soufre, puisque
celui-ci ne décompose point l'eau comme nous
le verrons plus bas. L'acide muriatique oxigéné
a une si grande quantité d'oxigène surabondant &
si peu adhérent, qu'on peut présumer que le gaz
hydrogène le lui enleveroit pour former de l'eau.

Le gaz hydrogène ne paroît point avoir

d'action sur les sels neutres, & on a peu examiné en général sa manière d'agir sur toutes les
substances salines.

Ce gaz est devenu un être beaucoup plus
important pour les savans, depuis qu'on s'en
est servi pour remplir les machines aérostatiques,
dont la découverte est due à MM. de Mont-
golfier. Sa légéreté spécifique treize fois plus
considérable que l'air, est la cause de l'ascen-
sion de ces machines. Il est plus que vraisemblable qu'il joue un très-grand rôle dans les
phénomènes météoriques, qu'il existe en grande
quantité dans l'atmosphère, qu'il s'y allume
par l'étincelle électrique, qu'il y forme de l'eau.
Peut-être est-il emporté par les vents comme
une espèce d'aérostat naturel.

On a cherché à le substituer à d'autres matières
combustibles dans plusieurs besoins de la vie,
comme pour éclairer, pour chauffer, pour
charger quelques armes à feu, &c. M. Volta
l'a considéré sous ce dernier point de vue, &
il a proposé plusieurs manières de s'en servir.
M. Neret a donné la description d'un réchaud
à gaz inflammable dans le Journal de Physique,
(*janvier 1777.*) MM. Furstenberger physicien
de Bâle, Brander mécanicien d'Augsbourg,
Ehrmann démonstrateur de physique à Strasbourg, ont imaginé des lampes que l'on peut

allumer la nuit à l'aide d'une étincelle électrique. Enfin, on fait des feux d'artifices fort agréables avec des tubes de verre différemment contournés, & percés d'un grand nombre de petites ouvertures. On introduit le gaz inflammable dans ces tubes à l'aide d'une veffie qui en eft remplie, & qui s'y adapte par un robinet de cuivre. En preffant cette veffie, le gaz inflammable paffe dans le tube, fort par toutes les ouvertures qui y font pratiquées, & on l'allume en approchant une bougie allumée.

CHAPITRE IV.

Genre III. *SOUFRE.*

LE foufre eft un corps combuftible, fec, très-fragile, d'un jaune citron, qui n'a d'odeur que lorfqu'il eft chauffé, & dont la faveur particulière eft foible, quoique cependant très-fenfible. Si on le frotte, il devient électrique. Si lorfqu'il eft en gros morceaux, on lui fait éprouver une chaleur douce, mais fubite, comme en le ferrant dans la main, il fe brife en pétillant.

Le foufre fe rencontre en grande quantité dans la nature, tantôt pur & tantôt combiné. Il ne doit être ici queftion que du premier.

Voici les variétés de forme qu'il préfente dans fon état de pureté.

Variétés.

1. Soufre tranfparent, criftallifé en octaèdres dont les deux pyramides font tronquées. Il eft dépofé par l'eau le plus fouvent à la furface d'un fpath calcaire. Tel eft celui de Cadix.

2. Soufre tranfparent en morceaux irréguliers. Celui de la Suiffe eft dans cet état.

3. Soufre blanchâtre pulvérulent, dépofé dans des géodes filiceufes. On trouve des cailloux remplis de foufre en Franche-Comté, &c.

4. Soufre pulvérulent, dépofé à la furface des eaux minérales, comme à celles d'Aix-la Chapelle, d'Enghien près de Paris, &c.

5. Soufre criftallin fublimé; il eft en criftaux tranfparens; on le rencontre dans les environs des volcans.

6. Soufre pulvérulent fublimé des volcans; celui-ci eft fans forme régulière, & fouvent interpofé dans des pierres tendres, comme on l'obferve à la Solfatare aux environs de Naples.

7. Stalactites de foufre, formées par le feu des volcans.

Outre ces sept variétés de soufre minéral pur, cette substance combustible se trouve combinée avec différentes matières. C'est le plus souvent à des métaux qu'il est uni, & il les met dans l'état de *pyrites* ou sulfures métalliques, & demines. Quelquefois il est combiné avec des matières calcaires dans l'état de sulfure ou foie de soufre terreux ; les pierres calcaires fétides, la pierre porc, paroissent être de cette nature.

Des découvertes récentes étendent encore l'empire de ce minéral. Il semble se former journellement dans toutes les matières végétales & animales, qui éprouvent un commencement de putréfaction. Quoique ces espèces de soufre n'appartiennent pas essentiellement au règne minéral, nous croyons cependant devoir les joindre aux variétés précédentes, pour rendre son histoire naturelle plus complète.

Variétés.

8. Soufre cristallisé, formé par la décomposition lente des matières animales accumulées ; tel est celui que l'on a trouvé dans des anciennes voieries près la porte Saint-Antoine.

9. Soufre pulvérulent, formé par les vapeurs dégagées des substances animales en putréfaction ; on en ramasse sur les murs des étables, des latrines, &c.

Variétés.

10. Soufre retiré de plufieurs végétaux, notamment de la racine de patience, de l'efprit de cochléaria, &c. C'eft à MM. Baumé & Deyeux, membres du collège de Pharmacie, & démonftrateurs de chimie, qu'eft due cette découverte.

11. Soufre obtenu de l'analyfe des matières animales, & notamment du blanc d'œuf par M. Deyeux.

12. Soufre retiré du crottin de cheval. On a trouvé ce corps combuftible dans du crottin de cheval, à l'inftant où il venoit d'être rendu. Il eft vraifemblable que des travaux ultérieurs le feront découvrir dans un grand nombre d'autres fubftances animales.

Ces différens foufres ne conftituent point celui que l'on emploie dans les arts. On l'extrait par la diftillation des compofés métalliques dont il forme un des principes, & qu'on appelle pyrites. En Saxe & en Bohême on les met en petits morceaux dans des tuyaux de terre, placés fur un fourneau allongé. Le bout des tuyaux qui fort du fourneau, eft reçu dans des caiffes carrées de fonte de fer, dans lefquelles on met de l'eau. Le foufre fe ramaffe dans ces efpèces

de

de récipiens ; mais il eft fort impur. Pour le purifier, on le fond dans une poële de fer ; les parties terreufes & métalliques fe précipitent. On le verfe dans une chaudière de cuivre, où il forme un autre dépôt des matières étrangères qui l'altéroient. Après l'avoir tenu quelque tems en fufion, on le coule dans des moules de bois cylindriques, & il forme le foufre en canons. Celui qui s'eft précipité au fond de la chaudière pendant la fufion eft gris & très-impur ; on le nomme fort improprement *foufre vif*. Dans d'autres pays, comme à Rammelsberg, on extrait le foufre des pyrites d'une manière plus fimple. On fe contente d'enlever avec des cuillers celui qui fe trouve fondu dans les maffes de pyrites que l'on grille à l'air, & on le purifie par une nouvelle fonte.

Le foufre ne s'altère point par le contact de la lumière. Chauffé dans des vaiffeaux fermés, il fe ramollit, fe fond, prend fouvent en fe figeant une couleur rouge, brune ou verdâtre, & une forme aiguillée. Pour réuffir dans cette criftallifation, il faut, d'après le procédé de Rouelle, laiffer figer la furface & décanter auffi-tôt la portion fluide qui fe trouve âu-deffous de cette efpèce de croûte ; alors on obtient des aiguilles de foufre qui fe croifent en différens fens.

Tome II.   **Y**

Si on chauffe doucement le foufre lorfqu'il eft fondu, il fe volatilife en petites parcelles pulvérulentes d'un jaune citron, qu'on appelle *fleurs de foufre*. Comme il n'y a que la portion la plus pure du foufre qui fe volatilife dans cette opération, on l'emploie avec fuccès pour le purifier. Pour faire cette préparation, on met du foufre commun en poudre dans une cucurbite de terre à laquelle on adapte des pots de terre ou de faïence qui fe reçoivent mutuellement, & qu'on nomme *aludels*. On termine le dernier par un entonnoir renverfé, dont la tige établit une légère communication avec l'air; on chauffe la cucurbite jufqu'à liquéfier le foufre, qui fe fublime à ce degré de chaleur, & s'attache aux parois des aludels.

Les fleurs de foufre préparées en grand, contiennent fouvent un peu d'acide fulfurique, formé par la combuftion d'une petite quantité de ce foufre, qui a eu lieu en raifon de l'air contenu dans les vaiffeaux. On les purifie très-exactement en les lavant; c'eft le foufre ainfi préparé qu'on doit employer en médecine, & dans les expériences délicates de la chimie.

Le foufre chauffé avec le concours de l'air, s'allume lorfqu'il eft fondu, & brûle avec une flamme bleue, fi la chaleur qu'on lui fait éprouver n'eft que peu confidérable, ou bien avec une flamme blanche & vive, si on le chauffe fortement. Dans la première de ces combustions il répand une odeur suffoquante, & si l'on recueille la vapeur qu'il exhale, on obtient de l'acide sulfureux très-fort. Dans la combustion rapide son odeur est nulle, & son résidu n'a plus celle de l'acide sulfureux ; c'est en effet de l'acide sulfurique. Stahl, qui a pensé que le soufre étoit un composé de cet acide & de phlogistique, croyoit que pendant sa combustion ce corps perdoit son principe inflammable, & conséquemment étoit réduit à l'état d'acide. L'ensemble des preuves qu'il a présentées sur cette opinion, étoit bien fait pour entraîner tous les chimistes qui l'ont suivi. Cependant depuis que l'on a cherché à connoître l'influence de l'air dans la combustion, influence à laquelle Stahl paroît n'avoir fait que peu d'attention, quelques chimistes frappés de la difficulté qu'on a éprouvée jusqu'ici à démontrer le phlogistique, & de la facilité avec laquelle on répond à toutes les objections faites à cette doctrine par les nouvelles connoissances acquises sur l'air, ont adopté une opinion entièrement opposée à celle de Stahl sur la nature du soufre, & sur sa combustion.

Voici les faits sur lesquels cette nouvelle opinion est fondée. Hales avoit observé que le foufre abforboit en brûlant une grande quantité d'air. M. Lavoifier a démontré qu'il en eft du foufre comme de toutes les matières combuftibles ; c'eft-à-dire, 1°. qu'il ne peut brûler qu'avec le concours de l'air vital ; 2°. qu'il abforbe la portion la plus pure de ce fluide pendant fa combuftion ; 3°. que ce qui refte de l'air atmofphérique après fa combuftion ne peut plus fervir à une nouvelle combuftion ; 4°. que l'acide fulfurique qui en provient, a, en excès fur la quantité du foufre qui l'a produit, le poids que l'air a perdu pendant la combuftion de ce dernier ; 5°. qu'en conféquence le foufre s'eft combiné avec la bafe de l'air pur ou l'oxigène, pour former l'acide fulfurique. Cet acide eft donc un corps compofé d'oxigène & de foufre ; ce dernier, au lieu d'être un corps compofé, n'eft qu'un des principes de l'acide fulfurique ; il ne lui manque plus que de s'unir à la bafe de l'air ou à l'oxigène pour former cet acide ; & c'eft ce qu'il fait dans la combuftion. La chaleur eft néceffaire pour le faire brûler, parce qu'en le divifant & en détruifant fon aggrégation, elle favorife fa combinaifon avec l'oxigène ; lorfqu'il eft une fois brûlé ou combiné avec ce dernier principe, il n'eft plus fufceptible de s'enflammer, & il rentre dans la claffe des corps incombuftibles.

Suivant la manière dont on s'y prend pour le faire brûler, il abforbe des quantités diverfes d'oxigène, & il devient plus ou moins acide. Telle eft la théorie de la différence qui exifte entre les combuftions lente & rapide du foufre, & les acides fulfureux & fulfurique qui réfultent de l'une ou de l'autre. Stahl croyoit qu'en brûlant lentement du foufre, il ne perdoit pas tout fon phlogiftique, & que l'acide fulfurique qui en retenoit une partie, confervoit de l'odeur & de la volatilité; aujourd'hui il eft prouvé par l'expérience qu'en brûlant lentement, il n'abforbe pas tout l'oxigène auquel il peut s'unir, tandis que dans fa combuftion rapide, il fe combine avec toute la quantité de ce principe néceffaire pour le conftituer acide fulfurique. C'eft en abforbant peu-à-peu la bafe de l'air vital atmofphérique, que l'acide fulfureux combiné avec les matières alkalines paffe à l'état d'acide fulfurique.

On conçoit tout auffi facilement dans cette théorie, ce qui fe paffe lorfque l'on forme du foufre avec l'acide fulfurique & quelques matières combuftibles, comme nous l'avons indiqué pour les fulfates de potaffe, de foude, ammoniacal, calcaire, magnéfien, alumineux & barytique, chauffés avec du charbon. Le corps combuftible s'empare de l'oxigène contenu dans

l'acide fulfurique, & ne laiffe plus conféquemment que le foufre qui eft l'autre de fes principes : auffi toutes les fois que l'acide fulfurique
eft changé en foufre par un corps combuftible
quelconque, ce dernier eft-il toujours réduit
à l'état de corps brûlé, comme nous le verrons dans l'hiftoire de plufieurs fubftances métalliques. C'eft pour cela que l'on obtient une
grande quantité d'acide carbonique dans cette
production artificielle du foufre, par le tranfport
de l'oxigène de l'acide fulfurique fur la matière
charbonneufe pure ou le carbone : on doit fe
rappeler qu'on démontre facilement la préfence
de la bafe de l'air pur ou de l'oxigène dans
l'acide fulfurique. On a cherché par différentes
expériences à déterminer les proportions d'oxigène & de foufre contenues dans l'acide fulfurique, comme on les connoît pour les acides
nitrique, carbonique & phofphorique.

Le foufre n'eft en aucune manière altérable
à l'air, ni diffoluble dans l'eau. Si lorfqu'il a
été tenu quelque tems en fufion, & qu'il s'eft
épaiffi, on le verfe dans ce fluide, il devient
rouge, & il conferve un certain degré de
molleffe ; on peut le pêtrir dans les mains, mais
il perd ces propriétés au bout de quelques
jours. L'eau jetée goutte à goutte fur du foufre
allumé ne paroît point décompofée, & n'en

entretient point la combuftion ; ce qui indique que la bafe de l'air vital ou l'oxigène a plus d'affinité avec l'hydrogène qu'avec le foufre ; cette affertion peut être confirmée par l'action du gaz hydrogène fur l'acide fulfurique auquel ce gaz paroît enlever l'oxigène.

Le foufre n'a point d'action fur la terre filicée, il ne s'unit que difficilement avec l'alumine, qui cependant quand elle eft très-divifée, paroît le réduire dans l'état hépatique ou de fulfure fétide, comme on le voit dans la préparation du pyrophore.

On nomme en général *fulfure alkalin*, *hépar*, ou *foie de foufre*, un compofé formé par toutes les matières alkalines avec le foufre. Ce compofé confidéré en général a une couleur plus ou moins brune, femblable à celle du foie des animaux ; il eft décompofable par l'air vital ; l'eau en le diffolvant y développe une odeur fétide ; les acides en précipitent le foufre & en dégagent une efpèce de gaz particulier appelé d'abord *gaz hépatique*, & que nous nommons, en raifon de fa nature, gaz hydrogène fulfuré. Il y a fix fortes de fulfures alkalins produits par la baryte, la magnéfie, la chaux, les deux alkalis fixes & l'ammoniaque ou alkali volatil ; il faut examiner les propriétés de chacun d'eux en particulier.

La baryte pure n'a point une forte action fur

le foufre, lorfqu'on la fait chauffer dans l'eau avec ce corps combuftible ; il en réfulte une liqueur foiblement fulfurée ou hépatique ; mais elle s'y combine beaucoup plus intimément par la voie sèche ; c'eft pour cela que lorfqu'on chauffe fortement dans un creufet un mélange de huit parties de fulfate barytique en poudre avec une partie de charbon, on obtient une maffe un peu cohérente fans fufion, qui fe diffout promptement dans l'eau chaude, & qui a l'odeur & tous les caractères *hépatiques*. La diffolution eft de couleur jaune, dorée ou orangée ; j'ai découvert qu'elle criftallife par le refroidiffe-ment ; le fulfure barytique ainfi criftallifé, eft d'un blanc un peu jaune ; il fe décompofe à l'air, il en attire l'humidité, fa couleur fe fonce ; il s'en précipite du foufre, & il s'y réforme du fulfate de baryte. Ce fulfure laiffe échapper par les acides qui le précipitent, un fluide élaftique connu fous le nom de gaz hydrogène fulfuré, déjà indiqué & dont nous examinerons plus bas les propriétés particulières. Lorfqu'on précipite le fulfure barytique par l'acide fulfurique, il fe précipite du foufre & du fulfate de baryte, en fe fervant d'acide nitrique & d'acide muriati-que, le nitrate & le muriate barytique reftent en diffolution, & le foufre feul fe dépofe.

Le foufre s'unit à la magnéfie pure à l'aide

de la chaleur ; pour faire cette combinaison , on prend ordinairement le sel neutre que nous avons appelé carbonate de magnésie , comme plus soluble dans l'eau. On en met une pincée avec un pareil volume de fleurs de soufre dans une bouteille pleine d'eau distillée ; on expose ce vaisseau vide d'air & bien bouché à la chaleur d'un bain-marie pendant plusieurs heures ; alors on filtre l'eau ; elle a une odeur fétide d'œufs pourris ; elle colore fortement les dissolutions métalliques ; elle fournit par une évaporation spontanée de petites aiguilles cristallines ; c'est en un mot un véritable sulfure magnésien ; la magnésie peut en être précipitée par l'un ou l'autre des alkalis fixes qui ont plus d'affinité qu'elle avec le soufre. Quant à ce corps combustible, sa présence y est facilement démontrée par les acides qui le séparent sous la forme d'une poudre blanche. Telle étoit l'espèce de foie de soufre que M. le Roi, médecin de Montpellier, faisoit diffoudre dans l'eau pure pour imiter les eaux minérales sulfureuses ; mais l'on sait aujourd'hui que la plupart de ces eaux ne contiennent pas de véritable sulfure, & font minéralisées par le gaz hydrogène sulfuré.

La chaux s'unit beaucoup plus promptement & avec bien plus de vivacité au soufre, que les deux substances salino-terreuses précédentes. Si l'on verſe peu-à-peu de l'eau ſur un mélange de chaux vive & de ſoufre en poudre, la chaleur dégagée par l'action de l'eau ſur la chaux, ſuffit pour favoriſer la combinaiſon entre cette dernière & le ſoufre. Si l'on ajoute de l'eau, elle prend une couleur rougeâtre & une odeur fétide ; elle tient en diſſolution du ſoufre combiné avec la chaux. Ce ſulfure calcaire ne ſe prépare bien que par la voie humide ; ſouvent lorſque la chaux n'eſt pas très-vive & ne s'échauffe pas beaucoup avec l'eau, l'on eſt obligé d'aider la combinaiſon par un feu doux. Ce compoſé eſt d'un rouge plus ou moins foncé ſuivant la cauſticité de la chaux ; j'ai obſervé que lorſqu'il eſt fort chargé, il dépoſe par le refroidiſſement une couche de petits criſtaux aiguillés, d'un jaune orangé, diſpoſés en houppes, & qui m'ont paru être des priſmes tétraèdres comprimés, terminés par des ſommets dièdres. Ces criſtaux perdent peu-à-peu leur couleur à l'air, & deviennent blancs & opaques, ſans éprouver d'altération dans leur forme. Le ſulfure calcaire humecté d'un peu d'eau, & diſtillé à l'appareil pneumato-chimique, ſe décompoſe en partie, & donne une grande quantité de gaz hydrogène ſulfuré. Si on l'évapore à ſiccité, & ſi on le calcine dans un creuſet à l'air juſqu'à ce qu'il ne fume plus, il ne reſte après cette opé-

ration que du sulfate calcaire formé par la chaux
& l'acide sulfurique dû à la combustion lente
du soufre. Le sulfure calcaire s'altère très-
promptement à l'air ; il perd son odeur & sa
couleur à mesure que son gaz se dissipe. Dissous
dans une grande quantité d'eau, il éprouve la
même altération, sur-tout lorsqu'il est agité,
comme l'a fait observer M. Monnet dans son
Traité des Eaux Minérales : il ne reste après ces
altérations que du sulfate calcaire. Conservé
dans des bouteilles en partie vides, il dépose
sur les parois un enduit noirâtre, & il se forme
des croûtes ou pellicules qui tombent au fond
de la liqueur. Si le vase qui le contient est bien
fermé, il se conserve long-tems sans altération,
comme je l'ai observé bien des fois dans mon
laboratoire. J'en connois qui est préparé depuis
15 ans ; il conserve encore beaucoup de
couleur & d'odeur, il précipite abondamment
par les acides. Le sulfure calcaire est décomposé par les alkalis fixes purs qui ont plus
d'affinité avec le soufre que n'en a la chaux.
Les acides en précipitent le soufre, sous la
forme d'une poudre blanche très-ténue, à
laquelle on a donné le nom de *magister de soufre*.
L'acide carbonique opère cette précipitation
de même que les autres. On ne connoît point
l'action des sels neutres sur le sulfure calcaire.

Les deux alkalis fixes purs ou cauſtiques ont une action très-marquée ſur le ſoufre. Ils forment les véritables ſulfures, ceux qui ſont le moins décompoſables, & les plus permanens. J'ai dé-couvert que les alkalis fixes ſecs bien cauſtiques agiſſent même à froid ſur le ſoufre ; il ſuffit pour cela de triturer dans un mortier de la potaſſe ou de la ſoude ſolides avec du ſoufre en poudre ; l'humidité de l'air attirée par l'alkali favoriſe la réaction de ce ſel ſur le ſoufre ; le mélange ſe ramollit ſe colore en jaune, exhale une odeur fétide & forme un ſulfure; mais lorſqu'on le diſſout dans l'eau, cette diſſolution n'a qu'une couleur jaune pâle, & ne contient pas une auſſi grande quantité de ſoufre, que le même ſulfure pré-paré à l'aide de la chaleur. On fait le ſulfure alkalin de deux manières dans les laboratoires, ou par la voie ſèche ou par la voie humide. Pour exécuter le premier procédé, on met dans un creuſet partie égale de potaſſe ou de ſoude pures & ſolides, & de ſoufre en poudre ; on le fait chauffer juſqu'à ce que le mélange ſoit entièrement fondu ; on le coule alors ſur une plaque de marbre, & quand il eſt refroidi, il eſt d'une couleur rouge foncée ſemblable à celle du foie des animaux. M. Gengembre qui a lu à l'académie de très-bonnes recherches ſur le gaz hydrogène ſulfuré, a fait une obſervation

effentielle fur le fulfure alkalin préparé par la voie
sèche ; c'eft que ce compofé n'a point de fétidité,
& n'exhale point de gaz hydrogène fulfuré tant
qu'il eft fec ; il faut qu'il ait attiré l'humidité de
l'air, ou qu'on le diffolve dans l'eau, pour que
fon odeur fe développe, ce qui prouve que le
dégagement du gaz fétide eft opéré par l'eau,
comme nous le dirons plus en détail. Les deux
alkalis fixes purs & cauftiques agiffent abfolument de la même manière fur le foufre, & le
diffolvent également par la voie sèche. Ces
combinaifons des alkalis cauftiques avec le foufre
n'ont été que peu examinées ; on a prefque
toujours fait le fulfure alkalin, avec les alkalis
fixes faturés d'acide carbonique. Il y a cependant des différences notables entre ces deux
efpèces de fulfures. D'abord ceux que l'on fait
avec les alkalis fixes effervefcens demandent
plus de tems pour leur préparation, parce que
ces fels font beaucoup moins actifs. Mais la plus
importante différence que nous avons eu occafion d'obferver entre les fulfures alkalins cauftiques ou non cauftiques faits par la voie sèche,
c'eft l'état de leur faturation comparée. En effet,
les premiers font plus bruns, plus fétides lorfqu'on les diffout, & le gaz qu'ils donnent eft
beaucoup plus inflammable, que celui des
feconds. Ces derniers font d'une couleur plus

pâle, souvent d'un gris verdâtre, d'une odeur plus foible, & d'une composition moins durable. Il paroît que les alkalis fixes conservent une partie de l'acide carbonique dans leur union avec le soufre, puisque le gaz de ces sulfures non caustiques n'est inflammable que lorsqu'on l'a bien lavé avec de l'eau de chaux qui s'empare de son acide. On trouve donc dans la présence de cet acide, & dans le peu d'énergie des alkalis qu'il adoucit, la cause des différences qui existent entre les sulfures non caustiques & les sulfures caustiques.

Le sulfure alkalin solide fait par l'un ou l'autre alkali fixe caustique est très-fusible ; il se décompose à l'air comme le sulfure calcaire ; lorsqu'on le chauffe dans des vaisseaux fermés, après l'avoir humecté d'un peu d'eau, il donne beaucoup de gaz hydrogène sulfuré ; après avoir été fondu il est susceptible de prendre par le refroidissement une forme cristalline, qui n'a point encore été bien décrite. Tant qu'il est chaud & sec, il est d'une couleur brune ; à mesure qu'il se refroidit & qu'il attire l'humidité de l'air, il perd cette couleur & devient plus pâle, bientôt même le contact de l'air lui donne une couleur jaune verdâtre, il se résout en liqueur & se décompose quoique lentement de manière à passer au bout d'un certain tems à l'état de fulfate de potaffe ou de foude. Il fe diffout très-bien dans l'eau; il prend fur-le-champ une odeur fétide & particulière; le gaz odorant qui n'y exiftoit pas auparavant fe forme par la réaction de l'eau. Cette diffolution a une couleur rouge foncée ou verte, fuivant que le fulfures alkalin eft récemment préparé ou fait depuis quelque tems; les foies de foufre ou fulfure alkalins par la voie humide que l'on prépare en faifant chauffer dans un matras l'un ou l'autre alkali fixe cauftique diffous dans l'eau avec la moitié de leur poids de foufre en poudre, préfentent les mêmes propriétés que cette diffo-lution, & l'on doit faire en même-tems l'hiftoire des propriétés des uns, & de l'autre fous le nom de *fulfure alkalin liquide*.

Le fulfure alkalin liquide très-chargé dépofe par le refroidiffement des aiguilles irrégulières. Il eft fufceptible d'être décompofé par l'action de la chaleur; fi on le diftille à l'appareil pneumato-chimique, on en retire du gaz hydro-gène fulfuré; l'air le décompofe également, & l'on fait qu'il fe couvre de pellicules, qu'il dépofe du foufre, & qu'il fe trouble. Bergman & Schéele ont prouvé que cette décompo-fition eft due à l'air vital répandu dans l'atmof-phère; en effet, en mettant un peu de fulfure alkalin liquide dans une cloche avec de l'air vital, l'oxigène eſt abſorbé tout entier & le ſulfure décompoſé. Schéele a même propoſé ce moyen pour ſervir d'eudiomètre, & il eſt reconnu aujourd'hui pour un des meilleurs.

Les terres & les ſubſtances ſalino-terreuſes n'ont aucune action ſur le ſulfure alkalin liquide lorſqu'il eſt bien pur ; mais s'il a été préparé par les carbonates de potaſſe ou de ſoude, il eſt troublé par l'eau de chaux. Les acides le décompoſent en s'uniſſant à l'alkali, & en précipitent le ſoufre ſous la forme d'une poudre blanche très-fine. L'acide nitrique verſé ſur du ſulfure alkalin ſolide, produit une détonation, ſuivant M. Prouſt. L'acide muriatique oxigéné, verſé en grande quantité ſur une diſſolution de ſulfure alkalin, ne le précipite pas ou ne le précipite que très-peu, parce qu'il rediſſout le ſoufre, en raiſon de ſon oxigène preſque libre, qui s'unit promptement à ce corps combuſtible, & qui le convertit en acide ſulfurique : on peut ſe convaincre de ce fait, que j'ai démontré, en verſant dans le mélange du muriate barytique qui y produit un précipité abondant de ſulfate de baryte. Tous les acides en décompoſant ce ſulfure en dégagent en même-tems un gaz qu'on peut recueillir dans l'appareil pneumato-chimique, & qui mérite un examen particulier.

Pour obtenir ce gaz, il faut verſer un acide

ſur

fur du fulfure alkalin pulvérifé ; il fe produit alors une vive effervefcence, qui n'a point lieu de la même manière fi l'on verfe l'acide dans une diffolution de ce compofé ; ce phénomène auquel les chimilles n'ont fait jufqu'ici que peu d'attention, dépend de deux circonftances. 1°. Le fulfure alkalin folide ne contient point de gaz hépatique ou hydrogène fulfuré tout formé fuivant l'obfervation de M. Gengembre ; & lorfqu'on verfe un acide, l'eau qui tient ce dernier fel en diffolution contribue à fa formation ; comme il s'en produit fur-le-champ une grande quantité, ce gaz ne trouvant pas de corps qui le retienne en le diffolvant, s'échappe en occafionnant une grande effervefcence, de forte qu'en faifant l'expérience, dans un flaccon tubulé, dont le tube plonge fous une cloche pleine d'eau, on recueille facilement ce fluide élaftique. 2°. La diffolution de fulfure alkalin contient bien du gaz tout formé, mais dont une partie s'eft déjà dégagée pendant l'acte de fa diffolution, & lorfqu'on ajoute un acide, la portion de ce gaz, que ce fel développe, fe diffout à mefure dans l'eau, de forte qu'il n'y a pas d'effervefcence fenfible, ou bien que celle qui fe manifefte eft peu confidérable, & ne permet pas de recueillir une quantité notable de ce gaz.

<table>
<tr><td>Tome II.</td><td>Z</td></tr>
</table>

Le gaz hydrogène fulfuré, qui eft le même dans tous les fulfures terreux ou alkalins, & qui en fait même reconnoître la préfence, eft connu depuis long-tems par fon odeur fétide, par fon action fur les métaux & les oxides métalliques & notamment fur ceux de plomb & de bifmuth qu'il noircit très-promptement. Il eft d'une fétidité infupportable, il tue fubitement les animaux, il verdit le firop de violettes, il brûle avec une flamme bleue très-légère. Si on l'allume dans une grande cloche de verre bien propre, il fe dépofe pendant fa combuftion fur les parois de ce vaiffeau, quelques nuages qui ne font que du foufre. Ce gaz eft décompofé par l'air vital ; toutes les fois qu'il eft en contact avec l'air atmofphérique, il s'en fépare du foufre. C'eft pour cela que les eaux fulfureufes qu'il minéralife, ne contiennent pas de véritable fulfure alkalin, quoiqu'on voie le foufre nager à leur furface, & fe dépofer aux voûtes des baffins où elles font contenues, comme cela a lieu dans celles d'Aix-la-Chapelle, d'Enghien, &c. C'eft encore à cette décompofition du gaz hydrogène fulfuré par l'air vital, que font dus les dépôts fulfureux que l'on obferve dans les flaccons qui contiennent des diffolutions de fulfures alkalins. Bergman attribue cette décompofition à la grande affinité de l'air pur avec le phlogiftique. Il regarde le gaz hépatique comme une combinaifon de foufre, de phlogiftique & de la matière de la chaleur. Quand l'un de ces principes eft féparé, les deux autres fe défuniffent. M. Gengembre, frappé de ce que les fulfures ne contiennent & n'éxhalent de gaz hydrogène fulfuré que lorfqu'ils font diffous dans l'eau ou faits par la voie humide, a penfé que ce fluide contribuoit à fa formation en fe décompofant, que fon air vital fe portant fur une partie du foufre, fon hydrogène dégagé diffolvoit une petite portion, & que cette diffolution conftituoit le gaz hydrogène fulfuré. Il a imité la formation de ce gaz en fondant du foufre au-deffus du mercure fous une cloche pleine de gaz hydrogène, à l'aide des rayons du foleil raffemblés par une lentille de neuf pouces de diamètre ; le foufre s'eft diffous en partie dans le gaz qui a pris tous les caractères du gaz hépatique ; mais comme le foufre feul ne décompofe point l'eau, & comme l'oxigène a plus d'affinité avec l'hydrogène qu'avec ce corps combuftible, M. Gengembre penfe que l'alkali favorife cette décompofition de l'eau par le foufre, en raifon de la tendance qu'il a pour s'unir avec le produit de la combinaifon du foufre avec l'oxigène ; c'eft - à - dire, avec l'acide fulfurique. Pour appuyer cette théorie,

Z ij

M. Gengembre obferve que les acides dé-gagent d'autant plus de gaz hydrogène fulfuré des fulfures alkalins, qu'ils ont plus de force pour retenir leur oxigène, parce qu'alors l'eau eft plutôt décompofée que l'acide; telle eft, fuivant lui, la raifon pour laquelle l'acide muriatique donne moitié plus de ce gaz que l'acide nitrique, comme l'ont remarqué MM. Schéele & Sennebier. Enfin le procédé de Schéele pour obtenir beaucoup de gaz hydro-gène fulfuré, qui confifte à diffoudre une pyrite artificielle compofée de trois parties de fer & d'une partie de foufre, dans l'acide fulfurique étendu d'eau, donne beaucoup de force à fon opinion. Il paroît donc que l'air vital décom-pofe le gaz hydrogène fulfuré en s'uniffant avec l'hydrogène avec lequel il forme de l'eau, tandis que le foufre fe précipite.

L'eau diffout affez bien le gaz hydrogène fulfuré, cette diffolution imite parfaitement les eaux minérales fulfureufes.

Les terres & les fubftances alkalines ne pa-roiffent point avoir d'action fur ce gaz.

L'acide fulfurique ne décompofe point ce gaz, mais l'acide fulfureux en fépare le foufre, parce que fon oxigène en partie libre de cet acide fe porte plus facilement fur l'hydrogène du gaz.

L'acide nitreux rouge dans lequel l'oxigène tient très-foiblement, décompose avec beaucoup d'énergie le gaz hydrogène sulfuré & en précipite du soufre. On se sert avec avantage de cet acide pour démontrer la présence du soufre dans les eaux sulfureuses.

Le sulfure alkalin décompose les sels neutres terreux, ainsi que les dissolutions métalliques, comme nous le verrons plus bas.

L'ammoniaque liquide n'a que très-peu d'action sur le soufre concret; cependant Boerhaave assure que cette liqueur tenue long-tems sur des fleurs de soufre, lui a donné une teinture couleur d'or. Pour combiner ces deux corps, il faut les présenter en contact l'un à l'autre dans l'état de vapeur. A cet effet, on distille un mêlange de parties égales de chaux vive, de muriate ammoniacal & d'une demi-partie de soufre. Dans cette distillation qu'il faut conduire avec ménagement, on obtient une liqueur d'un jaune rougeâtre, d'une odeur alkaline, piquante & fétide; en un mot, un véritable sulfure ammoniacal qui a la propriété de répandre une fumée blanchâtre, lorsqu'il a le contact de l'air, & que l'on a nommé, d'après cela *liqueur fumante de Boyle*. Ce sulfure ammoniacal est décomposé par la chaleur; il s'y forme au bout d'un certain tems une grande quantité de petites aiguilles irifées, d'une ou deux lignes de longueur, qui paroiffent être du fulfure ammoniacal concret & criftallifé. Il dépofe fur les parois des flacons une croûte légère noirâtre & fouvent dorée. La chaux & les alkalis fixes décompofent la liqueur fumante ; les acides en précipitent auffi le foufre avec beaucoup de facilité, & en dégagent du gaz hydrogène fulfuré très-inflammable. Il réfulte de ces décompofitions, des fels ammoniacaux différens fuivant la nature de l'acide employé. Une méprife faite dans un de mes cours, m'a préfenté un fait que je crois devoir indiquer. Voulant précipiter la liqueur fumante de Boyle, je pris un flaccon placé fur ma table fous le titre d'*efprit de vitriol* ; il ne contenoit plus qu'une très - petite quantité de fluide, ce qui m'empêcha de m'appercevoir que c'étoit de l'acide fulfurique très-concentré. J'en verfai quelques gouttes fur le fulfure ammoniacal, à l'inftant même il s'excita un mouvement rapide, il s'éleva du vafe, où étoit le mêlange, un nuage blanc fort épais, & il y eut un bruit femblable à celui d'une groffe fufée ; la liqueur fauta loin du verre ; ce vaiffeau s'échauffa beaucoup & fe brifa en plufieurs pièces ; il ne reftoit fur quelques-uns de fes fragmens, qu'un foufre en un magma jaunâtre, épais. Je répétai un grand nombre de fois l'ex-

périence avec précaution, & j'eus conftamment
le même réfultat, tout le mêlange eft lancé au
loin après un mouvement violent; mais ces
différens phénomènes fe fuccèdent avec une
rapidité telle, qu'il eft impoffible de ne pas les
confondre. L'acide nitreux le plus fumant ne
m'a pas paru produire le même effet fur le
fulfure ammoniacal préparé depuis quelque
tems. Le mêlange eft fortement agité, il fe
produit beaucoup de chaleur & de bouillonnement, il s'élève un nuage blanc de nitrate
ammoniacal, mais il n'y a point d'explofion
comme en produit l'acide fulfurique concentré
fur la même liqueur hépatique quoique faite
anciennement. M. Prouft affure que l'acide
nitreux verfé fur deux gros de liqueur fumante
de Boyle, produit un coup auffi violent que
pourroient le faire deux gros de poudre fulminante. Il paroît que ce phénomène n'a lieu
qu'avec le fulfure ammoniacal récemment
préparé.

Le carbonate ammoniacal s'unit auffi au
foufre. Lorfque ces deux corps fe rencontrent
en vapeurs, ils fe combinent & forment un
fulfure ammoniacal concret. On l'obtient en
diftillant un mélange de parties égales de carbonate de potaffe ou de chaux & de muriate
ammoniacal, avec une demi-partie de foufre.

Ce fulfure eft d'un rouge brun, il eft criftallifé, il répand quelques vapeurs blanches lorfqu'on le diffout, il fe décompofe par la chaleur, il s'altère à l'air & perd fa couleur; il eft décompofé par les acides, &c. Le gaz hydrogène fulfuré qu'il donne, contient de l'acide carbonique. Il faut obferver que ce fulfure ammoniacal concret n'eft que du carbonate ammoniacal fali par un peu de liqueur de Boyle, car il eft impoffible que l'ammoniaque tienne le foufre en diffolution pendant qu'il eft combiné avec l'acide carbonique, puifque cet acide précipite très - promptement le foufre du fulfure ammoniacal.

Quelques acides ont une action plus ou moins forte fur le foufre. Si l'on fait bouillir de l'acide fulfurique fur du foufre, l'acide prend une couleur ambrée & une odeur fulfureufe; le foufre fe fond & nage comme de l'huile; en refroidiffant il forme des globules concrets d'un vert plus ou moins foncé, fuivant le tems qu'on a mis à cette diffolution. L'acide a diffous une petite portion de foufre, qu'on peut en précipiter à l'aide de l'alkali comme l'a indiqué M. Baumé. Cette expérience, & plufieurs autres de cette nature, ont fait croire à M. Berthollet que l'acide fulfureux n'étoit que de l'acide fulfurique qui tenoit du foufre en diffolution; &

en effet, cette opinion eſt d'accord avec toutes les expériences modernes, qui démontrent que l'acide ſulfureux ne differe du ſulfurique que par une plus grande proportion de ſoufre.

L'acide nitreux rutilant a beaucoup d'action ſur le ſoufre. M. Prouſt a reconnu le premier qu'en verſant de l'acide nitreux rouge ſur du ſoufre fondu, il ſe produit une détonation & une inflammation. M. Chaptal a fait des expériences ſuivies ſur cet objet; il eſt parvenu en diſtillant de l'acide nitreux ſur le ſoufre, à le diſſoudre & à le convertir en acide ſulfurique; il paroît donc que l'oxigène à plus d'affinité avec le ſoufre qu'avec l'azote ou le radical nitrique.

L'acide muriatique ordinaire ne fait éprouver aucune altération à ce corps combuſtible; mais cet acide oxigéné eſt ſuſceptible d'agir avec plus d'énergie ſur le ſoufre; au reſte les expériences ne ſont point aſſez multipliées ſur ce fait, pour qu'il ſoit néceſſaire d'inſiſter plus long-tems ſur cet objet.

Les ſels neutres ſulfuriques n'ont aucune action ſur le ſoufre. Les ſels nitriques, au contraire, le font brûler avec rapidité, & même dans les vaiſſeaux fermés. Rien n'eſt ſi ſimple que la théorie de cet important phénomène. Le nitre décompoſé par la chaleur donne une très-grande quantité d'air vital ; le foufre eft un être très-combuftible, ou qui a beaucoup de tendance pour s'unir à l'oxigène ; il trouve donc dans le nitre le principe néceffaire à fa combuftion, & il n'a plus befoin du contact de l'air atmofphérique pour s'enflammer. On a des produits très-différens les uns des autres, fuivant la quantité refpective de nitre & de foufre que l'on emploie. Si l'on met le feu à un mélange de huit parties de foufre, & d'une de nitre dans des vaiffeaux fermés, le foufre brûle avec une flamme blanche très-vive, & il fe change en acide fulfurique. C'eft un moyen que l'on met en ufage depuis plus de vingt ans en Angleterre & en Hollande, pour préparer cet acide, que l'on retiroit auparavant des *vitriols*. On fe fervoit d'abord en Angleterre de très-grands ballons de verre de quatre ou cinq cens pintes, dont le col étoit fort large. On les plaçoit les uns à côté des autres fur un lit de fable ; on les difpofoit fur deux files affez écartées, afin qu'on pût aller & venir commodément entr'elles ; on mettoit quelques livres d'eau dans chacun de ces vaiffeaux ; on y introduifoit par le col un pot de grès fur lequel on plaçoit une cuiller de fonte à long manche, que l'on avoit fait rougir auparavant. C'eft dans cette dernière qu'on mettoit, à l'aide d'une autre cuiller de fer - blanc, un mélange de foufre & de nitre fait fuivant les proportions défignées ; on bouchoit auffi - tôt l'ouverture du ballon avec un morceau de bois. La chaleur de la cuiller enflammoit ces fubftances, le foufre étoit brûlé par l'air vital du nitre , & lorfque la combuftion avoit eu lieu, on retiroit le vaiffeau & on laiffoit les vapeurs fe condenfer. On faifoit la même opération fur chacun des ballons qui compofoient les deux rangées , de forte que l'ouvrier arrivé au premier ballon par lequel il avoit commencé, y trouvoit les vapeurs totalement condenfées , & pouvoit continuer d'y brûler une nouvelle portion du mêlange. Quand l'eau étoit affez chargée d'acide, on la retiroit & on la verfoit dans des cornues de verre placées fur des galères ; on en féparoit la portion aqueufe à l'aide de la diftillation, & l'on concentroit l'acide, jufqu'à ce qu'il pefât une once fept gros & demi , dans une bouteille de la capacité d'une once d'eau diftillée ; telle étoit la manière de préparer l'*huile de vitriol* ou l'acide fulfurique concentré d'Angleterre. Ce procédé, pour obtenir cet acide, entraîne beaucoup de frais à caufe du prix des ballons & de leur fragilité. On a imaginé depuis quelques années de faire brûler le foufre fur des efpèces de grils de fer, placés dans de grandes chambres garnies de plomb fur toutes leurs parois ; l'acide fulfurique condenfé eft conduit par des gouttières dans un réfervoir. On le concentre enfuite par l'action du feu. Tel eft le procédé que l'on fuit dans la manufacture de Javelle près Paris, dont l'établiffement ne peut qu'être fort utile aux arts. Il eft bon d'obferver que l'acide fulfurique obtenu par ce procédé, eft toujours uni à un peu de foufre & de fulfate de potaffe ; on y trouve auffi un peu de fulfate d'alumine & de fulfate de plomb ; mais ces fubftances y font en fi petite quantité, que leurs effets font abfolument infenfibles dans la plupart des ufages auxquels on emploie cette matière faline ; d'ailleurs on la purifie facilement pour les recherches délicates de la chimie, en la diftillant à ficcité.

Si, au lieu de brûler le foufre à l'aide d'un huitième de nitre, on augmente la dofe de ce dernier jufqu'à partie égale, alors au lieu d'avoir l'acide fulfurique libre, on n'obtient que du fulfate de potaffe, formé par la combinaifon de cet acide avec l'alkali fixe bafe du nitre. On donnoit au fel obtenu de cette manière le nom *de fel polychrefte de Glafer :* on le préparoit en projettant dans un creufet rougi, un mélange de nitre & de foufre à parties égales ; on diffol-voit le réfidu dans l'eau ; on faifoit évaporer cette diſſolution juſqu'à pellicule ; on la filtroit & elle fourniſſoit par le refroidiſſement des criſtaux de véritable ſulfate de potaſſe qu'on a déſigné ſous le nom particulier indiqué , parce que c'eſt Glaſer qui a fait connoître la préparation de ce ſel , mais il eſt clair qu'il n'a rien de différent du ſulfate de potaſſe ordinaire.

Le mélange de ſoufre & de nitre avec du charbon , compoſe une matière dont les terribles effets ſont dus à ſa grande combuſtibilité ; c'eſt la poudre à canon. Elle eſt formée pour la plus grande partie de nitre , de beaucoup moins de charbon , & le ſoufre eſt la ſubſtance qui y entre en plus petite quantité. Cent livres de poudre à canon d'Eſſône près Corbeil, contiennent ſoixante - quinze livres de nitre, neuf livres & demie de ſoufre , & quinze livres de charbon. On triture pendant dix à douze heures ce mélange dans des mortiers de bois avec des pilons de la même matière ; on y ajoute peu-à-peu une très-petite quantité d'eau. Lorſque le mouvement a évaporé preſque tout ce fluide , & que la poudre miſe ſur une aſſiette de faïence, n'y laiſſe aucune trace d'humidité , on la porte au grainoir. Grainer la poudre , c'eſt la faire paſſer par pluſieurs cribles de peau qui ſont mus horiſontalement & en ligne droite. Ces cribles ont des trous de différentes grandeurs juſqu'à celle qui forme les grains de la poudre à canon. On tamife enfuite la poudre grainée pour en féparer la pouffière. On la porte au féchoir, hangard expofé au midi, & recevant par un vitrage les rayons du foleil. La poudre à canon n'éprouve pas d'autres préparations. La poudre de chaffe eft liffée, afin qu'elle ne faliffe pas les mains. Pour faire cette opération, on en remplit à demi un tonneau qui tourne fur lui-même à l'aide d'un axe carré qui le traverfe & qui eft fixé à une roue que l'eau fait mouvoir. Ce mouvement du tonneau excite des frotte-mens continuels qui ufent la furface des grains de poudre. On paffe au tamis cette poudre liffée, pour en féparer la pouffière : un crible par lequel on la paffe une feconde fois, en trie les grains & forme deux poudres de grof-feurs différentes, qui font également employées pour la chaffe. M. Baumé a fait, conjointement avec M. le chevalier d'Arcy, un très‑grand travail fur la manière de préparer la poudre, fur les forces refpectives de ce compofé fait à différentes dofes de fes ingrédiens, & fur l'analyfe de cette fubftance. Ces recherches ont procuré beaucoup de connoiffances, dont nous ne pré-fenterons ici que les plus importantes, & celles qui ont un rapport immédiat avec la théorie chimique. 1°. On ne peut pas faire de bonne poudre fans foufre, ce qui avoit été propofé par quelques perfonnes ; cette fubftance augmente fingulièrement fa force. 2°. Tous les charbons légers ou pefans, à l'exception de ceux des matières animales, font également bons pour cette compofition. 3°. Le charbon eft une des parties les plus utiles de la poudre, puifqu'un mélange de foufre & de nitre nè produit pas à beaucoup près les mêmes effets. 4°. La bonté de la poudre dépend entièrement du mélange exact, & de la trituration faite jufqu'à ce que cette matière voltige autour du mortier par fon agitation. 5°. La poudre a beaucoup plus d'effets quand elle n'eft que fimplement defféchée, que lorfqu'elle eft grainée. L'humidité néceffaire pour que la poudre prenne la forme de grains, fait criftallifer le nitre qui fe fépare des autres fubftances ; auffi le retrouve-t-on dans l'inté-rieur des grains coupés & obfervés à la loupe. 6°. La poudre liffée ou la poudre de chaffe, eft moins forte que la poudre à canon non liffée, parce que les molécules de la première font plus rapprochées, & conféquemment moins inflammables.

Quant à l'analyfe de la poudre, M. Baumé y a réuffi d'une manière fort fimple. Son procédé confifte à laver la poudre à canon bien pulvérifée avec de l'eau diftillée, à faire évaporer cette eau ; on obtient le nitre par cette première opération. Le réſidu contient le charbon & le ſoufre. La ſublimation de ce dernier ne peut pas le ſéparer complètement, parce qu'il paroît être fixé en partie par le charbon. M. Baumé a employé pour les ſéparer une légère chaleur ſuſceptible de brûler le ſoufre & non le charbon. Cependant, ce dernier retient toujours une petite quantité de ſoufre, puiſque, d'après l'obſervation de ce chimiſte, il répand une odeur ſulfureuſe juſqu'à ce qu'il ſoit entièrement réduit en cendre. Il évalue le ſoufre, retenu par le charbon, à un vingt-quatrième de ſon poids. On peut auſſi déſoufrer la poudre, en l'expoſant toute entière & ſans la laver à l'action d'un feu doux ; ce fait étoit connu de M. Robins, qui l'a annoncé dans ſon traité d'artillerie écrit en anglois. Les braconniers ſont, dit-on, dans l'uſage de déſoufrer la poudre en l'expoſant ſur les cendres chaudes dans un plat d'étain. Ils ſont perſuadés par l'uſage, que la poudre ainſi déſoufrée chaſſe la charge beaucoup plus loin, & altère moins les armes à feu.

Les chimiſtes & les phyſiciens ont eu différentes opinions ſur les effets violens de la poudre à canon. Les uns les ont attribués à l'eau réduite en vapeurs ; d'autres à l'air dilaté ſubitement.

ment. M. Baumé a pensé qu'ils sont dus à du soufre nitreux qui se forme dans l'instant de la combustion. Pour nous, nous regardons ce phénomène comme très - facile à expliquer, d'après les connoissances modernes. Pour bien entendre notre théorie, il est d'abord nécessaire d'observer que tout ce qui se passe dans l'inflammation de la poudre, dépend entièrement de sa grande combustibilité. Or, le soufre & le charbon extrêmement divisés, sont deux corps éminemment inflammables. Le mélange intime qui influe tant sur la force de la poudre, d'après les belles expériences de M. Baumé, est la seule cause de ses effets. Le nitre se trouve également partagé entre toutes les molécules de matières très-combustibles ; comme il est en beaucoup plus grande quantité qu'elles, chaque molécule de soufre & de charbon se trouve entourée & comme recouverte d'un enduit de nitre ; chacune d'elles a donc beaucoup plus d'air vital qu'il ne lui en faut pour brûler complètement, puisqu'il est démontré que le nitre fournit beaucoup de ce fluide par l'action de la chaleur. Il arrive dans cette combustion, ce qui arrive lorsqu'on plonge un corps combustible dans un vase rempli d'air vital. On sait que ce corps brûle avec scintillation & en beaucoup moins de tems qu'il ne le pourroit faire dans l'air atmosphérique ; on voit donc que tout le soufre & tout le charbon doivent brûler dans un seul instant, parce qu'ils sont réellement plongés dans une atmosphère d'air vital. On conçoit d'après cela pourquoi l'inflammation de la poudre est si rapide ; pourquoi elle a lieu dans des vaisseaux fermés comme en plein air ; & pourquoi, lorsqu'on oppose un obstacle quelconque à un agent si terrible, il produit des explosions & chasse cet obstacle avec tant de force.

Les effets de ce mélange de nitre, de soufre & de charbon ne font rien en comparaison de ceux d'une autre préparation nommée *poudre fulminante*. Cette poudre se fait avec trois onces de nitre, deux onces de carbonate de potasse ou *sel fixe de tartre bien sec*, & une once de soufre en poudre. On triture le tout dans un mortier de marbre chaud avec un pilon de bois, jusqu'à ce que les trois matières soient bien exactement mêlées. Si on expose un gros de cette poudre à un feu doux dans une cuiller de fer, elle se fond, & bientôt elle produit une détonation aussi forte qu'un coup de canon. Pour connoître la cause de ce phénomène d'autant plus étonnant que la poudre fulminante n'a pas besoin pour le produire d'être enfermée & resserrée comme la poudre à canon, il faut obferver, 1°. qu'il n'a lieu qu'en chauffant lentement ce mêlange, & lorfqu'il eft liquéfié; 2°. que fi on jette de la poudre fulminante fur des charbons ardens, elle ne fait que fufer comme le nitre, mais fans bruit; 3°. qu'un mêlange de fulfure de potaffe avec du nitre, fait à la dofe d'une partie du premier & de deux parties du fecond, fulmine plus rapidement, & avec tout autant de fracas que celui qui eft fait avec le foufre, le nitre & l'alkali. Il paroît donc que lorfqu'on chauffe la poudre fulminante, il fe forme du fulfure de potaffe avant que fa détonation ait lieu. Ce feul fait explique le phénomène dont nous nous occupons. Lorfqu'on expofe du nitre criftallifé & du fulfure de potaffe à l'action de la chaleur, il fe dégage du gaz hydrogène fulfuré de ce dernier & de l'air vital du fel. Or ces deux gaz capables de produire une détonation vive, comme nous l'avons vu dans l'hiftoire du gaz hydrogène, font enflammés par une portion de foufre qui s'allume; mais comme ils éprouvent un obftacle de la part d'un fluide épais qu'ils font obligés de traverfer; & comme ils s'allument dans tous leurs points à la fois, ils frappent l'air avec une telle rapidité dans leur combuftion, que ce dernier leur réfifte ainfi que le font les parois des armes à la poudre à canon. Cette réſiſtance eſt prouvée par l'effet de la poudre fulminante ſur la cuiller dans laquelle on l'expoſe au feu ; le fond de ce vaiſſeau eſt creuſé, & les parois ſont repliées vers l'intérieur, comme s'il avoit éprouvé un effort de haut en bas, & de dehors en dedans, quoiqu'on conçoive bien que l'effort de l'exploſion s'exerce en tout ſens, ou circulairement.

Enfin, un dernier mélange de nitre & de ſoufre que nous devons conſidérer, eſt celui qu'on a appelé *poudre de fuſion*. On la prépare avec trois parties de nitre, une partie de ſoufre & une partie de ſciure de bois. On met un peu de cette poudre dans une coquille de noix, avec une pièce de cuivre pliée ; on recouvre cette pièce de la même poudre, & on y met le feu, elle s'allume rapidement & fond la pièce que l'on retrouve enſuite dans la coquille qui n'eſt que noircie ſans être brûlée. On a ſoin pour cela de la plonger dans l'eau dès que la poudre a ceſſé de brûler. Cette expérience prouve en effet que cette poudre eſt une matière très-fondante ; mais comme elle eſt due en grande partie à l'action du ſoufre ſur le métal, nous reviendrons ſur ce fait dans l'hiſtoire des matières métalliques.

Les ſels neutres muriatiques, fluoriques & boraciques n'ont aucune action ſur le ſoufre. Nous avons vu que les carbonates alkalins s'uniſſoient avec cette ſubſtance, & la rendoient diſſoluble dans l'eau, en formant les ſulfures alkalins non cauſtiques.

Le gaz hydrogène n'agit pas d'une manière marquée ſur le ſoufre. Il eſt important d'obſerver qu'il étoit bien naturel autrefois de trouver entre ces deux corps une très-grande analogie; en effet, l'acide ſulfurique étendu d'eau produit du gaz hydrogène dans ſa combinaiſon avec les matières combuſtibles, il donne du ſoufre ſi on l'emploie concentré; dans tous les lieux où il ſe produit du gaz hydrogène, comme dans les matières animales qui ſe pourriſſent en grandes maſſes, il ſe forme auſſi du ſoufre. Ce dernier, combiné avec les ſubſtances alkalines, paroiſſoit s'altérer & paſſer à l'état de gaz hydrogène ſulfuré ou *hépatique*. Enfin, le gaz hydrogène agit lui-même ſur un grand nombre de corps à-peu-près comme le fait le ſoufre. On auroit donc pu croire qu'il y avoit une ſorte d'identité entre ces deux corps combuſtibles, ſi l'on n'avoit pas démontré aujourd'hui que le gaz hydrogène eſt preſque toujours un produit de la décompoſition de l'eau, & que le ſoufre n'entre pour rien dans ſa formation.

Le ſoufre eſt ſuſceptible de ſe combiner à beaucoup d'autres ſubſtances; mais comme nous ne connoiffons pas encore ces fubftances, nous ne parlerons de leur union avec ce minéral, que lorfque nous traiterons de leurs propriétés.

Le foufre eft un excellent médicament dans les maladies pituiteufes des poumons, & fur-tout dans les maladies de la peau. On l'emploie avec grand fuccès dans l'afthme humide, les éruptions galleufes, dartreufes, &c. On l'ad-miniftre ou fous la forme de fleurs de foufre, ou en tablettes préparées avec le fucre. On en fait avec les graiffes, un onguent dont on frotte les parties couvertes de galle. On a propofé les fulfures alkalins pour les obftructions, les engourdiffemens, les paralyfies, les maladies de la peau, &c. Quoique quelques médecins aient cru que le foufre ne fe diffout point dans les humeurs animales, il eft cependant certain qu'il pénètre jufqu'aux extrêmités vafculaires les plus fines, puifque chez les perfonnes qui en font ufage, la tranfpiration, les urines & les crachats en font manifeftement imprégnés. Le gaz hydrogène fulfuré diffous dans les eaux minérales, telles que celles de Cauterets, d'Aix-la-Chapelle, de Barège, d'Enghien, &c. leur communique des propriétés incifives très-utiles dans les maladies de la peau, des poulmons, des articulations, dans les paralyfies, &c.

Le foufre n'eft pas moins utile dans les arts.

C'eſt un des ingrédiens les plus néceſſaires de la poudre à canon : il ſert à prendre des empreintes très-belles de pierres gravées ; on en fait des mêches combuſtibles ; on le brûle pour blanchir les ſoies, pour détruire certaines couleurs, pour arrêter la fermentation des vins, &c. On l'a propoſé pour ſceller le fer dans les pierres, &c.

CHAPITRE V.

Genre V. *Substances métalliques en général.*

Les ſubſtances métalliques forment un ordre de corps très-importans & très-utiles dans les différens uſages de la vie, dans la chimie & dans la médecine. Elles different eſſentiellement des matières terreuſes & des matières ſalines par leurs caractères phyſiques & par leurs propriétés chimiques.

Avant de paſſer à l'examen de chacune de ces ſubſtances en particulier, il eſt néceſſaire de les conſidérer en général. Pour le faire avec ordre, nous traiterons dans pluſieurs paragraphes ; 1°. de leurs propriétés phyſiques ; 2°. de leur hiſtoire naturelle ; 3°. de l'art d'en reconnoître la nature & la quantité, ou de la docimafie ; 4°. de celui de les travailler en grand, ou de la métallurgie ; 5°. de leurs propriétés chimiques ; 6°. de la manière de les diftinguer les unes des autres, & des divifions qu'il eft effentiel d'établir entre elles.

§. I. *Des propriétés phyfiques des fubftances métalliques.*

Les fubftances métalliques ont une opacité abfolue ; cette opacité eft beaucoup plus grande que celle des matières pierreufes, car la pierre la plus opaque étant en plaque très-mince, a une forte de tranfparence ; au lieu que la lame la plus fine d'un métal quelconque eft parfaitement opaque & tout autant qu'une grande maffe du même métal. L'opacité des fubftances métalliques les rend très-propres à réfléchir les rayons de la lumière, & aucun corps ne poffède cette propriété dans un degré auffi marqué que ces fubftances ; c'eft ainfi que les miroirs de glace ne réfléchiffent les objets que parce qu'ils font enduits d'une feuille de métal ; cette propriété particulière aux métaux conftitue l'éclat ou le brillant métallique, qualité qui eft toujours en raifon compofée de la denfité ou de la dureté du métal qui lui permet de prendre un poli très-vif, & de fa couleur. Les ſubſtances métalliques blanches réfléchiſſent plus de rayons, & ſont plus brillantes que celles qui ſont colorées.

Les ſubſtances métalliques ont une peſanteur ſpécifique bien plus conſidérable que les autres corps minéraux; un pied cube de marbre ne pèſe que deux cens cinquante-deux livres; un pied cube d'étain, qui eſt le plus léger des métaux, pèſe cinq cens ſeize livres; & un pied cube d'or pèſe treize cens vingt-ſix livres. Cette peſanteur, beaucoup au - deſſus de celle des matières terreuſes, dépend ſans doute de la grande denſité des ſubſtances métalliques, à laquelle elles doivent encore leur opacité par-faite & leur brillant.

La plus grande partie des ſubſtances métal-liques eſt ſuſceptible de s'étendre à l'aide d'une percuſſion répétée, ou d'une forte preſſion. Cette propriété, qui eſt particulière à ces ſubſtances, & que nous n'avons pas encore eu occaſion d'obſerver dans aucune des matières que nous avons examinées, porte le nom de *ductilité*. Nous penſons qu'on doit en diſtinguer deux eſpèces; l'une qu'on appelle ductilité ſous le marteau ou *malléabilité*, ſe reconnoît à ce que les métaux qui en jouiſſent peuvent s'éten-dre en lames minces ſans ſe caſſer: le plomb & l'étain nous fourniſſent un exemple de cette

forte de ductilité. L'autre consiste dans l'allongement successif & presque extrême de certaines
matières métalliques, de sorte qu'elles forment
un fil plus ou moins fin : c'est la ductilité à la
filière, telle qu'on peut l'observer dans le fer,
le cuivre, l'or. On lui a aussi donné le nom
de *ténacité*. Il est d'autant plus important de
bien distinguer ces deux sortes de ductilité,
qu'elles semblent être réellement très-différentes
l'une de l'autre, puisque les substances métalliques qui sont très-malléables, ont souvent
très-peu de ténacité, & que celles qui sont
très-ductiles à la filière ne sont que peu mal-
léables. On exprime la ténacité des métaux
d'une manière fort exacte, en désignant la
somme de poids qu'un fil métallique d'un
diamètre connu, peut soutenir sans se rompre.
L'une & l'autre de ces propriétés paroît dépendre d'une forme particulière des parties intégrantes de chaque métal. Il semble que les métaux qui s'étendent en plaques minces par la
percussion, soient formés de petites lames qui,
lorsqu'elles sont comprimées, glissent les unes
à côté des autres, & augmentent en largeur à
mesure qu'elles perdent de leur épaisseur ; tandis
que ceux qui peuvent se filer offrent une sorte de
tissu fibreux, dont les filamens disposés par
paquets se rapprochent & s'allongent à l'aide

de la forte preffion que leur fait éprouver
la filière.

La ductilité des métaux a des bornes. On
obferve que lorfqu'un métal même très-ductile
a reçu plufieurs coups de marteau, il durcit &
fe déchire au lieu de s'étendre ; cette propriété
fe nomme *écrouiffement*. Lorfqu'on chauffe lentement & avec précaution un métal écroui, il
devient plus ductile, & il peut être frappé fans
fe brifer. Il paroît que les parties ne s'étendent
fous le marteau qu'autant qu'elles trouvent
entr'elles un efpace qu'elles peuvent remplir à
mefure qu'elles fuient la preffion : on conçoit
aifément que ces parties étant une fois affez
rapprochées par la percuffion, pour ne laiffer
entr'elles que peu d'intervalle, elles ne pourront
plus fuir fous le marteau, & que dans ce cas,
le métal fe déchirera. La chaleur en le dilatant
en écarte les parties, & produit entre elles de
nouveaux efpaces qui leur permettent de fe
rapprocher de nouveau à l'aide des percuffions
réitérées.

Comme la ductilité ne fe rencontre que dans
certaines fubftances métalliques, les chimiftes
& les naturaliftes fe font fervis de l'abfence &
de la préfence de cette propriété pour diftinguer ces fubftances entr'elles. Ils ont appelé
métaux, celles qui réuniffent la ductilité à l'opa-

cité, à la pefanteur & au brillant métallique ;
& demi-métaux, celles qui, avec l'apparence
métallique, ne font point duétiles. Mais cette
diftinction, quoiqu'affez exaéte, ne fuffit cependant pas pour féparer en deux claffes toutes les
matières métalliques, parce que depuis la ductilité extrême de l'or jufqu'à la fingulière fragilité de l'arfenic, on ne trouve que des degrés
infenfibles dans cette propriété, & parce qu'il
y a peut-être plus loin pour la duétilité de l'or
au plomb qui eft regardé comme un métal,
qu'il n'y a du plomb au zinc qu'on range parmi
les demi-métaux, & du zinc à l'arfenic, la nature paffant, à ce qu'il paroît, par nuances
infenfibles d'un corps à l'autre.

Les métaux confidérés relativement au degré
de leur duétilité, doivent être rangés dans l'ordre fuivant. L'or eft le plus malléable de tous ;
enfuite viennent l'argent, le cuivre, le fer,
l'étain & le plomb. Les demi-métaux ont été
regardés comme n'en ayant aucune. Nous verrons cependant que cette propriété exifte jufqu'à
un certain degré dans le zinc & dans le mercure.
Quant à la ténacité, l'or eft celui qui en a le
plus : on place à la fuite le fer, le cuivre, l'argent, l'étain & le plomb ; celle du platine
n'eft pas bien connue.

Les fubftances métalliques font fufceptibles

de prendre une forme régulière foit par le travail de la nature, foit par les efforts de l'art. Les naturaliftes connoiffoient, depuis long-temps, cette propriété que la nature leur avoit offerte dans le bifmuth natif, l'argent vierge, & quelques autres métaux. Les alchimiftes même avoient obfervé foigneufement les figures ramifiées ou étoilées qui fe forment à la furface de l'antimoine & du bifmuth. M. Baumé a annoncé dans fa chimie expéri-mentale & raifonnée, que les matières métal-liques qui ont été bien fondues, prennent, par un refroidiffement lent, un arrangement fym-métrique & régulier, &c. M. l'abbé Mongez, chanoine régulier de fainte Geneviève, a fait un travail fuivi fur la criftallifation de toutes les matières métálliques. M. Brongniart, démonftra-teur de chimie au jardin du roi, s'eft auffi occupé de cet objet, & beaucoup de chimiftes ont répété leurs procédés. Il en réfulte que tous les métaux peuvent criftallifer, & que, quoique plufieurs d'entr'eux aient une criftal-lifation en apparence différente, le plus grand nombre préfente cependant la même forme octaèdre avec quelques modifications.

Quelques matières métalliques ont de la faveur & de l'odeur, comme l'arfenic, l'antimoine, le plomb, le cuivre, l'étain, le fer. Ces propriétés fe

rencontrent conſtamment dans toutes celles qui
ſont les plus altérables. Elles y ſont même quelquefois dans un degré ſi marqué, que ces matières ſont ſuſceptibles de corroder & de détruire
entièrement les organes des animaux.

§. II. *Hiſtoire naturelle des ſubſtances métalliques.*

Les ſubſtances métalliques exiſtent dans l'intérieur de la terre dans quatre états différens;
le premier eſt celui de métal vierge ou natif,
c'eſt-à-dire, pourvu de toutes ſes propriétés;
c'eſt ainſi que ſe trouvent toujours l'or, ſouvent
l'argent, le cuivre, le mercure, le biſmuth,
l'arſenic, rarement le fer, plus rarement encore
le plomb, le zinc, l'antimoine, &c.

Le deuxième état où ſe rencontrent les ſubſtances métalliques eſt celui d'oxides ou de
chaux; c'eſt-à-dire, n'ayant pas l'aſpect métallique, mais plutôt une ſorte de reſſemblance
avec les ochres ou les matières terreuſes. On
trouve ſouvent le cuivre dans l'état d'oxide vert
ou bleu; le fer dans celui d'oxide jaune, rouge
ou brun; le plomb dans l'état d'oxide blanc,
gris, jaune, rougeâtre & même vitreux; le zinc
dans l'état de calamine; le cobalt en fleurs rouges; l'arſenic en oxide blanc, &c.

Le troiſième état naturel des métaux & celui

qui eſt le plus commun, conſtitue les mines ou minérais. La ſubſtance métallique s'y trouve combinée avec une matière combuſtible qui lui enlève ſes propriétés métalliques, & elle ne peut les recouvrer que lorſqu'elle en eſt ſéparée. Cette matière que l'on nomme le *minéraliſateur*, eſt ou du ſoufre, ou un autre métal. Quelques chimiſtes aſſurent même que le ſoufre eſt le minéraliſateur le plus commun. Il eſt uni à l'argent dans la mine d'argent vitreuſe ; celles du cuivre contiennent preſque toujours un très-grande quantité de ſoufre ; le fer eſt combiné avec ce minéral dans la pyrite martiale, le plomb dans la galène, le mercure dans le cinabre, le zinc dans la blende ; enfin, on trouve quelquefois le biſmuth & ſouvent l'arſenic unis au ſoufre.

Il eſt bon d'obſerver que les métaux n'ont pas tous la même affinité avec le ſoufre. Il en eſt qui en contiennent beaucoup & qui le perdent aiſément ; leur éclat métallique en paroît peu altéré ; tels ſont le cuivre, le plomb, l'antimoine ; d'autres en contiennent très-peu, mais ce ſoufre leur eſt très-adhérent, & quoiqu'il ſoit en petite quantité, il fait diſparoître preſque toutes les qualités métalliques ; c'eſt ce qu'on obſerve à l'égard du cinabre.

Les métaux peuvent ſe trouver alliés avec

d'autres métaux, mais c'est particulièrement l'arfenic qui les minéralife. On trouve le fer, l'étain, le cobalt, fouvent unis à l'arfenic; quelquefois le métal eft uni en même-tems à l'arfenic & au foufre, comme dans la mine d'antimoine rouge, dans l'argent rouge; enfin, il y a des mines métalliques compofées de plufieurs métaux & de plufieurs fubftances minéralifantes, ainfi que la mine de cuivre grife, la mine d'argent grife & quelques autres.

Le quatrième état que les métaux préfentent dans l'intérieur de la terre, eft leur combinaifon avec des fubftances falines, & prefque toujours avec des acides. L'acide fulfurique s'y trouve combiné très - fréquemment; les oxides de zinc, de plomb, de cuivre, de fer, font fouvent dans l'état de fulfates; l'acide carbonique eft un des minéralifateurs les plus communs des métaux; les acides muriatique, arfenique & phof-phorique y ont auffi été démontrés depuis quelques années.

Les fubftances métalliques font bien moins abondantes dans le globe terreftre que les matières pierreufes. Elles forment dans les montagnes, des veines ou filons qui coupent plus ou moins obliquement les couches de terres & de pierres, c'eft l'état le plus ordinaire des métaux minéralifés.

minéralisés. Ceux qui sont dans l'état d'oxides ou de sels se trouvent souvent par masses que l'eau a transportées & quelquefois cristallisées ; on rencontre aussi plusieurs mines métalliques en tas informes : elles doivent alors leur formation à quelques accidens particuliers.

Les filons métalliques sont accompagnés de matières pierreuses qui semblent avoir été formées en même-tems qu'eux. Ces pierres sont ordinairement du quartz & du spath, elles forment deux couches ; l'une sur laquelle pose la mine, se nomme *lit* ou *sol* ; l'autre qui la recouvre est le *toît*. Ces pierres constituent ce qu'on appelle la *gangue* ou *matrice de la mine*, qui ne doit pas être confondue avec le minéralisateur ; car celui-ci est combiné avec le métal, de manière qu'il ne peut en être séparé que par des procédés chimiques, tandis que la gangue peut en être séparée par des moyens mécaniques ; il ne faut pas non plus confondre la gangue qui est formée de pierres cristallisées, avec la roche qui forme la masse des montagnes dans lesquelles se trouvent les filons métalliques. Ces derniers se divisent en *riches* ou *pauvres*, en *filons capitaux* ou *veinules*, en filons de *vrai cours* qui se continuent dans la même direction, ou filons *rebelles* qui se détournent & sont interrompus dans leur continuité.

Les mines métalliques paroiſſent toutes devoir leur formation à l'eau ; en effet, la plupart ſe trouvent criſtalliſées ou mêlées à des ſubſtances que le feu n'auroit pas manqué d'altérer, comme les pierres calcaires & le ſoufre ; & l'on rencontre parmi elles des corps qui ont conſervé l'organiſation végétale ou animale, organiſation que le feu n'auroit pas reſpectée ; il y a peut-être quelques mines métalliques qui ont été formées par le feu ; telle paroît être la mine de fer ſpéculaire du Mont-d'Or en Auvergne ; mais ces cas ſont rares.

Les mines ſe trouvent plus communément dans les montagnes que dans les plaines, & preſque toujours dans celles qui forment des chaînes continues. On obſerve que les plantes qui croiſſent à la ſurface des montagnes qui renferment ces matières, ſont arides ; les arbres y ſont tortueux, & ont un mauvais port ; la neige y fond preſqu'auſſi-tôt qu'elle y tombe, les ſables offrent ſouvent des couleurs métalliques. On trouve dans le voiſinage des ſources d'eaux minérales métalliques ; l'examen de ces eaux & des ſables qu'elles charient, fourniſſent de très-bons indices de la préſence des matières métalliques qui les avoiſinent. Lorſqu'on voit paroître à la ſurface de la terre quelques veines métalliques, ces indices doivent suffire pour faire fonder le terrein ; la fonde rapportant les subſtances qui compoſent l'intérieur de la montagne avec la matière minérale métallique, ſert à faire connoître quelle eſt la nature de cette ſubſtance, & la réſiſtance qu'on doit attendre du terrein.

§. III. *De l'art d'eſſayer les mines,* ou *de la* DOCIMASIE.

Lorſqu'on a retiré une certaine quantité de mine, il convient d'en faire l'eſſai pour en connoître exactement la nature & le produit. Ces eſſais forment une des parties les plus importantes de la chimie, à laquelle on a donné le nom de *docimaſie.* Ils doivent être variés ſuivant la nature de chaque mine ; cependant il eſt certains procédés généraux qu'il convient de ſuivre dans tous les eſſais.

On prend des échantillons de mine qu'on choiſit parmi les plus riches, les plus pauvres, & ceux d'une richeſſe moyenne, cette opération s'appelle *lotir les mines ;* le lotiſſage eſt indiſpenſable, parce que ſi on ne tentoit que l'eſſai d'un échantillon riche, on pourroit concevoir des eſpérances trop flatteuſes ; ſi on n'eſſayoit que des échantillons très-pauvres, on tomberoit dans le découragement. Les mines étant loties, il faut les piler exactement, &

enfuite les laver à grande eau. Ce fluide emporte la gangue réduite en poudre ; le minerai, comme plus pefant, refte au fond du vafe où fe fait le lavage. La mine lavée doit être enfuite gril-lée avec foin pour enlever par la fublimation la plus grande quantité poffible du minéra-lifateur ; on doit faire le *grillage* dans une petite écuelle de terre, couverte d'un vaif-feau femblable. Cette précaution eft néceffaire, parce que certaines mines pétillent au feu & fautent hors de la capfule dans laquelle on les grille, cet accident eft capable de rendre le réfultat incertain. Comme ce grillage fait en plein air, laiffe ordinairement le métal dans l'état d'oxide, & peut même en faire perdre une partie fi le métal que l'on effaie eft vola-til, nous préférons de griller les mines dans une cornue de grès. Cette opération, quoique plus longue & plus difficile, a l'avantage de faire connoître la nature & la quantité du miné-ralifateur, & de donner une analyfe beaucoup plus exacte du minéral dont on fait l'effai. Lorfque la mine a été tenue rouge pendant quelque tems, & qu'il ne s'en exhale aucune vapeur, le grillage eft fini. Comme on a pefé la mine avant & après le lavage pour déter-miner la quantité de gangue qu'elle conte-noit, on la pèfe de nouveau après le grillage, pour favoir combien elle a perdu par cette opération.

La mine grillée doit être fondue ; à cet effet on la mêle avec trois parties de flux noir & un peu de muriate de foude décrépité, on la met dans un creufet fermé de fon couvercle, on place ce creufet dans un bon fourneau de fufion. L'alkali du flux noir fond le métal, & abforbe la portion de minéralifateur qui refte dans la mine. Le charbon du tartre qui fe trouve dans le flux noir, fert à réduire l'oxide du métal en abforbant fon oxigène ; le muriate de foude empêche que le mêlange ne fouffre de déperdition pendant la fufion, parce que ce fel fondu étant plus léger que les autres matières, occupe toujours la partie fupérieure du creufet, recouvre le mêlange & fupporte feul le déchet.

La fufion étant achevée, il faut laiffer refroidir très-lentement le creufet ; on s'apperçoit que la matière a été bien fondue, lorfque le métal eft raffemblé en un feul culot convexe à fa fuperficie, qu'il ne fe trouve aucun grain dans les fcories, & que ces fcories elles-mêmes font en une maffe vitreufe, compacte & uniforme, couverte d'une couche de fel marin fondu. On pèfe exactement le culot métallique, & on connoît en quelle proportion le métal fe trouve dans la mine que l'on a effayée.

B b iij

Il eſt des mines qui ſont plus dures & plus réfractaires ; alors on ajoute des fondans plus actifs & en plus grande quantité , comme le borax, le verre pilé, les alkalis fixes, &c. Il arrive ſouvent que le même minerai contient des métaux parfaits avec des métaux imparfaits ; on les ſépare en chauffant avec le contact de l'air, le culot métallique. Le métal imparfait s'oxide & ſe diſſipe, le métal parfait reſte pur ; cette opération ſe nomme en général *affinage*. Le métal parfait qu'on obtient par ce procédé eſt preſque toujours un mélange d'or & d'argent. On ſépare ces deux métaux par le moyen d'un diſſolvant qui s'empare de l'argent & laiſſe l'or intact ; cette opération ſe nomme *départ*. Les réſidus que tous ces procédés fourniſſent, doivent être peſés avec la balance d'eſſai.

Ce travail, quelqu'exact qu'il paroiſſe, eſt ſouvent moins utile pour guider dans l'exploitation d'une mine, que ne ſeroit un eſſai plus groſſier ; parce que, dans les travaux en grand, on n'emploie pas des matériaux auſſi chers, & que d'ailleurs on n'opère pas avec autant de précaution ; il faut donc eſſayer de fondre la mine à travers les charbons dans un fourneau de fuſion. Les charbons réduiſent l'oxide métallique, l'alkali fixe qui ſe produit dans leur combuſtion abſorbe une portion de la ſubſtance qui minéraliſe le métal. Il faut quelquefois ajouter un peu de limaille ou de ſcories de fer, ou du fiel de verre pour faciliter la fuſion des mines très-réfraċtaires.

Il eſt une ſorte d'eſſai par la voie humide qui peut ſe pratiquer lorſqu'on veut connoître les métaux contenus dans des échantillons de mines qu'on ſe propoſe de conſerver dans des cabinets d'hiſtoire naturelle. On prend un petit morceau de l'échantillon, on le fait digérer dans des acides qui diſſolvent le métal & en ſéparent le minéraliſateur; le ſel qui réſulte de l'union du métal à l'acide fait connoître la qualité de ce métal; mais cet eſſai ne peut pas avoir lieu pour toutes ſortes de mines, parce qu'elles ne ſont pas toutes ſuſceptibles d'être attaquées par les acides. Bergman a donné ſur la docimaſie humide une très-bonne diſſertation qu'on pourra conſulter avec fruit.

§. IV. *De l'art d'extraire & de purifier en grand les métaux, ou de la* MÉTALLURGIE.

Lorſqu'on s'eſt aſſuré, par un eſſai convenable, que la mine peut être exploitée utilement, on y procède de la manière ſuivante. On creuſe un puits quarré perpendiculaire, aſſez large pour y placer des échelles droites, à l'aide deſquelles

les ouvriers puissent descendre & monter. Ordinairement on pose sur ces puits des treuils pour tirer les seaux chargés de minerai; quelquefois aussi on y met des pompes pour puiser l'eau qui s'y rassemble. Si la mine est trop profonde pour qu'un seul puits conduise au sol du filon, on pratique une galerie horisontale, au bout de laquelle on creuse un nouveau puits, & ainsi de suite, jusqu'à ce qu'on soit parvenu au fond de la mine.

Si la roche dans laquelle on creuse est fort dure & capable de se soutenir d'elle-même, la mine n'a pas besoin d'être étayée; mais si on travaille dans des roches tendres ou dans des terres qui peuvent s'ébouler, on est obligé d'étançonner les galeries & de garnir les puits de pièces de charpente qu'on recouvre de planches dans tout le pourtour.

Il est essentiel de renouveller l'air dans les mines; lorsqu'il est possible de creuser une galerie, qui du bas des puits réponde dans la plaine, le courant d'air s'établit aisément; quand cela ne se peut pas, on creuse un puits qui aboutit à l'extrêmité de la galerie opposée à celle où se trouve le premier. Lorsque l'un des deux puits est plus bas que l'autre, l'air circule très-aisément; mais si les deux puits sont de hauteur égale, le courant d'air ne sauroit s'établir : dans ce dernier cas, on allume du feu dans un fourneau, au-dessus de l'un des puits, & l'air forcé de traverser les matières combustibles, se renouvelle continuellement dans la galerie.

L'eau est encore un inconvénient très-grand dans les mines ; si elle sort peu-à-peu entre les terres, on tâche de lui ménager une issue dans la plaine, & delà dans la rivière la plus voisine, à l'aide d'une galerie de percement. Si elle se ramasse en plus grande quantité, on tire l'eau à l'aide des pompes. Quelquefois en perçant la roche il en sort une quantité d'eau énorme & capable de remplir à l'instant toutes les galeries ; les ouvriers en sont avertis par le retentissement qu'ils entendent en frappant la roche ; alors ils établissent une porte dans une des galeries, cette porte peut se fermer par un valet, un ouvrier perce la roche pour donner issue à l'eau, & se retire en fermant la porte sur lui, il a le tems de s'éloigner avant que l'eau puisse gagner.

Il s'élève dans les souterreïns des mines des vapeurs d'acide carbonique & de gaz hydrogène, dégagées ou formées par la réaction des matières minérales & métalliques les unes sur les autres. Souvent aussi les feux que les ouvriers sont obligés d'allumer, dans le dessein d'attendrir la roche, favorifent le dégagement de ces gaz, dont les dangereux effets ne peuvent être prévenus que par les courans d'air rapides, ou par la détonation.

Le minéral tiré de la terre, eft enfuite pilé, lavé, grillé, fondu & affiné. On pile la mine fous de gros pilons mus par un courant d'eau; les pilons fe nomment *bocards* ; la mine pilée eft lavée fur des tables inclinées de forte que l'eau s'écoule & emporte la gangue. Les mines qui contiennent beaucoup de foufre, doivent être grillées à l'air ; celles qui en contiennent peu, doivent l'être dans des fourneaux qui fervent enfuite à les fondre ; quelques mines fe fondent feules ; d'autres veulent être fondues à travers les charbons, & avec différens fondans. Les fourneaux de fufion different fuivant les pays & la qualité plus ou moins réfractaire de la mine. Ceux qui fervent à l'affinage, ne font pas effentiellement différens des premiers. Quelquefois même ces deux opérations fe font dans un feul fourneau. Lorfqu'on a ainfi réduit les métaux, ils font prefque toujours unis plufieurs enfemble ; on a alors recours pour les féparer, à des procédés entièrement chimiques, & que nous ferons connoître à l'article de chaque métal.

§. V. *Des propriétés chimiques des substances métalliques.*

Toutes les propriétés chimiques des substances métalliques semblent démontrer que ces matières font simples, & qu'on ne peut les décomposer. Les altérations qu'elles éprouvent de la part de la chaleur, de l'air & des substances salines, font toujours dues, comme on le verra, à des combinaisons, & pas une de ces altérations ne peut être comparée à une analyse, ainsi que nous allons le démontrer par l'exposition détaillée des phénomènes qu'elles présentent.

La lumière paroît altérer la couleur & le brillant de quelques substances métalliques. Bien enfermées dans des vaisseaux transparens, quelques-unes s'y ternissent, prennent une couleur changeante, qui fait disparoître peu-à-peu leur brillant. On n'a pas suivi plus loin cette espèce d'altération.

La chaleur ne leur fait éprouver que quelques changemens d'aggrégation, & cela avec plus ou moins de facilité & de promptitude. Tous les substances métalliques, chauffées dans des vaisseaux bien fermés, se fondent les unes bien avant de rougir, d'autres dans l'instant qu'elles rougissent, d'autres long-tems après qu'elles ont rougi. Il y a autant de degrés dans la fuſibilité de ces matières, qu'il y a d'eſpèces de métaux. Si on les laiſſe refroidir lorſqu'ils ont été fondus, ils criſtalliſent; ſi on les pouſſe à un feu violent, ils bouillent à la manière des fluides, & ſe réduiſent en vapeurs. Il y a long-tems qu'on connoiſſoit ces propriétés dans le mercure; les orfèvres voyent ſouvent bouillir l'or & l'argent en fuſion. M. de Buffon avoit obſervé qu'en expoſant des plats d'argent au foyer d'un grand miroir concave, il s'élevoit une fumée blanche de la ſurface des plats. MM. Macquer & Lavoiſier ayant mis de l'argent de coupelle au foyer de la lentille de Tſchirnauſen, virent ce métal s'exhaler en fumée; une lame d'or expoſée à cette fumée fut parfaitement argentée. L'or mis au même foyer, donna également des fumées qui dorèrent parfaitement une lame d'argent qu'on y expoſa. Les cheminées des orfèvres & des eſſayeurs ſont remplies des fumées d'or & d'argent. Le cuivre, l'étain, le plomb, le zinc, l'antimoine, le biſmuth & l'arſenic ſe volatiliſent aſſez facilement.

Tous les métaux fondus paroiſſent convexes à leur ſurface, & lorſqu'ils ſont en très-petites maſſes, ils forment des ſphères parfaites; cet effet dépend de la force d'aggrégation, qui fait rapprocher les parties métalliques les unes vers les autres, & de leur peu de tendance à la combinaison avec le corps fur lequel elles pofent. Cette propriété eft générale dans tous les fluides, & on peut l'obferver dans l'huile à l'égard de l'eau, & dans l'eau à l'égard des corps gras.

Les métaux expofés à l'action du feu avec le contact de l'air, y éprouvent des altérations affez fenfibles, les uns plutôt, les autres plus tard : ceux qui ne font point fenfiblement altérés, fe nomment *métaux parfaits* ; on appelle *métaux imparfaits*, ceux qui perdent entièrement leurs propriétés métalliques par ce procédé. Cette altération des matières métalliques, que nous nommons *oxidation*, eft une véritable combuftion ; elle ne peut fe faire qu'avec le fecours de l'air, comme celle de toutes les fubftances combuftibles ; & lorfqu'elle a eu lieu quelque tems dans une certaine quantité d'air, elle ne peut plus s'y continuer à moins que l'air ne foit renouvellé. Cet air dans lequel les métaux ont brûlé, eft devenu méphitique. La combuftion des fubftances métalliques eft accompagnée d'une flamme plus ou moins vive, cette flamme eft très - fenfible dans le zinc, l'arfenic, le fer, l'or, l'argent ; elle l'eft même dans le plomb, l'étain l'antimoine, qui font chauffés fortement. Les métaux perdent en brûlant leurs propriétés métalliques d'une manière d'autant plus marquée, qu'ils ont été exposés à l'action du feu & au contact de l'air pendant un tems plus long ; quelques-uns semblent alors se rapprocher à l'extérieur du caractère des matières terreuses ; aussi leur a-t-on donné, dans cet état, le nom de *terres* ou *de chaux métalliques.* On doit préférer à ce nom celui d'oxides métalliques, parce qu'il est démontré aujourd'hui que ces métaux brûlés ne font point des terres comme on le croyoit il y a quelques années ; mais des combinaisons avec l'oxigène. Les oxides métalliques n'ont plus le brillant & la fusibilité des métaux ; ils n'ont plus du tout d'affinité avec ces corps, pas même avec ceux qui ont servi à les faire. Si on les pousse au feu, ils se volatilisent ou se fondent en verres. Ces derniers font d'autant plus transparens & d'autant plus difficiles à fondre, que les métaux ont été plus oxidés, ou qu'ils contiennent plus d'oxigène. Les oxides métalliques s'unissent aux matières salines & terreuses. Plusieurs d'entr'eux ont les caractères de matières salines. L'arsenic bien oxidé devient un acide particulier, dont les propriétés ont été examinées par Schéele & Bergman. Rouelle nous a appris que l'oxide d'antimoine se dissout dans l'eau comme le fait l'arsenic.

Quelques oxides métalliques expofés à l'action du feu, fe réduifent en métaux & fournissent en fe réduifant un fluide aériforme qui eft de l'air vital très-pur. C'eft à M. Bayen que l'on doit les premières connoiffances fur cet objet. Il a obfervé que les oxides de mercure chauffés dans des vaiffeaux fermés donnoient beaucoup d'air, & qu'ils fe réduifoient en mercure coulant. M. Prieftley, ayant examiné cet air, vit qu'il étoit beaucoup meilleur que l'air atmofphérique ; & c'eft à cette découverte que l'on doit fixer l'époque de la connoiffance exacte que nous avons aujourd'hui fur la calcination des métaux. Revenons un moment fur les phénomènes de cette opération. Un métal ne fe *calcine* jamais que lorfqu'il a un contact avec l'air ; plus ce contact eft multiplié, plus le métal fe *calcine* ; une quantité donnée d'air ne peut fervir à *calciner* qu'une quantité donnée de métal, comme l'a ingénieufement démontré M. Lavoifier en *calcinant* du plomb, à l'aide d'un miroir de réflexion, dans une cloche qui contenoit un volume connu d'air. Le métal en fe *calcinant*, abforbe une portion de l'air qui l'environne, puifque le mercure au - deffus duquel on *calcine* un métal fous une cloche, remonte dans ce vaiffeau à mefure que la *calcination* avance. C'eft à cet oxigène abforbé que les oxides métalliques doivent la pesanteur qu'ils ont acquise dans la *calcination* , puisque, quand on l'extrait des oxides de mercure, ils perdent en revenant à l'état métallique cet excès de poids que l'on retrouve exactement dans l'air vital qu'elles fournissent à l'aide de la distillation. Il paroît démontré, d'après tous ces phénomènes , que la *calcination* n'est autre chose que la combinaison du métal avec la base de l'air pur ou l'oxigène contenu dans l'atmosphère. Cette combinaison se fait souvent par le seul contact de l'air & de l'eau , dans les métaux qui sont susceptibles de se rouiller. Si l'on a besoin de faire chauffer la plupart des métaux pour les oxider, c'est que la chaleur, en diminuant la force d'aggrégation des molécules de ces corps pour elles - mêmes, augmente en même proportion la force d'affinité ou de combinaison, & favorise ainsi celle que l'on veut opérer entre l'oxigène & le métal. La chaleur n'est donc, dans cette opération, qu'un auxiliaire comme dans beaucoup de dissolutions. L'air qui a servi à oxider un métal ne peut plus entretenir la combustion, parce qu'il est privé de la portion d'air vital qu'il contenoit, & qui, seule peut donner lieu à la combustion & à la vie. Plus le fluide atmosphérique contient de cet air vital, plus il est propre à oxider promptement

tement une quantité donnée de métal. J'ai bien des fois obfervé qu'on peut faire une beaucoup plus grande quantité d'oxide métallique de plomb, de bifmuth, &c. en plongeant ces métaux fondus dans une cloche pleine d'air vital, qu'on n'en feroit dans le même tems au milieu de l'air atmofphérique. Tous ces faits, & un grand nombre d'autres, que l'on trouvera dans l'hiftoire particulière de chaque métal, font bien propres à démontrer qu'un oxide métallique n'eft autre chofe qu'une combinaifon chimique du métal & de l'oxigène atmofphérique, que la calcination n'eft que l'acte même de cette combinaifon, & que l'air vital étant fixé dans cette opération, il ne refte plus que le gaz azotique qui faifoit partie de l'atmofphère.

La réduction des oxides métalliques, à l'aide des matières combuftibles, éclaire encore cette théorie, & lui donne de nouvelles forces. On eft fouvent obligé lorfqu'on veut réduire un oxide métallique en métal, de le faire chauffer dans des vaiffeaux fermés avec une matière combuftible, comme avec des graiffes, des huiles, du charbon, &c. Dans tous ces cas on décompofe l'oxide métallique, en lui enlevant l'oxigène qui le conftituoit tel. Pour bien entendre ce qui fe paffe dans cette opération, il faut concevoir, 1°. que les métaux ne font pas les corps les plus combustibles de la nature, ou, ce qui est la même chose, que les métaux n'ont pas avec l'oxigène la plus grande affinité possible ; 2°. que les matières combustibles animales ou végétales ont plus d'affinité avec cet oxigène que n'en ont les substances métalliques ; 3°. qu'en conséquence, lorsqu'on réduit un oxide métallique à l'aide du charbon, ce dernier étant plus combustible que le métal, ou ayant plus d'affinité que lui avec l'oxigène, s'en empare & décompose l'oxide métallique, qui passe à l'état de métal. Aussi ces sortes d'opérations ne réussissent-elles bien que dans des vaisseaux fermés, parce que la matière combustible n'ayant pas de contact avec l'air, est obligée de brûler à l'aide de l'oxigène de l'oxide. C'est pour cela que la portion de carbone pure, qui s'empare de l'oxigène uni à la substance métallique, se trouve changée en acide carbonique pendant la réduction.

En faisant l'histoire de la calcination métallique, d'après la théorie des modernes, nous devons dire un mot de la doctrine de Stahl, qui a été adoptée presque universellement par tous les chimistes, jusqu'aux dernières découvertes sur l'air & sur la combustion. Stahl regardoit les substances métalliques comme des composés de terres particulières & de phlogistique. La *calcination* n'étoit suivant lui que le dégagement du *phlogiftique*, & la réduction fervoit à rendre aux *chaux* métalliques ce principe qu'elles avoient perdu dans leur *calcination*. On voit que cette théorie eft abfolument l'inverfe de celle des modernes, puifqu'elle annonce que les métaux font des êtres compofés, tandis que la doctrine actuelle les confidère comme des corps fimples ; ils perdent, fuivant Stahl, un principe dans leur *calcination*, & la doctrine nouvelle prouve qu'ils fe combinent à un nouveau corps dans cette opération ; enfin, ce grand homme penfoit que pendant la réduction, les oxides métalliques reprenoient le *phlogiftique* qui avoit été dégagé des métaux par le feu, & les modernes ont prouvé que la réduction n'eft que la féparation de l'oxigène qui s'étoit combiné avec eux dans la *calci-nation*.

Effayons de démontrer, après ce léger parallèle de ces deux théories, à laquelle des deux le plus grand nombre des faits peut être favorable. Stahl, uniquement occupé à démontrer la préfence du *phlogiftique* dans les métaux, femble avoir oublié l'influence de l'air dans la *calcination*. Beccher, Jean Rey, Boyle, & plufieurs autres chimiftes avoient cependant foupçonné avant lui que cet élément jouoit le principal rôle dans ce phénomène. La théorie de Stahl, quelque satisfaisante qu'elle ait dû paroître jusqu'à l'époque des nouvelles découvertes sur l'air, ne pouvoit donc pas se trouver d'accord avec tous les faits qui démontrent la nécessité & l'action de ce fluide dans la *calcination*. Aussi y a-t-il plusieurs phénomènes inexplicables dans la doctrine de Stahl, & qui même la rendoient imparfaite. Telle est, par exemple, la pesanteur des oxides métalliques, plus considérable que celle des métaux avant leur *calcination*. On ne concevra jamais comment un corps peut augmenter de poids en perdant une de ses parties constituantes; & comme la pesanteur est une des propriétés qui sert à démontrer la présence de toute substance, l'explication ingénieuse que M. de Morveau a donnée dans sa dissertation sur le *phlogistique*, relativement au phénomène dont il s'agit, ne peut pas entièrement satisfaire, sur-tout depuis qu'on a reconnu l'existence de l'air dans les oxides métalliques. Il paroît donc, d'après ces faits, que la théorie pneumatique a de grands avantages sur celle de Stahl. Macquer, guidé par cette sage retenue dont nous ne pouvons que faire l'éloge, avoit cru pouvoir allier les découvertes modernes avec la doctrine du *phlogistique*. Suivant ce célèbre chimiste, les métaux

ne peuvent perdre leur *phlogiflique*, & fe *calciner*, qu'autant que l'air pur de l'atmofphère
fe précipite & s'unit à leur propre fubflance,
en dégageant la lumière qui leur eft unie, &
ils ne fe réduifent que lorfque la lumière, aidée
par la chaleur, en fépare l'air pur, en prenant
fa place, de forte que ces deux corps font
mutuellement précipitans l'un de l'autre. Mais
comme perfonne n'a démontré encore l'identité
de la lumière & de ce que Stahl a appelé *phlogiflique*, ni le principe de la lumière dans les
corps combuftibles, l'opinion de Macquer n'eft
qu'une hypothèfe dont on peut entièrement fe
paffer, & qu'il n'eft plus permis d'admettre.

Il eft donc bien démontré aujourd'hui que
les oxides métalliques font des compofés des
métaux & d'oxigène ; il feroit très-important de
connoître les diverfes attractions électives qui
exiftent entre ce principe & les fubftances métalliques. M. Lavoifier s'eft déjà occupé de ce
travail intéreffant ; mais fes expériences ne
font point encore affez multipliées, & leur
réfultat n'eft point affez exact, pour qu'il foit
poffible de traiter ici cet objet avec les détails
qu'il exigeroit.

Les fubftances métalliques s'altèrent à l'air ;
leur furface fe ternit, quelques-unes fe couvrent
de rouille. Les chimiftes ont regardé la rouille

comme un oxide métallique. Nous aurons occafion de revenir plufieurs fois fur cet objet, &
de faire voir que l'eau en vapeurs oxide plufieurs fubftances métalliques, & que l'acide
carbonique contenu dans l'atmofphère s'y unit
après leur calcination.

L'eau diffout certains métaux ; elle n'a aucune
action fur quelques autres ; lorfqu'elle eft en
vapeurs, elle favorife fingulièrement la production de la rouille fur ceux qui en font fufceptibles ; on fait d'après les nouvelles découvertes
de M. Lavoifier, qu'elle oxide avec beaucoup
d'énergie ceux des métaux qui font les plus combuftibles, comme le zinc & le fer, & qu'elle
fe décompofe en oxigène, qui s'unit à ces
métaux, & en hydrogène qui fe dégage uni à
une très-grande quantité de calorique, &
conféquemment fous la forme de gaz très-
léger.

Les matières terreufes ne paroiffent avoir
aucune action fur les fubftances métalliques.
Mais elles s'uniffent avec leurs oxides par la
fufion.

On ne connoît pas du tout l'action des matières falino-terreufes fur ces fubftances.

Les alkalis en diffolvent quelques-unes, &
n'agiffent que foiblement fur la plupart d'entr'elles. Il paroît que l'eau ou le contact de l'at-

mofphère, contribuent beaucoup à l'oxidation de plufieurs métaux opérée à l'aide des alkalis.

Les acides altèrent beaucoup plus ces fubftances & les diffolvent plus ou moins facilement. L'acide fulfurique produit alors ou du gaz hydrogène, ou du gaz fulfureux, fuivant qu'il eft úni à l'eau ou concentré; dans le premier cas, c'eft l'eau qui fe décompofe, & qui en donnant fon oxigène aux métaux produit le gaz hydrogène; dans le fecond, l'acide lui-même eft décompofé, & fon oxigène propre en fe fixant en partie dans les fubftances métalliques laiffe le foufre encore uni à une portion de ce principe, & conféquemment dans l'état de gaz acide fulfureux. L'acide fulfurique faturé des oxides métalliques dans l'une & l'autre de ces circonftances forme des fulfates appelés autrefois *vitriols*, qui doivent être regardés, lorfqu'ils font criftallifés comme des compofés de quatre corps, favoir des métaux, d'oxigène, d'acide fulfurique & d'eau. Ces fulfates métalliques font plus ou moins colorés, criftallifables, folubles dans l'eau, décompofables par la chaleur, par l'air vital dont ils abforbent l'oxigène, par les alkalis qui féparent les oxides métalliques, &c.

L'acide nitrique paroît agir fur les métaux avec plus de rapidité que l'acide fulfurique, quoiqu'il

y adhère en général beaucoup moins. Il se
dégage, pendant son action sur ces substances,
une grande quantité de gaz nitreux ; le métal se
trouve plus ou moins oxidé ; il se précipite,
ou bien il reste uni à cet acide. Stahl attribuoit
cet effet au dégagement du phlogistique des
métaux. Les chimistes modernes pensent aujourd'hui qu'il est dû à la décomposition de
l'acide nitrique & à la séparation d'une partie
de l'oxigène d'avec l'azote, qui forment, comme
nous l'avons exposé ailleurs, les deux principes
de cet acide. Les dissolutions métalliques nitreuses, ou les nitrates métalliques sont plus
ou moins cristallisables , décomposables par
la chaleur, par l'air, par l'eau ; les matières alkalines en séparent les oxides des métaux ; l'acide
nitrique a des attractions électives variées pour
les différens métaux, comme l'acide sulfurique.
M. Proust a découvert que plusieurs substances
métalliques s'enflamment par le contact de cet
acide.

L'acide muriatique agit en général avec peu
d'énergie sur les métaux. L'eau qui lui est unie
commence par les oxider, & produit le gaz
hydrogène qui se dégage des dissolutions opérées par cet acide. Ces dissolutions muriatiques
sont en général plus permanentes que les deux
précédentes, & presque toujours plus difficiles

à décompofer par la chaleur. Quelquefois elles fourniffent des criftaux, fouvent elles n'en donnent que très-difficilement. L'acide muriatique a plus d'affinité que les deux précédens avec plufieurs fubftances métalliques, & décompofe leurs diffolutions fulfuriques & nitriques. Les muriates métalliques ont fouvent de la volatilité.

L'acide muriatique oxigéné oxide la plupart des métaux avec beaucoup d'énergie, en raifon de l'excès d'oxigène qu'il contient & qui lui eft peu adhérent. Il les diffout fans effervefcence & de la même manière que l'eau diffout les fels.

L'acide carbonique attaque foiblement les métaux; cependant il eft fufceptible de fe combiner à la plupart, comme l'a démontré Bergman. La nature préfente fouvent des combinaifons de métaux avec cet acide, & quelquefois ces efpèces de fels font criftallifées; on les connoît fous le nom de *métaux fpathiques*, comme le fer, le plomb fpathiques; mais nous les défignerons comme les autres fels formés par cet acide, par les noms de carbonates de fer, de plomb, &c.

L'acide fluorique & l'acide boracique, s'uniffent également aux matières métalliques; mais ces compofés font en général peu connus.

Parmi toutes les combinaifons des métaux avec les acides, les unes font fufceptibles de criftallifer, d'autres ne prennent aucune forme régulière. Il en eft que le feu décompofe, & quelques-unes n'éprouvent aucune altération de la part de cet agent. La plupart s'altèrent à l'air dont elles abforbent l'oxigène. Toutes font plus ou moins folubles dans l'eau, & peuvent être décompofées par ce fluide en grande quantité, ainfi que l'a fait remarquer Macquer; toutes font précipitées par l'alumine, la baryte, la magnéfie, la chaux & les alkalis, qui ont en général plus d'affinité avec les acides, que n'en ont les oxides métalliques.

Lorfque quelques métaux font employés pour féparer d'autres métaux de leurs diffolutions, les métaux précipités reparoiffent avec leur forme & leur brillant métallique, parce que l'oxigène qui leur étoit uni dans l'état de diffolution s'en fépare & fe reporte fur le métal précipitant qui fe diffout à fon tour dans l'acide; c'eft pour cela que M. Lavoifier regarde avec raifon ces précipitations des métaux les uns par les autres, comme le produit des attractions électives diverfes de l'oxigène pour ces corps combuftibles.

Les fels neutres ne font que peu altérés par les matières métalliques, tant que l'on opère par la voie humide; mais fi l'on chauffe fortement des mêlanges de ces fels avec les métaux, plufieurs d'entr'eux font décompofés. Quelques fels fulfuriques forment alors du foufre. M. Monnet eft le feul chimifte qui ait annoncé cette décompofition pour l'antimoine. Dans un travail, fuivi fur cet objet, j'ai découvert plufieurs autres métaux, tels que le fer, le zinc, &c. qui décompofent le fulfate de potaffe, &c.

Le nitre détone avec la plupart des fubftances métalliques, & il les oxide plus ou moins fortement; ce phénomène dépend de ce que l'oxigène a plus d'affinité avec plufieurs de ces fubftances qu'il n'en a avec l'azote. Les métaux, oxidés par ce fel, portent le nom d'*oxides métalliques* par le nitre. La bafe alkaline de ce fel diffout fouvent une partie de ces oxides.

Le muriate ammoniacal eft décompofé par plufieurs métaux, & par les oxides de prefque toutes ces fubftances. Bucquet, qui a fait des recherches fuivies fur cet objet, a remarqué que toutes les fubftances métalliques fur lefquelles l'acide muriatique a une action immédiate, font fufceptibles de décompofer complètement le muriate ammoniacal, qu'il fe dégage du gaz hydrogène pendant ces décompofitions, & qu'elles n'ont point également lieu avec celles de ces fubftances qui ne font point diffolubles par l'acide muriatique ordinaire. L'ammoniaque, obtenue par ces décompofitions, eft toujours très-cauftique & très-pure.

Prefque toutes les matières combuftibles minérales s'uniffent facilement avec les métaux. Le gaz hydrogène les colore, & il réduit quelques-uns de leurs oxides, parce qu'il a plus d'affinité avec l'oxigène que n'en ont la plupart des métaux, comme l'a prouvé M. Prieftley par des expériences fort ingénieufes. Ces réductions des oxides métalliques par le gaz hydrogène, font accompagnées de la production d'une certaine quantité d'eau, par la combinaifon de l'hydrogène avec l'oxigène dégagé des métaux.

Le foufre s'unit à la plupart des métaux; ces combinaifons forment des efpèces de mines artificielles; lorfqu'elles font humectées ou expofées à l'air humide, elles fe vitriolifent ou fe changent peu-à-peu en fulfates métalliques. Les fulfures alkalins diffolvent tous les métaux. Le gaz hydrogène fulfuré les colore & décompofe leurs oxides, qu'il fait repaffer à l'état métallique en abforbant l'oxigène qui leur eft uni.

Les métaux fe combinent plus ou moins facilement entr'eux; il en réfulte des alliages dont les propriétés diverfes les rendent fufceptibles d'être employés avec fuccès dans différens arts.

§. VI. *Diftinction méthodique des fubftances métalliques.*

Les fubftances métalliques étant en affez grand nombre, il eft néceffaire d'établir entr'elles un ordre qui réuniffe celles dont les propriétés font femblables, & fépare celles qui different les unes des autres. La ductilité nous fert de premier caractère. Les fubftances métalliques, qui n'en ont point du tout, ou au moins dans lefquelles cette propriété eft très-bornée, ont été appelées *demi-métaux*. Celles, au contraire, qui font très-ductiles, font nommées *métaux*. Les demi-métaux font, ou très-caffans fous le marteau, ou fufceptibles de s'étendre légèrement ; ce qui fournit une fubdivifion entre ces fubftances. Les métaux peuvent auffi être fubdivifés, relativement à la manière dont le feu agit fur eux. En effet, les uns, chauffés avec le concours de l'air, s'oxident facilement ; d'autres au contraire, traités de même, n'éprouvent aucune altération. Les premiers font les *métaux imparfaits ;* les feconds, les *métaux parfaits.* Pour ne pas multiplier les divifions dans le cours du traité de ces fubftances, nous préfenterons ici une table dans laquelle les matières métalliques

font difpofées dans le rang que chacune d'elles
doit occuper.

Les fubftances métalliques font,

Ou peu ductiles.	Ou très-ductiles.
I. Section.	*I I. Section.*
DEMI-MÉTAUX.	MÉTAUX.
I. Division.	*I. Division.*
Les uns fe caffent fous le marteau.	Les uns s'oxident aifément lorfqu'on les chauffe avec le contact de l'air.
L'arfenic,	MÉTAUX IMPARFAITS.
Le molybdène,	Le plomb,
Le tungftène,	L'étain,
Le cobalt,	Le fer,
Le bifmuth,	Le cuivre.
L'antimoine,	*II. Division.*
Le nickel,	Les autres ne s'oxident point par le même procédé.
Le manganèfe.	MÉTAUX PARFAITS.
I I. Division.	L'argent,
Les autres ont une forte de demi-ductilité.	L'or,
Le zinc,	Le platine.
Le mercure.	

CHAPITRE VI.

De l'Arsenic et de l'Acide arsenique (1).

L'Arsenic doit être placé au premier rang des demi-métaux, parce qu'il a beaucoup de rapport avec les fels. Kunkel le regardoit comme une eau-forte coagulée. Beccher & Stahl l'ont confidéré comme une matière faline. Schéele a prouvé qu'il eft fufceptible de former un acide particulier. D'un autre côté, Brandt & Macquer ont démontré que cette fubftance étoit un vrai demi-métal. L'arfenic, pourvu de toutes fes propriétés, a en effet les caractères des matières métalliques; il eft parfaitement opaque, il a la pefanteur & le brillant propres à ces fubftances.

L'arfenic fe trouve fouvent natif; il eft en maffes noires peu brillantes, très-pefantes; quelquefois il a l'éclat métallique, & réfléchit les couleurs de l'iris. Dans fa caffure, il paroît

______

(1) Nous donnons le nom d'*arfenic* à la matière demi-métallique, connue ordinairement fous celui-ci de *régule* d'arfenic. Cette dernière dénomination eft impropre, & doit être abandonnée. Ce qu'on appelle *arfenic blanc* eft l'oxide de ce demi-métal.

plus brillant, & femble compofé d'un grand nombre de petites écailles ; lorfque ces écailles font fenfibles à l'extérieur des échantillons , on les nomme alors *arfenic teftacé* , ou improprement *cobalt teftacé* ; parce qu'autrefois, comme on ne connoiffoit point le caractère métallique de l'arfenic , & qu'on retiroit des mines de cobalt une grande quantité d'oxide d'arfenic, on avoit regardé l'arfenic teftacé comme une mine de cobalt. L'arfenic vierge eft très-aifé à reconnoître lorfqu'il a l'éclat métallique, & qu'il eft en petites écailles ; mais lorfqu'il eft noir, & que dans fa fracture il paroît compofé de grains fins & très-ferrés , on ne peut le diftinguer que par fa pefanteur qui eft très-confidérable , & parce que fi on l'expofe fur des charbons ardens , il fe diffipe en entier fous la forme de fumées blanches , qui ont une forte odeur d'ail. Ce dernier métal fe trouve abondamment à Sainte-Marie-aux-Mines. Il eft mêlé avec la mine d'argent grife ; on en rencontre auffi parmi les mines de cobalt en Saxe , & à Andrarum en Scanie.

La nature offre quelquefois l'arfenic en oxide blanc, ayant même l'afpect vitreux , mais le plus fouvent fous la forme de pouffière fuperficielle , ou mêlée à quelques terres. Cet oxide exifte auffi à Sainte-Marie-aux-Mines ; on le re-

connoît

connoît par les fumées blanches & l'odeur d'ail qu'il exhale lorsqu'on en jette au feu.

L'arfenic eft fouvent uni avec le foufre ; il forme alors l'*orpiment* & le *réalgar*, ou les oxides d'arfenic fulfurés jaune & rouge. L'*orpiment* natif eft en maffes plus ou moins groffes, jaunes, brillantes, & comme talqueufes ; il y en a de plus ou moins brillant ; fouvent il eft mêlé de *réalgar* ; quelquefois il tire fur le verd. Le *réalgar* eft d'un rouge plus ou moins vif & tranfparent, & fouvent criftallifé en aiguilles brillantes. On en trouve beaucoup à Quitto & fur le Véfuve ; ces deux matières ne paroiffent différer que par le plus ou moins grand degré de feu qui les a combinées.

Le *mifpikel*, ou pyrite arfénicale, eft la dernière mine d'arfenic. Ce demi-métal s'y trouve combiné au fer ; quelquefois le mifpikel eft criftallifé en cubes, fouvent il n'a point de forme régulière. Cette mine eft de couleur blanche & chatoyante ; Wallerius la nomme mine d'arfenic blanche cubique.

On trouve encore l'arfenic dans les mines de cobalt, d'antimoine, d'étain, de fer, de cuivre & d'argent.

L'arfenic pur, nommé auffi *régule d'arfenic*, eft d'une couleur grife noirâtre, réfléchiffant les couleurs de l'iris ; il eft très-pefant & très-friable.

Exposé au feu dans des vaisseaux fermés, il se sublime sans éprouver de décomposition; c'est même une des matières métalliques les plus volatiles. Il est susceptible de cristalliser en pyramides triangulaires, lorsqu'on le sublime lentement. L'arsenic chauffé avec le contact de l'air, s'oxide très - promptement, & se dissipe sous la forme de fumées blanches, qui répandent une odeur d'ail très-forte. Lorsque l'arsenic est rouge, il brûle avec une flamme bleuâtre. Dans cette combustion, il se combine avec l'oxigène de l'air vital, & forme un composé connu sous les noms d'*arsenic blanc*, de *chaux d'arsenic*, & que nous nommons oxide d'arsenic: c'est en raison de ce phénomène, que les mines de cobalt arsenicales fournissent dans les fourneaux où on les traite une grande quantité de fumées blanches qui se condensent dans les cheminées sous la forme d'une matière blanche, pesante, vitrifiée, déposée couches par couches, que l'on débite sous le nom très-impropre d'arsenic. C'est un vrai oxide d'arsenic vitreux.

L'oxide d'arsenic diffère essentiellement de tous les autres oxides métalliques; il a une saveur très-forte, & même caustique; c'est un poison violent. Si on l'expose au feu dans des vaisseaux fermés, il se volatilise à une chaleur médiocre, en une poudre blanche, cristalline, nommée *fleurs d'arfenic* ; fi la chaleur eſt un peu plus forte, il ſe vitrifie en ſe ſublimant, il en réſulte un verre très-tranſparent, ſuſceptible de ſe criſtalliſer en ſolide triangulaire applati, dont les angles ſont tronqués. Ce verre ſe ternit facilement à l'air. Aucun oxide métallique n'eſt vraiment volatil par lui-même, & celui d'arfenic préſente ſeul cette propriété. Il eſt en même-tems très - fuſible & très - vitrifiable. Beccher attribuoit la peſanteur & la volatilité de l'arfenic à un principe particulier, qu'il nommoit *terre mercurielle* ou *arfenicale*, & dont Stahl n'a pas pu démontrer l'exiſtence.

L'arfenic, dans l'état de régule, n'agit pas d'une manière ſenſible ſur les corps combuſtibles ; mais l'oxide d'arfenic les altére ſenſiblement, & reprend l'éclat métallique. Stahl penſe que dans ce cas le phlogiſtique que l'arfenic a perdu dans la *calcination* lui eſt rendu par le corps combuſtible. Les modernes ont prouvé, au contraire, que l'oxide d'arfenic eſt un compoſé d'arfenic & d'oxigène, & que le corps combuſtible, en enlevant ce dernier avec lequel il a plus d'affinité que l'arfenic, fait paſſer celui-ci à l'état métallique. Pour réuſſir à réduire l'oxide d'arfenic, on fait une pâte avec cet oxide en poudre & du ſavon noir ; on met cette pâte dans un matras, ſur un bain de ſable ;

on chauffe d'abord foiblement pour deffécher l'huile ; lorfqu'il ne s'exhale plus de vapeurs humides, on augmente le feu pour faire fubli-mer l'arfenic. On caffe le matras, & on trouve à fa partie fupérieure un pain, ayant l'afpect & le brillant métallique de l'arfenic ; la plus grande partie du charbon de l'huile refte au fond du matras.

L'arfenic, expofé à l'air, y noircit fenfible-ment ; l'oxide d'arfenic vitrifié perd fa tranf-parence, & devient laiteux, en éprouvant une forte d'efflorefcence.

L'arfenic ne paroît point être attaqué par l'eau ; mais fon oxide fe diffout très-bien dans ce menftrue, en quantité un peu plus grande à chaud qu'à froid ; au refte, la diffolubilité de cette fubftance varie fuivant qu'elle a été plus ou moins parfaitement oxidée. L'oxide d'ar-fenic fournit, par l'évaporation lente de fa diffolution, des criftaux jaunâtres en pyramides triangulaires ; on ne connoît aucun oxide mé-tallique qui fe diffolve dans l'eau en auffi grande quantité ; cette propriété, jointe à fa faveur extrême, le rapproche des matières falines.

L'oxide d'arfenic s'unit affez bien aux terres par la fufion ; il fe fixe avec elles, & en accélère la vitrification ; mais tous les verres dans lefquels il entre ont l'inconvénient de fe ternir à l'air en peu de tems. On ne connoît pas l'action des matières falino-terreufes fur l'arfenic, ni fur fon oxide. Les alkalis fixes cauftiques, qui n'ont point une action fenfible fur l'arfenic, diffolvent très-bien l'oxide de ce demi-métal. Macquer, dans fon beau travail fur cette matière (*Académ. 1746*), a obfervé qu'en faifant bouillir de l'oxide d'arfenic en poudre dans la liqueur de nitre fixé, ou diffolution de potaffe cauftique, cette fubftance s'y diffout complètement, & forme un fluide brun, gélatineux, dont la confiftance augmente peu-à-peu. Ce compofé, auquel il a donné le nom de *foie d'arfenic*; ne criftallife point; il devient dur & caffant; il eft déliquefcent, diffoluble dans l'eau, qui en précipite quelques flocons bruns. Pouffé au grand feu, le foie d'arfenic laiffe échapper cette dernière fubftance. Il eft décompofé par les acides. La foude préfente les même phénomènes; mais fa diffolution a donné à Macquer des criftaux irréguliers dont il lui a été impoffible de déterminer la forme.

L'acide fulfurique, même concentré, n'attaque pas l'arfenic à froid; mais fi on le fait bouillir avec ce demi-métal dans une cornue, l'acide donne d'abord beaucoup de gaz fulfureux; enfuite il fe fublime un peu de foufre, & l'arfenic fe trouve réduit en oxide, mais fans être diffous. L'acide fulfurique concentré & bouillant diffout auffi l'oxide d'arfenic ; mais lorfque la diffolution eft refroidie , cet oxide fe précipite , & l'acide ne paroît plus en retenir. Il acquiert dans cette combinaifon une fixité affez confidérable. Bucquet affure qu'en le leffivant pour emporter la portion d'acide qu'il peut retenir , il reprend toutes fes qualités.

L'acide nitrique, appliqué à l'arfenic, l'attaque avec vivacité & l'oxide ; cet acide diffout auffi l'oxide d'arfenic en affez grande quantité , lorfqu'il eft aidé d'une douce chaleur. Saturé de l'une ou de l'autre de ces fubftances , il conferve l'odeur qui lui eft propre ; évaporé fortement, il forme un fel qui n'a point de forme régulière, fuivant Bucquet, & que M. Baumé dit être en partie cubique, & en partie taillé en pointes de diamans. Wallerius dit que fes criftaux font femblables à ceux du nitrate d'argent. Le nitrate d'arfenic attire puiffamment l'humidité de l'air, il ne détone pas fur les charbons ; il n'eft décompofé ni par l'eau, ni par les acides ; les alkalis n'y occafionnent aucun précipité : cependant ils le décompofent, fuivant Bucquet, puifqu'en faifant évaporer une diffolution nitrique d'arfenic , à laquelle on a ajouté une leffive alkaline , on obtient du nitrate ordinaire & de l'arfeniate de potaffe. Nous verrons plus bas que tous les chimistes, très-embarrassés sur la nature singulière des dissolutions de l'arsenic & de son oxide dans les acides, n'avoient point découvert ce qui passe dans la combinaison de cet oxide avec l'acide nitrique, & n'avoient même pas soupçonné la production de l'acide arsénique. Remarquons seulement ici que l'oxide d'arsenic enlève à l'acide nitrique une grande partie de son oxigène.

L'acide muriatique, aidé de l'action du feu, dissout l'arsenic & son oxide, suivant Bucquet. Cette combinaison peut être précipitée par les alkalis fixes & volatils. M. Baumé dit que ce régule se dissout dans l'acide muriatique bouillant, & qu'il s'en précipite ensuite une poudre jaune comme du soufre. MM. Bayen & Charlard, dans leurs recherches sur l'étain, ont constaté que l'acide muriatique n'a aucune action à froid sur l'arsenic, & qu'à chaud il n'en a qu'une très-foible, & à peine sensible.

On ne connoît pas l'action des autres acides sur l'arsenic & sur l'oxide de ce demi-métal. L'arsenic mêlé avec le nitre, & projetté dans un creuset rougi au feu, produit une détonation vive; l'acide nitrique calcine, brûle le demi-métal: on trouve dans le creuset, après l'opération, l'alkali fixe qui servoit de base au nitre & l'arsenic reduit en oxide combiné en partie avec l'alkali fixe.　　　　Dd iv

Si on mêle partie égale d'oxide d'arfenic & de nitre, & qu'on mette ce mélange en diftillation dans une cornue de verre, on obtient un efprit de nitre en vapeurs très-rouges. Cet acide ne peut fe condenfer qu'autant qu'on met un peu d'eau dans le ballon, ce qui lui donne une couleur bleue. Beccher, Stahl & Kunckel ont décrit cette opération. Macquer, qui l'a répétée avec foin, ayant examiné le réfidu dont ces chimiftes n'avoient pas parlé, a découvert que c'étoit un fel neutre particulier auquel il a donné le nom de *fel neutre arfenical*, il doit être nommé arfeniate de potaffe. Ce fel, diffous dans l'eau & évaporé à l'air, donne des criftaux très-réguliers en prifmes tétraèdres, terminés par des pyramides à quatre faces égales ; quelquefois la forme de ces criftaux varie.

L'arfeniate de potaffe expofé au feu fe fond facilement, refte en fonte tranquille, fans s'alkalifer, & fans qu'il fe volatilife aucune portion d'arfenic ; il n'éprouve pas d'altération fenfible à l'air. Il eft beaucoup plus diffoluble dans l'eau que l'oxide d'arfenic pur, & il fe diffout en plus grande quantité dans l'eau chaude que dans l'eau froide.

Il ne peut être décompofé par aucun acide pur, mais il l'eft par la voie des affinités doubles.

Si on mêle à la diffolution de ce fel un peu de diffolution de fulfate de fer ou *vitriol martial*, il fe fait une double décompofition & une double combinaifon; l'acide fulfurique quitte le fer pour s'unir à la potaffe, & l'acide arfenique, féparé de l'alkali, fe combine avec l'oxide du fer. Les matières combuftibles décompofent très-bien l'arfeniate de potaffe.

L'oxide d'arfenic décompofe auffi le nitrate de foude, à l'aide de la diftillation, & forme avec fa bafe de l'arfeniate de foude qui, fuivant Macquer, differe peu du premier fel à bafe de potaffe, & qui criftallife abfolument de la même manière. Cet oxide agit de même fur le nitrate ammoniacal; uni avec fa bafe, il conftitue un arfeniate ammoniacal. On avoit cru que cette opération demandoit beaucoup de précautions à caufe de la propriété qu'a le nitrate ammoniacal de détoner fans addition dans les vaiffeaux clos: mais M. Pelletier a prouvé qu'on pouvoit la faire fans aucun danger, même à la dofe de plufieurs livres. La découverte du fel neutre arfenical de Macquer a mis fur la voie de celle de l'acide arfenique, puifque cet illuftre chimifte avoit vû & annoncé que l'oxide d'arfenic faifoit fonction d'acide dans ce fel. Mais c'eft à Schéele, comme nous le dirons plus bas, que l'on doit véritablement la connoif-

fance exacte de ces nouvelles combinaifons.

L'oxide d'arfenic ne décompofe pas les muriates alkalins. Il ne fépare que difficilement,
ainfi que l'arfenic lui-même, l'ammoniaque du
muriate ammoniacal.

On n'a point examiné l'action des matières
combuftibles minérales fur l'arfenic. L'oxide
de ce demi-métal paroît être fufceptible de fe
réduire par le gaz hydrogène, qui a plus d'affinité que l'arfenic avec l'oxigène, ou la bafe
de l'air.

L'oxide d'arfenic fe combine très-bien avec
le foufre. Lorfqu'on fait fondre ces deux fubftances, il en réfulte un corps jaune ou rouge,
volatil, qui a une faveur moins forte que l'oxide
d'arfenic pur & qui n'eft plus foluble dans l'eau.
Cet oxide d'arfenic fulfuré jaune a été nommé
orpin ou *orpiment factice ;* il eft fufceptible de
criftallifer en triangles, comme l'oxide d'arfenic
vitreux ; lorfqu'il eft rouge on l'appelle *réalgal*,
réalgar, rizigal factice ou *arfenic rouge.* Nous
nommons ce compofé oxide d'arfenic fulfuré
rouge. Quelques chimiftes ont cru qu'il ne diffé-
roit du jaune ou de l'orpiment qu'en ce qu'il
contenoit plus de foufre ; mais Bucquet a démontré que le compofé de foufre & d'oxide
d'arfenic eft rouge lorfqu'il a été fondu, puif-

qu'il fuffit d'expofer de l'orpiment à une chaleur vive pour le faire paffer à l'état de réalgar.
Je me fuis convaincu que le réalgar eft beaucoup moins volatil que l'orpiment, puifqu'il
refte au fond des matras où l'on a fublimé le
mélange d'oxide d'arfenic & de foufre, des
lames rouges bourfoufflées, & qui ont été manifeftement fondues. L'orpiment & le réalgar
artificiels ne different point des naturels. On les
décompofe par la chaux & les alkalis, qui ont
plus d'affinité avec le foufre que n'en a l'oxide
d'arfenic. Cependant cet oxide a, comme les
acides, la propriété de décompofer les fulfures
alkalins.

Toutes les propriétés de l'oxide d'arfenic
annoncent que cette matière demi-métallique
& combuftible, unie à la bafe de l'air vital, a
pris les caractères d'une fubftance faline. La
théorie que nous avons expofée en traitant des
fels en général, fe trouve donc confirmée par
ces expériences. Macquer, par fes belles découvertes fur l'arfeniate de potaffe, avoit déjà
obfervé, comme je l'ai dit, que l'oxide d'arfenic faifoit fonction d'acide dans ce fel. Mais
il étoit difficile de concevoir pourquoi cet oxide
diffous immédiatement dans la potaffe, differe
tant de la même combinaifon faite par la décompofition du nitre à l'aide du même oxide.

Schéele, conduit par la découverte de l'acide muriatique oxigéné, a pensé qu'il arrive quelque chose de semblable lorsqu'on distille du nitre avec l'oxide d'arfenic. Il croyoit que l'acide nitrique s'emparoit du phlogistique encore existant dans cet oxide, & qu'alors ce dernier passoit à l'état d'un acide particulier, que nous nommons acide arfenique. Il a préparé l'acide par des procédés analogues à celui par lequel il a produit l'acide muriatique oxigéné. L'un de ces procédés consiste à distiller un mélange d'acide muriatique oxigéné & d'oxide d'arfenic. Suivant lui, l'acide muriatique s'empare du phlogistique de cet oxide, qui passe alors à l'état d'acide. On réussit aussi à préparer l'acide arfenique, en distillant sur son oxide six parties d'acide nitrique. Ce dernier donne beaucoup de gaz nitreux, & l'oxide d'arfenic prend les caractères d'acide ; on le chauffe assez fortement & assez long-tems pour dégager tout l'acide nitreux surabondant.

Ce qui se passe dans ces opérations favorise beaucoup la doctrine moderne. En effet, d'un côté, il est difficile d'accorder, suivant la théorie de Stahl, l'existence du phlogistique dans l'oxide d'arfenic, & de l'autre, rien n'est si facile à concevoir, d'après la nouvelle doctrine, que le passage de cet oxide à l'état d'acide, par

l'action de l'esprit de nitre ou de l'acide muriatique oxigéné. L'oxide d'arfenic paroît avoir
une grande affinité avec l'oxigène dont il n'eft
pas faturé ; lorfqu'on le diftille avec l'acide
nitrique ou avec l'acide muriatique oxigéné ou
aéré, il s'empare de l'oxigène qui entre comme
principe dans l'un & l'autre de ces acides. Plus
il contient d'oxigène, plus il fe rapproche des
fubftances falines, & lorfqu'il en eft entièrement
faturé, il prend tous les caractères des acides,
qui, comme nous l'avons démontré, ne font
que des matières combuftibles combinées avec
l'oxigène, auquel elles doivent toutes leurs propriétés falines. On conçoit très-bien, d'après
cette théorie, pourquoi l'oxide d'arfenic non
faturé d'oxigène, & tel qu'il eft par la fimple
oxidation au feu, ne forme point d'arfeniate
de potaffe, & pourquoi il ne peut conftituer ce
fel qu'après avoir été préalablement traité par
les acides qu'il décompofe, & auxquels il enlève
l'oxigène à l'aide de la chaleur.

L'acide arfenique diffère beaucoup de l'oxide
d'arfenic ordinaire. Sa faveur eft plus forte. Il eft
fixe au feu, & l'on fe fert de ce procédé pour
féparer exactement cet acide de la portion
d'oxide d'arfenic qu'il peut contenir. C'eft fans
doute en paffant à l'état d'acide que l'oxide
d'arfenic prend de la fixité, lorfqu'on l'unit avec

l'acide fulfurique. Cet acide eſt fuſceptible de ſe fondre en un verre tranſparent ; il entraîne dans ſa fuſion les matières terreuſes , il paroît même fuſceptible de ronger le verre. Il rougit foiblement les couleurs bleues végétales. J'ai obſervé que par l'expoſition à l'air , il perd ſa tranſparence, ſe délite & s'écaille en fragmens ſouvent pentagones , & attire peu-à-peu l'humidité. Il ſe diſſout dans deux parties d'eau. Il ſe combine facilement avec la chaux , plus difficilement avec la baryte & la magnéſie. Lorſqu'on l'unit avec les alkalis , il forme des ſels neutres , que la chaux décompoſe, ſuivant Bergman. La baryte & la magnéſie paroiſſent avoir auſſi plus d'affinité avec cet acide que n'en ont les alkalis , d'après le même chimiſte. Il y a encore une grande quantité d'expériences à faire pour connoître toutes les propriétés de l'acide arſenique. M. Pelletier a préparé cet acide en décompoſant le nitrate ammoniacal par l'oxide d'arſenic : l'arſeniate ammoniacal qui en réſulte laiſſe dégager l'ammoniaque par la chaleur , & en continuant l'action du feu ſur cette ſubſtance, l'acide arſenique reſte ſeul & pur au fond de la cornue.

Bergman remarque que la peſanteur ſpéciſique de l'arſenic varie beaucoup depuis ſon état métallique juſqu'à ſon état d'acide. Voici celles qu'il lui attribue dans ses différentes modifications. Arfenic en régule, 8,308.-- Oxide d'arfenic vitreux, 5,000.-- Oxide d'arfenic blanc, 3,706.-- Acide arfenique, 3,391.

L'arfenic eft employé dans plufieurs arts, & notamment dans la teinture. On fe fert auffi de l'arfeniate de potaffe, & M. Baumé en a préparé pendant long-tems pour l'ufage des arts.

La facilité qu'a l'oxide d'arfenic de fe diffoudre dans l'eau & dans tous les fluides aqueux, fait qu'il peut devenir un poifon très-dangereux. On connoît qu'une perfonne a été empoifonnée par cette fubftance, aux fymptômes fuivans. La bouche eft sèche, les dents agacées, le gofier ferré : on éprouve un crachottement involontaire, une douleur vive à l'eftomac, une grande foif, des naufées, des vomiffemens de matières glaireufes, fanguinolentes ; des coliques très-vives, accompagnées de fueurs froides, des convulfions. Ces fymptômes font bientôt fuivis de la mort ; on s'affure que l'oxide d'arfenic en eft la caufe, en examinant les alimens fufpects. La préfence de ce poifon s'y manifefte, lorfqu'en jettant fur des charbons une portion de ces alimens defféchés, il s'en élève une fumée blanche d'une forte odeur d'ail.

On avoit couttume de donner aux perfonnes empoifonnées par l'oxide d'arfenic, des boiffons mucilagineuſes ou du lait, ou des huiles douces en grandes doſes, dans le deſſein de relâcher les viſcères agacés, de diſſoudre & d'emporter la plus grande partie du poiſon arſenical. Navier, médecin de Châlons, qui s'eſt occupé de la recherche des contre-poiſons de l'oxide d'ar-ſenic, a trouvé une matière qui ſe combine avec cette ſubſtance par la voie humide, la ſature & détruit la plus grande partie de ſa cauſticité. Cette ſubſtance eſt le ſulfure calcaire ou alkalin, & mieux encore le même ſulfure qui tient en diſſolution un peu de fer. La diſſolution d'oxide d'arſenic décompoſe les ſulfures ſans exhaler aucune odeur; cet oxide ſe combine au ſoufre avec lequel il fait de l'orpiment, & il s'unit en même-tems au fer ſi le ſulfure en contient. Navier preſcrit un gros de *foie de ſoufre* dans une pinte d'eau, qu'il fait prendre par verrées : on peut également donner cinq à ſix grains de ſulfure de potaſſe ſec en pillules, & pardeſſus chaque pillule un verre d'eau chaude. Lorſque les premiers ſymptômes ſont diſſipés, il conſeille l'uſage des eaux minérales ſulfureuſes. L'expérience lui a fait connoître qu'elles ſont très-propres à détruire les tremblemens & les paralyſies qui ſuivent ordinairement l'effet de l'oxide d'arſenic, & qui mènent à la phthiſie & à la mort. Navier approuve auſſi l'uſage du lait,

lait, parce que cette fubftance diffout l'oxide d'arfenic auffi-bien que le fait l'eau ; mais il condamne les huiles, qui ne peuvent le diffoudre.

CHAPITRE VII.

Du Molybdène & de l'acide molybdique.

Nous donnons le nom de *molybdène* à un nouveau demi-metal, découvert par M. Hielm, retiré de la fubftance minérale connue fous ce même nom. Cette fubftance ne doit point être confondue avec la *mine de plomb* ordinaire, plombagine, ou crayon noir dont on fe fert pour deffiner, & qui porte aujourd'hui le nom particulier de *carbure de fer*. Cette confufion a certainement apporté quelque différence dans les travaux des chimiftes qui ont examiné cette fubftance depuis Pott jufqu'à Schéele. Il faut obferver que le carbure de fer ou *plombagine* étant beaucoup plus commun que le molybdène, dont on ne trouve encore que très-peu d'échantillons dans les cabinets d'hiftoire naturelle, c'eft prefque toujours fur la première que les chimiftes ont travaillé, fi l'on en excepte MM. Quift & Schéele.

La vraie mine de molybdène eft difficile à

diftinguer du carbure de fer par les caractères extérieurs ; cependant le molybdène eft un peu plus gras au toucher ; il eft formé de lames écailleufes hexagones plus ou moins grandes, très-peu adhérentes les unes aux autres ; il tache les doigts & laiffe fur le papier des traces bleuâtres ou d'un gris argentin ; lorfqu'on le réduit en poudre, ce qui eft difficile à caufe de l'élafticité de fes lames, fa pouffière eft bleuâtre, on le coupe facilement avec le couteau, il ne fe brife point & n'a point le tiffu grenu comme le carbure de fer. Pour pulvérifer la mine de molybdène, il faut, d'après le procédé de Schéele, jetter dans le mortier un peu de fulfate de potaffe ; on lave enfuite la poudre avec de l'eau chaude qui emporte le fel, & cette mine refte pure. L'analyfe de cette mine faite par différens moyens prouve que c'eft un compofé de foufre & du demi-métal que nous examinons, mais celui - ci eft très-difficile à obtenir. L'illuftre Schéele n'a pas pu réduire fon oxide en métal ni avec le flux noir & le charbon, ni avec le borax & le même corps combuftible, ni avec l'huile. Bergman dit que M. Hielm a été plus heureux, & qu'il eft parvenu à obtenir affez de ce demi-métal pour en faire connoître les propriétés ; mais depuis cette note de Bergman, M. Hielm n'a rien publié fur cette matière.

M. Pelletier, dans ſes expériences ſur la réduction de l'oxide & de l'acide molybdique,
n'a jamais obtenu un culot de molybdène,
mais une matière agglutinée, noirâtre, friable,
ayant le brillant métallique ; on y voyoit à la
loupe des petits grains ronds, brillans & gris,
que M. Pelletier regarde comme le métal, ou
le molybdène pur. Le manganèſe n'a de même
été encore obtenu que ſous la forme de grenailles. Voici d'après les eſſais faits ſur ce demi-
métal, les propriétés qu'on y a reconnues. Le
molybdène eſt gris, formé de petits grains
agglutinés, caſſans, d'une extrême infuſibilité.
Chauffé avec le contact de l'air, il ſe change
en un oxide blanc, volatil, & qui ſe criſtalliſe
par la ſublimation en priſmes aiguillés & brillans,
comme celui de l'antimoine. Cet oxide ſurchargé
d'oxigène devient acide, & c'eſt le produit ſalin
qu'on connoît le mieux d'après les recherches de
Schéele. L'acide nitrique calcine facilement le
molybdène & le convertit en un oxide blanc,
& même en acide molybdique. L'oxide de
molybdène devient bleu & brillant en repaſſant
à l'état métallique. Les alkalis, aidés par l'action
de l'eau, oxident & diſſolvent ce demi-métal ;
il eſt ſuſceptible de s'allier avec le plomb, le
cuivre, le fer, l'argent, & il forme des alliages
grenus, griſâtres, très - friables. Enfin, uni au

E e ij

foufre, il conftitue le fulfure de molybdène, & ce compofé eft tout-à-fait femblable à la mine de ce métal, connue improprement fous le nom de *molybdène & de potelot*. Comme c'eft cette dernière mine qui a été le fujet des expériences de Schéele, & comme c'eft avec ce minéral beaucoup plus connu que le métal qu'il contient, que ce chimifte a préparé l'acide molybdique, nous allons en examiner les propriétés plus en détail.

Le *potelot* ou fulfure de molybdène natif expofé au feu dans un vaiffeau ouvert, exhale du foufre & s'évapore prefque tout entier en fumée blanche. Traité au chalumeau dans la cuiller, il donne la même fumée, qui fe condenfe en lames criftallines jaunâtres, & qui prend une couleur bleue par le contaɛt des corps combuftibles. M. Pelletier ayant calciné du fulfure de molybdène dans un creufet recouvert d'un autre creufet, a obtenu des criftaux aiguillés, blancs & brillans, femblables à ce qu'on appeloit *fleurs argentines d'antimoine*. Cet oxide de molybdène fublimé, a déjà les caraɛtères d'acide; mais ce procédé feroit trop long & trop difpendieux pour la préparation de l'acide molybdique.

Les terres falines & les alkalis fixes, fondus avec le fulfure de molybdène, en diffolvent le foufre & le métal.

Quelques acides font éprouver des altérations remarquables à cette mine.

L'acide fulfurique concentré en oxide le métal, & s'exhale en acide fulfureux à l'aide de l'ébullition.

L'acide muriatique n'a nulle action fur ce minéral.

L'acide arfenique, traité par la diftillation avec le fulfure de molybdène, cède fon oxigène à une partie du foufre qui devient acide fulfureux, fe volatilife en *orpiment* avec une partie du même foufre, change une portion de molybdène en acide molybdique, & en laiffe la plus grande partie dans l'état métallique. M. Pelletier conclut de cette expérience, que le molybdène eft à l'état métallique dans fa mine.

En diftillant 30 onces d'acide nitrique étendu d'eau fur une once de molybdène, en 5 reprifes, c'eft-à-dire, 6 onces de cet acide à la fois, il fe dégage une grande quantité de gaz nitreux, & il refte dans la cornue une poudre blanche qu'il faut laver avec fuffifante quantité d'eau diftillée froide pour emporter l'acide étranger foluble à cette température ; il refte après cette édulcoration fix gros & demi d'acide molybdique pur. Schéele, à qui eft due cette découverte, penfe que l'acide nitrique s'empare du phlogiftique, & s'échappe en vapeurs rouges; il brûle auſſi le ſoufre qui ſe trouve dans le molybdène; & voilà pourquoi l'eau qu'on emploie pour laver l'acide du molybdène, contient de l'acide ſulfurique qu'on obtient concentré par l'évaporation, & qui retient un peu de molybdène en diſſolution; cette ſubſtance donne à la liqueur évaporée une couleur bleue aſſez brillante. Nous penſons que dans cette opération, ainſi que dans toutes celles où l'acide nitrique, diſtillé ſur quelque ſubſtance que ce ſoit, la réduit en état d'acide, le premier eſt décompoſé, & que c'eſt à la ſéparation de l'oxigène de l'acide nitrique & à ſa fixation dans le molybdène, que ſont dus le dégagement du gaz nitreux & la formation des acides ſulfurique & molybdique.

L'acide molybdique, obtenu par le procédé que nous venons de décrire, eſt ſous la forme d'une poudre blanche, d'une ſaveur légèrement acide & métallique. Chauffé dans la cuiller au chalumeau, ou dans un creuſet avec le contact de l'air, il ſe volatiliſe en une fumée blanche, qui ſe condenſe en criſtaux aiguillés, & il ſe fond en partie ſur les parois du creuſet. Malgré l'édulcoration il retient une portion d'acide ſulfureux que la chaleur forte en dégage complètement.

Cet acide ſe diſſout dans l'eau bouillante;

Schéele en a diffous un fcrupule dans 20 onces d'eau. Cette diffolution a une faveur fingulière-ment acide & prefque métallique ; elle rougit la teinture de tournefol, décompofe la diffo-lution de favon, & précipite les fulfures alkalins ou *foies de foufre* ; elle devient bleue & prend de la confiftance par le froid.

L'acide molybdique fe diffout en grande quantité dans l'acide fulfurique concentré à l'aide de la chaleur ; cette diffolution prend une belle couleur bleue, & s'épaiffit par le refroi-diffement ; on fait difparoître ces deux phéno-mènes en la chauffant, & ils reparoiffent à mefure que la liqueur refroidit ; fi l'on chauffe fortement cette combinaifon dans une cornue, l'acide fulfurique fe volatilife, & l'acide molyb-dique refte fec au fond de ce vaiffeau.

L'acide nitrique n'a nulle action fur l'acide molybdique.

L'acide muriatique ordinaire en diffout une grande quantité ; cette diffolution donne un réfidu bleu foncé, lorfqu'on la diftille à ficcité ; en pouffant le feu, ce réfidu donne un fublimé blanc & un autre bleuâtre ; ce qui refte dans la cornue eft gris ; le fublimé eft déliquefcent & colore les métaux en bleu ; l'acide muria-tique paffe oxigéné dans le récipient. Il eft facile de concevoir que dans cette opération, l'acide

muriatique enlève une portion d'oxigène à l'a-
cide molybdique, & qu'une portion de cet acide
paffe à l'état de molybdène.

L'acide molybdique décompofe à l'aide de la
chaleur, les nitrates & les muriates alkalins, en
dégageant leurs acides, & il forme avec leurs
bafes des fels neutres dont Schéele n'a point
examiné toutes les propriétés. Cet acide dégage
auffi l'acide carbonique des trois alkalis, & forme
des fels neutres avec leurs bafes.

Quoique Schéele n'ait point fait connoître
toutes les propriétés de ces fels neutres, que
nous défignerons par les noms de *molybdates de
potaffe*, *de foude*, *d'ammoniaque*, &c. il en a
cependant indiqué trois qui fuffifent pour
caractérifer leur état de neutralifation. Il a reconnu, 1°. que l'alkali fixe rendoit la terre
acide molybdique plus foluble dans l'eau ;
2°. que ce fel empêchoit l'acide molybdique de
fe volatilifer par la chaleur ; 3°. que le molybdate de potaffe fe précipitoit par le refroidiffement en petits criftaux grenus ; & qu'on peut
le féparer auffi de fon diffolvant par les acides
fulfurique & muriatique.

L'acide molybdique décompofe le nitrate &
le muriate barytiques. Le molybdate barytique,
formé dans ces opérations, eft diffoluble dans
l'eau.

L'acide molybdique paroît décomposer en partie le sulfate de potasse, & en dégager un peu d'acide sulfurique par une forte chaleur.

L'acide molybdique dissout plusieurs métaux, & prend une couleur bleue, à mesure que cet acide leur abandonne une portion de son oxigène. Il précipite plusieurs dissolutions métalliques, &c.

CHAPITRE VIII.

Du Tungstène & de l'acide tunstique.

LE minéral nommé *tungstène* par les suédois, appelé *pierre pesante*, *lapis ponderosus*, par plusieurs naturalistes, & en particulier par Bergman dans sa Sciagraphie, a été regardé par Cronstedt comme une espèce de mine de fer, & désigné par lui sous cette phrase, *ferrum calciforme terrâ quâdam incognitâ intime mixtum*. La plupart des naturalistes allemands le rangeoient parmi les mines d'étain, sous le nom de *cristal d'étain blanc* ou *de zinn-spath*; dans presque tous les cabinets d'histoire naturelle on le présentoit comme appartenant à ce métal.

On ne s'étoit point occupé de l'analyse exacte de ce minéral avant Schéele. Ce chimiste ayant examiné cette prétendue mine d'étain, découvrit par ſes expériences qu'elle étoit compoſée d'un acide particulier uni à la chaux; Bergman, faiſant de ſon côté des recherches ſuivies ſur cette matière, trouva les mêmes réſultats. Cette découverte eſt de 1781. Les deux chimiſtes ſuédois ont penſé, d'après l'examen des propriétés de ce minéral, que l'acide qu'il contenoit étoit métallique.

Depuis cette époque MM. d'Elhuyar, de la ſociété royale Baſquaiſe, M. Angulo de l'académie de Walladolid, & M. Crèll, ont répété les expériences des chimiſtes ſuédois, & en ont confirmé les réſultats. D'après la définition que nous venons de donner de ce ſel naturel & de ſon acide, nous ferons obſerver que ce que les ſuédois ont appelé *tungſtène*, eſt un ſel formé par l'acide tunſtique, & par la chaux: nous adoptons ce nom de tungſtène pour le demi-métal qui paroît être la baſe de cet acide, & nous appellerons cette eſpèce de mine *tunſtate de chaux natif*.

MM. d'Elhuyar de la ſociété Baſquaiſe, ont découvert que le *wolfram*, qu'on regardoit autrefois comme une mine de fer pauvre, eſt une combinaiſon de cet acide tunſtique avec le manganèſe & le fer. Ils ont obtenu un régule particulier de ce minéral. Le wolfram qu'ils ont

analyſé venoit de la mine d'étain de Zinwalde.
Il eſt en maſſes ou en priſmes héxaèdres comprimés ; il a le brillant métallique, la caſſure
feuilletée, & ſe laiſſe entamer au couteau. Il
contient par quintal 22 parties d'oxide noir de
manganèſe, 12 d'oxide de fer, 64 d'acide tunſtique & 2 de quartz. Le tunſtate de chaux natif
de Schleckenwalde, en Bohême, contient ſuivant eux 68 livres d'acide tunſtique, & 30 de
chaux.

Voilà deux mines connues du demi - métal
nouveau que nous nommons *tungſtène*. MM. d'Elhuyar ont fondu une partie de wolfram avec
4 parties de carbonate de potaſſe ; ils ont leſſivé
ce mêlange ; l'eau a diſſous le tunſtate de potaſſe, d'où ils ont précipité l'acide tunſtique en
poudre jaune par l'acide nitrique. Ce précipité,
pouſſé au feu avec du charbon dans un creuſet,
leur a donné un bouton métallique compoſé
de beaucoup de petits globules friables. Voici
les propriétés qu'ils ont reconnues dans le nouveau demi-métal. Une peſanteur ſpécifique, conſidérable, mais jamais au-deſſus de 17,6 ; une
infuſibilité très - grande, & qui paroît même
excéder celle du manganèſe ; une indiſſolubilité
dans les 3 acides les plus forts, & même dans
l'acide nitro-muriatique ; une union facile avec
quelques métaux, & en particulier avec le fer

& l'argent dont il change singulièrement les propriétés; une oxidation assez facile, un oxide jaune qui devient bleu par la chaleur, qui est indissoluble dans les acides & soluble dans les alkalis, qui reste suspendu dans l'eau où on le triture & imite une émulsion. Quoique quelques-uns de ces caractères soient analogues à ceux du molybdène, ainsi que Bergman & Schéele l'avoient déjà entrevu dans l'acide molybdique, leur union suffit cependant pour faire regarder le tungstène comme un demi-métal particulier. Mais il manque encore beaucoup d'expériences pour en connoître avec exactitude toutes les propriétés.

Les chimistes qui se sont occupés de cet objet ont fait beaucoup plus de recherches sur le tunstate de chaux natif, que sur le demi-métal qu'en ont retiré MM. d'Elhuyar : pour faire connoître l'ensemble de leurs découvertes sur ce minéral, il est nécessaire que nous insistions quelque tems sur ses propriétés.

Le tunstate de chaux natif a été assez rare jusqu'actuellement; on en trouve dans les mines de fer de Bitzberg, dans celles d'étain de Schleckenwalde en Bohême; & la plupart des cristaux d'étain blanc de Sauberg, près d'Ehrenfriendersdorf, sont du tunstate de chaux; ainsi en essayant les cristaux d'étain blanc conservés dans les cabinets, par les moyens que nous indiquerons, on pourra en reconnoître quelques échantillons dont on ne foupçonnoit pas la nature.

Le tunftate de chaux n'éprouve point d'altération fenfible par la chaleur ; il décrépite & fe réduit en pouffière par l'action du chalumeau, mais il ne fe fond pas. La flamme bleue le colore légèrement, & le nitre lui enlève cette couleur.

L'eau bouillante n'a nulle action fur ce fel métallique en poudre, & il eft parfaitement infoluble. On n'a point examiné l'action de l'air, des terres, des fubftances falino-terreufes & des alkalis cauftiques fur cette fubftance.

L'acide fulfurique chauffé & diftillé fur le tunftate de chaux natif paffe fans altération ; le réfidu prend une couleur bleuâtre ; leffivé avec de l'eau bouillante, on en retire un peu de fulfate calcaire ; ce qui prouve que cette fubftance contient de la chaux, & que l'acide fulfurique n'en décompofe qu'une très-petite partie.

L'acide nitrique foible agit fur ce fel à l'aide de la chaleur, mais fans effervefcence fenfible. Cet acide lui donne une couleur jaune, ce qui le diftingue d'avec la vraie mine d'étain, & il le décompofe en lui enlevant la chaux; il faut environ 12 parties d'acide nitrique dans l'état d'eau-forte ordinaire pour décompoſer entièrement une partie de tunſtate calcaire. Schéele a fait cette opération en pluſieurs repriſes; après l'action de trois parties d'acide nitrique foible ſur une partie de ce ſel neutre, il verſe deux parties d'ammoniaque cauſtique; la poudre que l'acide nitrique change en jaune devient blanche par l'alkali; il répète l'action ſucceſſive de l'acide & de l'alkali, juſqu'à ce que le tunſtate calcaire ſoit tout-à fait diſſous. De 4 ſcrupules traités par ce procédé, il a eu 3 grains de réſidu qui lui a paru être de la ſilice. En précipitant l'acide nitrique employé pour cette opération par du pruſſiate de potaſſe, & enſuite par la potaſſe, il a obtenu 2 grains de pruſſiate de fer ou bleu de Pruſſe, & 53 grains de craie; l'ammoniaque unie à l'acide nitrique lui a donné un précipité acide. Dans cette expérience, l'acide nitrique décompoſe le tunſtate calcaire en s'emparant de la chaux, & l'acide tunſtique mis à nud par cette décompoſition, eſt enlevé par l'ammoniaque. Le ſel ammoniacal formé par cette dernière diſſolution, eſt décompoſé par l'acide nitrique qui a plus d'affinité avec l'ammoniaque, que celle-ci n'en a avec l'acide tunſtique; comme ce dernier acide eſt beaucoup moins ſoluble que le tunſtate ammoniacal, il ſe précipite à meſure qu'il devient libre fous la forme d'une poudre blanche ; on leſſive cette poudre avec de l'eau diſtillée froide pour avoir l'acide tunſtique bien pur.

On peut encore obtenir cet acide par un autre procédé que Schéele a employé avec un égal fuccès. On fait fondre, dans un creufet de fer, une partie de tunſtate calcaire natif en poudre, avec 4 parties de carbonate de potaſſe ; on leſſive cette maſſe avec 12 parties d'eau bouillante ; & on y verſe de l'acide nitrique juſqu'à ce qu'il n'y ait plus d'effervefcence ; on la fond une feconde fois avec quatre parties de carbonate de potaſſe, on la leſſive avec l'eau, & on la traite par l'acide nitrique, juſqu'à la ceſſation de l'effervefcence ; alors il ne reſte qu'un peu de filice & tout le fel tunſtique eſt décompofé. En effet, pendant la fufion, la potaſſe fe porte fur l'acide tunſtique avec lequel elle forme un fel neutre particulier, tandis que l'acide carbonique s'unit à la chaux qu'il change en craie. Lorfqu'on leſſive la maſſe fondue, l'eau diſſout le tunſtate de potaſſe, qui eſt beaucoup plus foluble que la craie, & celle-ci reſte feule ; l'acide nitrique qu'on emploie après l'eau diſſout la craie avec effervefcence fans toucher à la portion de tunſtate calcaire que les quatre premières parties d'alkali n'ont pas décompofée. A la feconde opération, le fel étant complètement décompofé par les quatre autres parties de carbonate de potaffe, l'acide nitrique enlève toute la craie, de forte qu'à l'aide de huit parties d'alkali fixe & d'une petite quantité d'eau-forte employée fucceffivement, on a tout-à-fait féparé les principes du tunftate calcaire; fon acide eft uni avec la potaffe & fa chaux combinée avec l'acide nitrique; en précipitant le nitrate calcaire par la potaffe, on connoît la quantité de chaux contenue dans le tunftate calcaire employé; il ne s'agit plus enfuite que de féparer l'acide tunftique uni à l'alkali fixe. Pour cela on fe fert du procédé qui a été décrit dans la première expérience. On verfe dans la leffive du mélange fondu du tunftate de chaux avec le carbonate de potaffe, une fuffifante quantité d'acide nitrique; cette leffive fe trouble & s'épaiffit, parce que l'acide nitrique ayant plus d'affinité avec l'alkali fixe que n'en a l'acide tunftique, celui-ci fe précipite en poudre, & la liqueur tient du nitre en diffolution. On lave le précipité avec de l'eau froide, & l'on a l'acide tunftique pur fous la forme d'une poudre blanche comme dans la première opération; ce procédé doit même être préféré comme moins difpendieux & plus facile.

L'acide muriatique agit fur le tunftate calcaire de la même manière que l'acide nitrique, *il le*
décompofe

décompofe avec la même énergie ; & comme il lui donne une couleur plus jaune, Bergman le recommande pour effayer & pour reconnoître ce fel terreux.

L'acide tunftique obtenu par l'un ou l'autre de ces trois procédés, eft comme nous l'avons dit fous la forme d'une poudre blanche. Au chalumeau, il devient fauve, brun & noir fans fe fondre ni fe volatilifer. Il fe diffout dans 20 parties d'eau bouillante ; cette diffolution a une faveur acide, & rougit la teinture de tournefol.

L'acide tunftique paroît former avec la baryte un fel abfolument infoluble dans l'eau, avec la magnéfie un autre fel difficilement foluble.

Lorfqu'on verfe fa diffolution dans l'eau de chaux, elle y opère un peu de précipité qui augmente beaucoup par la chaleur, & qui eft du tunftate calcaire régénéré fuivant Schéele.

L'acide tunftique faturé de potaffe donne un fel qui fe précipite en très-petits criftaux, & dont la forme n'a point été déterminée. Schéele n'a point parlé de fa combinaifon avec la foude. Il forme fuivant lui avec l'ammoniaque un fel figuré en très-petites aiguilles ; ce tunftate ammoniacal, expofé au feu dans une cornue, laiffe aller l'ammoniaque, & l'acide tunftique refte en

poudre sèche & jaunâtre ; le même sel décompose le nitrate calcaire & réforme du tunstate
de chaux.

L'acide tunstique chauffé avec de l'acide sulfurique prend une couleur bleuâtre ; avec l'acide
nitrique & l'acide muriatique, il devient jaune
citron ; il précipite en vert le sulfure alkalin
ou foie de soufre. Schéele n'a point déterminé à quelle cause sont dus ces changemens
de couleur.

Ce chimiste ayant observé que l'acide tunstique se colore facilement par les corps combustibles, & colore lui même en bleu les flux vitreux
comme le borax, &c. a chauffé dans un creuset
cet acide avec de l'huile de lin ; mais il n'en a
point obtenu du métal, & l'acide n'a été que
noirci. Bergman pense cependant d'après la
pesanteur considérable de cet acide, sa coloration par les corps inflammables, & sa précipitation par le prussiate de potasse ou l'alkali
prussien, qu'il est d'origine métallique.

Nous avons dit par quel procédé MM. d'E-
lhuyar sont parvenus à réduire en globules métalliques l'oxide tunstique retiré du wolfram, &
la nature métallique de cet acide n'est plus un
problême.

CHAPITRE IX.

Du Cobalt.

LE cobalt ou cobolt est un demi-métal d'une couleur blanche, tirant un peu sur le rouge, d'un grain fin & serré, qui est très-cassant & qui se réduit facilement en poudre par l'action du pilon. Pesé à la balance hydrostatique, il perd environ un huitième de son poids. Sa pesanteur spécifique est d'environ 7,700, suivant Bergman. Il est susceptible de se cristalliser en faisceaux d'aiguilles couchées les unes sur les autres.

Le cobalt n'a jamais été trouvé pur & natif dans la nature, il est presque toujours calciné & uni avec l'arsenic ou son acide, le soufre, le fer, &c. Voici les principales sortes de mines de cobalt distinguées d'après leurs combinaisons, par Bergman & M. Mongèz.

1°. Cobalt natif uni à l'arsenic. Cette mine est solide, grise, pesante, peu brillante & grenue dans sa cassure ; elle fait feu avec le briquet, & noircit au feu. L'acide nitrique la dissout avec effervescence, & elle donne une encre de sympathie par l'acide muriatique.

2°. Cobalt en oxide. Cette mine, qui paroît

être du cobalt oxidé par les acides, est ordinairement grise noirâtre, & quelquefois semblable à du noir de fumée, souvent friable &
pulvérulente. Elle salit les doigts ; celle qui est
compacte présente des taches rosées dans sa
cassure ; elle ressemble quelquefois à des scories
de verre, ce qui l'a fait appeler *mine de cobalt
vitreuse* par quelques naturalistes. Cette mine
ne contient point d'arsenic lorsqu'elle est pure,
mais elle est souvent mêlée d'ochre martiale.

3°. Cobalt uni à l'acide arsenique, *fleurs de
cobalt rouges, roses, couleur de fleurs de pêcher.*
L'acide arsenique que Bergman & M. Mongez
y ont découvert, lui donne sa couleur. Cette
mine est ou en masse, ou en poudre, ou en
efflorescence striée, ou en prismes à 4 pans
avec des sommets à deux faces. Sa couleur se
détruit au feu, à mesure que l'acide arsenique
se dégage.

4°. Cobalt uni au fer & à l'acide sulfurique ;
mine de cobalt spéculaire ; on l'a appelée fort
improprement *cobalt sulfureux,* parce qu'elle
ne contient point de soufre, mais un peu d'acide sulfurique. Cette mine est blanche ou grise
& très-brillante, c'est la plus riche de toutes ;
elle fait souvent feu avec le briquet.

5°. Cobalt uni au soufre, à l'arsenic & au
fer. Ce minéral porte le nom de *mine de cobalt*

blanche ou *grise* : elle est d'un gris blanchâtre, cristallisée en cubes entiers ou tronqués, de manière à former des solides à quatorze, dix-huit ou vingt-six facettes. Sa cassure est lamelleuse & spathique. Quelquefois elle offre à sa surface des dendrites en feuilles de fougère ; dans cet état, on la nomme *mine de cobalt tricottée*. Souvent les mines de cobalt blanches n'ont aucune cristallisation régulière ; mais elles sont toujours reconnoissables à leur couleur grise blanchâtre, à leur pesanteur moindre que celle des précédentes, & à l'efflorescence rouge, qu'elles ont presque toutes à leur surface.

Pour faire l'essai d'une mine de cobalt, on commence par la piler & la laver, ensuite on la grille pour en séparer l'arsenic. Le cobalt reste dans l'état d'un oxide noir plus ou moins foncé ; on mêle cet oxide avec trois parties de *flux noir* & un peu de sel marin décrépité ; on le fond dans un creuset brasqué & couvert au feu de forge ; on attend que la fonte soit complète, & que la matière soit parfaitement liquide pour laisser refroidir le creuset ; on l'agite légèrement pour faire précipiter le demi-métal, qui se rassemble en culot au fond du vaisseau. Ce culot est quelquefois formé de deux matières métalliques ; le cobalt est placé supérieurement, & le bismuth se trouve au-deſſous ; on les ſépare facilement d'un coup de marteau.

Les minéralogiſtes modernes, & ſur-tout Bergman & M. Kirwan, propoſent de faire l'eſſai des mines de cobalt par l'acide nitrique ; cet acide diſſout le cobalt & le fer ; on les précipite par le carbonate de ſoude, & on diſſout enſuite le précipité cobaltique par l'acide acéteux. Scheffer conſeille de reconnoître la puiſſance colorante des mines de cobalt, en les fondant avec trois parties de potaſſe & cinq de verre en poudre.

Dans les travaux en grand, on ne retire point le cobalt ſous la forme métallique. Après avoir pilé & lavé la mine de cobalt, on la grille dans le fourneau à manche. Ce fourneau ſe termine par une longue galerie horiſontale qui ſert de cheminée ; c'eſt dans cette galerie que l'oxide d'arſenic ſublimé ſe condenſe & ſe fond en verre, que l'on vend dans le commerce ſous le nom impropre d'*arſenic blanc*. Si la mine contenoit un peu de biſmuth, comme ce métal eſt très-fuſible, il ſe raſſemble au fond du fourneau ; le cobalt reſte dans l'état d'un oxide gris obſcur, nommé *ſafre*. Le ſafre du commerce n'eſt jamais pur ; on le mêle avec trois fois ſon poids de cailloux pulvériſés. Le ſafre, ainſi mêlé & expoſé au grand feu, ſe fond en un verre d'un bleu obscur, nommé *smalt*. On réduit ce smalt en poudre dans des moulins, & on le délaye dans l'eau. La première portion de verre qui se précipite est la plus grossière ; on la nomme *azur grossier* ; on décante l'eau encore trouble ; elle donne un second précipité ; on la décante ainsi jusqu'à quatre fois, & le dépôt qu'elle forme alors est plus fin que tous les autres ; on le nomme improprement *azur des quatre feux*. Cet azur est employé dans plusieurs arts pour colorer en bleu les métaux & les verres, &c.

Le *safre* du commerce, fondu avec trois fois son poids de flux noir & un peu de suif & de sel marin, donne le demi-métal connu sous le nom impropre de *régule de cobalt*. La réduction du safre est très-difficile. Il faut employer une grande quantité de fondant, & avoir soin de tenir le creuset rouge-blanc pendant un tems assez long, pour que la matière soit bien fluide, tranquille, & que les scories soient fondues en un verre bleu ; alors le cobalt se précipite & se rassemble en un culot au-dessous des scories.

Le cobalt, exposé au feu, ne se fond que lorsqu'il est bien rouge ; ce demi-métal est de très-difficile fusion, & paroît très-fixe au feu ; on ignore même s'il se peut volatiliser dans des vaisseaux fermés ; mais on sait que si on le laisse refroidir lentement, il se cristallise en prismes aiguillés, couchés les uns sur les autres & réunis en faisceaux; & ils imitent assez bien une masse de basaltes écroulés, comme l'observe M. Mongez. Pour réussir dans cette cristallisation, il suffit de faire fondre du cobalt dans un creuset, jusqu'à ce qu'il éprouve une espèce d'ébullition, & d'incliner ce vaisseau, lorsqu'après l'avoir retiré du feu, la surface de ce demi-métal se fige. Par cette inclinaison, la portion encore fondue s'écoule, & celle qui adhère aux parois de l'espèce de géode formée par le refroidissement des surfaces du cobalt, se trouve tapissée de cristaux prismatiques entassés.

Le cobalt fondu exposé à l'air, se couvre d'une pellicule sombre & terne, qui n'est qu'un oxide de ce demi-métal, formé par sa combinaison avec l'oxigène. On fait plus facilement une plus grande quantité d'oxide de cobalt, en exposant ce demi-métal réduit en poudre dans un têt à rôtir sous la moufle d'un fourneau de coupelle, & en l'agitant pour renouveller les surfaces. Cette poudre, tenue rouge pendant quelque tems, perd son brillant, augmente de poids & devient noire. Cet oxide noir de cobalt demande un feu de la dernière violence pour se fondre en un verre bleu très-foncé.

Le cobalt se ternit un peu à l'air, & il n'est

point attaqué par l'eau. Ce demi-métal ne s'unit point aux terres, mais son oxide s'y combine par la fusion, & il forme avec elles un beau verre bleu de la plus grande fixité au feu. C'est à cause de cette propriété de l'oxide de cobalt, que cette substance est d'un grand usage dans la peinture des émaux, de la porcelaine & de la faïence.

On ne connoît pas bien l'action de la baryte, de la magnésie & de la chaux sur le cobalt. Les alkalis dissous dans l'eau l'altèrent manifestement; mais on n'a point encore suivi ces altérations.

Ce demi-métal se dissout dans tous les acides, mais avec des phénomènes différens, suivant son état & celui de l'acide.

Le cobalt ne se dissout que dans l'acide sulfurique concentré & bouillant. On fait cette dissolution dans une fiole de verre ou dans une cornue; lorsque l'acide est presque tout évaporé en gaz sulfureux, on lave le résidu; une portion se dissout dans l'eau & lui communique une couleur rosée ou verdâtre; c'est le sulfate de cobalt; l'autre est du cobalt oxidé par l'acide, dont l'oxigène s'est combiné avec le demi-métal. M. Baumé dit qu'on obtient, de la dissolution sulfurique de cobalt suffisamment évaporée, & par le refroidissement, deux fortes

de cristaux; les uns blancs, petits & cubiques;
les autres verdâtres, quarrés, de six lignes de
long, & larges de quatre. Ce sont ces derniers
qu'il regarde comme le sulfate de cobalt. Les
premiers dépendent de quelques autres matières
métalliques étrangères unies au cobalt. Les cristaux de sulfate de cobalt, que l'on obtient le
plus souvent sous la forme de petites aiguilles,
& que M. Sage désigne par celle de prismes
tétraèdres rhomboïdaux, terminés par un som-
met dièdre à plans rhombéaux, se décomposent
au feu; il ne reste qu'un oxide de cobalt qui
ne peut se réduire seul. La baryte, la magnésie,
la chaux & les trois alkalis décomposent aussi
ce sel, & en précipitent le cobalt en un oxide
rosé; 100 grains de cobalt diffous dans l'acide
sulfurique donnent par la soude pure environ
140 grains de précipité, & par le carbonate de
soude 160 grains. Cette augmentation de poids
dépend de l'oxigène de l'acide sulfurique qui
s'est uni au cobalt; dans la seconde précipitation l'acide carbonique, qui se combine à l'oxide
de cobalt, augmente encore sa pesanteur. L'acide
sulfurique, étendu d'eau, agit sur le safre, & en
diffout une portion avec laquelle il forme du
sulfate de cobalt.

L'acide nitrique diffout le cobalt avec effervescence, à l'aide d'une douce chaleur; il se

dégage du gaz nitreux, à mesure que le principe oxigène de cet acide s'unit au cobalt. Lorsque la dissolution est au point de saturation, elle est d'un brun rosé ou d'un vert clair. Elle donne, par une forte évaporation, un nitrate de cobalt en petites aiguilles réunies. Ce sel est très-déliquescent; il bouillonne sur les charbons sans détoner, & il laisse un oxide rouge foncé. Il est décomposé par les mêmes intermèdes salins que le sulfate de cobalt. Si dans ces décompositions, on ajoute plus d'alkali qu'il n'en faut pour précipiter l'oxide de cobalt, cette substance se dissout dans l'excédent du sel, & le précipité disparoît.

L'acide muriatique ne dissout pas le cobalt à froid; mais à l'aide de la chaleur, il en dissout une portion. Cet acide agit mieux sur l'oxide du demi-métal; il forme une dissolution d'un brun rouge, qui devient verte dès qu'on la chauffe; cette dissolution évaporée, & bien concentrée, fournit un muriate de cobalt qui cristallise en petites aiguilles, & qui est fort déliquescent; la chaleur lui donne d'abord une couleur verte, & le décompose.

L'eau régale ou l'acide nitro-muriatique dissout le cobalt un peu plus aisément que ne fait l'acide muriatique seul, mais avec moins d'énergie que ne fait l'acide nitrique. Cette dissolution est connue depuis long-tems comme une forte d'*encre de sympathie*, qui ne devient apparente que lorsqu'on la chauffe; l'écriture qui n'étoit pas visible à froid, paroît d'un beau vert céladon par la chaleur, & disparoît à mesure que le papier se refroidit. Cette propriété appartient à la dissolution de l'oxide de cobalt dans l'acide muriatique, & l'acide nitrique qu'on a ajouté pour faire l'eau régale, n'y contribue qu'en facilitant sa dissolution & sa suspension. On avoit cru que la couleur verte que produit l'encre de cobalt chauffée, & qu'elle perd en refroidissant, étoit due au sel métallique que la chaleur faisoit cristalliser, & qui étant exposé à l'air froid, attiroit assez d'humidité pour se dissoudre & disparoître entièrement; mais il est prouvé que le muriate de cobalt, dissous dans l'eau, prend la même couleur dès qu'on lui fait éprouver un certain degré de chaleur.

L'acide boracique ne dissout point immédiatement le cobalt; mais lorsqu'on mêle une dissolution de borate de soude avec une dissolution du demi-métal dans un des acides précédens, il s'opère une double décomposition. La soude s'unit avec l'acide qui tenoit l'oxide métallique en dissolution, & l'acide boracique, combiné avec cet oxide, forme un sel peu soluble, qui se précipite : on peut recueillir ce borate de cobalt, en féparant par le filtre la liqueur qui le furnage.

Le cobalt n'a point d'action fur la plupart des fels neutres. Il s'oxide lorfqu'on le traite au feu avec du nitre. Si on projette dans un creufet rouge, un mélange d'une partie de cobalt en poudre, & de deux ou trois parties de nitre bien fec, il ne fe produit point une détonation vive, mais il s'excite de petites fcintillations bien marquées; on trouve enfuite une portion dú cobalt changée en un oxide d'un rouge plus ou moins foncé & fouvent verdâtre. Cette expérience, ainfi que toutes celles fur l'action réciproque du nitre & des matières métalliques, demanderoit à être fuivie.

Le cobalt ne décompofe point le muriate ammoniacal. Bucquet, qui a fait cette expérience avec beaucoup de foin, n'a pas obtenu un atôme d'ammoniaque; cela dépend du peu d'action qu'a l'acide muriatique fur ce demi-métal.

On ne connoît pas l'action du gaz hydrogène fur le cobalt. Le foufre ne s'unit que très-difficilement avec cette fubftance, mais les fulfures alkalins favorifent cette combinaifon; il en réfulte une forte de mine artificielle, à facettes plus ou moins larges ou d'un grain plus ou moins fin, d'une couleur blanche ou jaunâtre, fuivant la quantité de foufre combiné. M. Baumé, qui

a donné d'excellens détails fur cette combinaifon, dans fa Chimie expérimentale & raifonnée,
(*tome II, page 288 à 297*) obferve qu'elle ne
peut être décompofée que par les acides, &
que le feu n'eft pas capable d'en féparer tout
le foufre.

Le cobalt n'eft d'aucun ufage dans fon état
métallique, mais on emploie fon oxide pour
colorer en bleu les verres, les émaux, les faïen-
ces, les porcelaines. On en fabrique auffi une
encre de fympathie.

CHAPITRE X.

Du Bismuth.

LE *bifmuth*, nommé autrefois *étain de glace*,
eft un demi - métal d'un blanc jaunâtre, fort
pefant, difpofé en grandes lames. Il s'enfonce
un peu par les coups de marteau, mais il fe
brife bientôt en petites paillettes, & finit par
fe réduire en poudre. Il perd dans l'eau un
dixième de fon poids. Il eft fufceptible de criftallifer en prifmes polygones, qui fe difpofent
en volutes grecques quarrées, ou entièrement
femblables à celles du muriate de foude. Il n'a
que très-peu d'odeur & de faveur.

Le bismuth est souvent sous forme métallique dans la nature. On le reconnoît à sa couleur brillante jaunâtre, à sa mollesse, telle qu'il se laisse couper au couteau, à sa forme lamelleuse, & sur-tout à sa grande fusibilité. Il est ordinairement cristallisé en lames triangulaires qui sont posées les unes sur les autres par recouvrement. J'en possède des échantillons dans lesquels ce demi-métal est sous la forme d'octaèdres très-réguliers. Sa gangue est ordinairement quartzeuse ; on en trouve à Scala en Neritie, en Dalécarlie, & à Schnéeberg en Allemagne.

Plusieurs minéralogistes modernes doutent de l'existence de la mine de bismuth arsenicale. Cependant quelques-uns assurent que cette mine est chatoyante, souvent disposée en petites lames luisantes d'un gris clair. Elle est aussi, suivant ces derniers, presque toujours mêlée de bismuth natif & de cobalt, dont l'efflorescence rougeâtre se fait quelquefois remarquer à la surface des échantillons.

La mine de bismuth sulfureuse, ou le sulfure de bismuth natif, reconnue par tous les minéralogistes, est d'un gris blanchâtre, quelquefois tirant sur le bleu, à facettes ou en prismes aiguillés. Cette mine a l'éclat & la couleur de la mine de plomb ou galène ; elle préfente prefque toujours des facettes quarrées ; mais jamais on n'y voit de véritables fragmens cubiques ; elle fe coupe au couteau ; elle eft fort rare, on la trouve à Baftnaës en Suède & à Schnéeberg en Saxe.

Cronftedt parle auffi d'une mine de bifmuth martiale, qu'il dit fe rencontrer en groffes écailles cunéiformes, à Konsberg en Norwege.

Enfin, le bifmuth fe rencontre quelquefois dans l'état d'oxide. Il eft fous la forme d'une efflorefcence granuleufe, d'un jaune verdâtre & jamais rouge, à la furface des mines de bifmuth. M. Kirwan croit que cet oxide de bifmuth y eft uni à l'acide carbonique. Quelques minéralogiftes affurent qu'il y a un fulfate de bifmuth natif mêlé à cette chaux.

Pour faire l'effai d'une mine de bifmuth, on fe contente de la fondre à une douce chaleur dans un creufet & à l'aide d'une certaine quantité de flux réductif. Comme le bifmuth eft volatil, on doit le fondre le plus vîte poffible ; il vaut même mieux faire cet effai dans des vaiffeaux fermés, comme le recommande Cramer.

La fonte en grand des mines de bifmuth n'eft pas plus difficile ; on fait une foffe en terre, on la couvre de bûches, qu'on place près les unes des autres ; on allume le bois, & on jette par-deffus la mine concaffée ; le bifmuth fe fond

&

& coule dans la foſſe, où il ſe moule en pain orbiculaire. Dans d'autres endroits on incline un tronc de pin creuſé en canal, ſur lequel on met un lit de bois ; on jette le biſmuth ſur cette matière combuſtible après l'avoir allumée. Ce demi-métal ſe fond, coule dans le canal qui le conduit dans un trou fait en terre, ſur lequel poſe l'extrémité du tronc de pin. On puiſe le biſmuth dans cette eſpèce de caſſe, on le verſe dans des moules de fer, ou dans des lingotières.

Le biſmuth n'eſt que peu altéré par le contaĉt de la lumière. Il eſt extrêmement fuſible, il ſe fond long-tems avant de rougir. Chauffé dans des vaiſſeaux fermés, il ſe ſublime en entier. Si on le laiſſe refroidir lentement, il ſe criſtalliſe en volutes grecques. C'eſt une des ſubſtances métalliques qui ſe criſtalliſe le plus facilement. M. Brongniart eſt le premier chimiſte qui ait bien réuſſi à cette criſtalliſation.

Si on tient le biſmuth en fuſion avec le contaĉt de l'air, ſa ſurface ſe couvre d'une pellicule qui ſe change en un oxide d'un gris verdâtre ou brun, nommé *cendre* ou *chaux de biſmuth*. Dix-neuf gros de biſmuth calcinés dans une capſule de verre, ont donné à M. Baumé vingt gros trente-quatre grains doxide. Le biſmuth chauffé juſqu'à rougir, brûle avec une petite flamme bleue peu fenfible ; fon oxide s'évapore fous la forme d'une fumée jaunâtre, qui fe condenfe à la furface des corps froids en une pouffière de même couleur, nommée improprement *fleurs de bifmuth* ; cette poudre ne doit fa volatilifation qu'à la rapidité avec laquelle le bifmuth brûle ; car fi on l'expofe feule au feu, elle fe fond en un verre verdâtre fans fe fublimer. Geoffroy le fils a obfervé que fur la fin cet oxide de bifmuth fublimé devient d'un beau jaune d'orpiment.

Les oxides gris ou brun, fublimé & vitreux, ne font que des combinaifons de ce demi-métal avec la bafe de l'air vital ou l'oxigène. Ils ne fe réduifeut pas fans addition, parce qu'il y a beaucoup d'adhérence entre les deux principes qui les compofent ; mais le gaz hydrogène, le charbon & toutes les matières combuftibles organiques qui contiennent l'un & l'autre de ces corps font capables de les décompofer & de leur rendre leur état métallique, en s'emparant de l'oxigène avec lequel ces corps ont plus d'affinité que n'en a le bifmuth.

M. d'Arcet ayant expofé du bifmuth dans une boule de porcelaine non cuite, à la chaleur du four qui cuit cette dernière fubftance, ce demi-métal a coulé au dehors par une crevaffe du creufet ; la portion reftée dans ce vaiffeau y a formé un verre d'un violet sale, tandis que le bismuth fondu à l'extérieur de la boule étoit jaunâtre. Il paroît, d'après ce fait & plusieurs autres semblables, que les verres métalliques faits avec ou sans le contact de l'air, different les uns des autres.

Le bismuth se ternit un peu à l'air, & il se forme une rouille blanchâtre à sa surface. Il n'est point attaqué par l'eau, & il ne se combine point aux terres ; mais son oxide s'unit avec toutes les matières terreuses, & en facilite la fusion ; il donne une teinte jaune-verdâtre aux verres dans la combinaison desquels on le fait entrer.

On ne connoît pas l'action des substances salino-terreuses & des alkalis sur ce demi-métal.

L'acide sulfurique concentré & bouillant est altéré par le bismuth ; cet acide se décompose en partie & laisse exhaler du gaz sulfureux. La masse qui reste dans le vaisseau après la décomposition d'une partie de l'acide, est blanche ; on sépare par l'eau la portion qui est dans l'état salin, de celle qui est pur oxide, & qui ne contient que très-peu d'acide ; la lessive évaporée fournit un sulfate de bismuth en petites aiguilles déliquescentes. Ce sel peut être décomposé par le feu, par les substances salino-terreuses, par les alkalis & même par l'eau en grande quantité. On ne connoît point le sulfite de bismuth.

L'acide nitrique dissout le bismuth avec une rapidité étonnante, ou plutôt ce demi-métal décompose l'acide & lui enlève très-promptement une partie de son oxigène. Le mêlange s'échauffe beaucoup, il s'en exhale des vapeurs rouges très-épaisses. Si l'on fait cette combinaison dans l'appareil pneumato-chimique, on en obtient une très-grande quantité de gaz nitreux; c'est un moyen très-prompt & très-commode de se procurer ce gaz. Il se précipite pendant cette dissolution une poudre noire que Lémery a prise pour du bitume, que Pott a regardée comme un oxide de bismuth très-calciné. M. Baumé l'a prise pour du soufre; peut-être est-ce du charbon. La dissolution nitrique de bismuth est sans couleur; lorsqu'elle est chargée, elle dépose des cristaux sans évaporation. Ce dernier moyen combiné avec le refroidissement, fournit un nitrate de bismuth, sur la forme duquel les chimistes ne font nullement d'accord. M. Baumé dit que ce sel est disposé en grosses aiguilles taillées en pointes de diamant par un bout. M. Sage définit ces cristaux des prismes tétraèdres, un peu comprimés & terminés par deux pyramides trièdres obtuses, dont les plans font un rhombe

& deux trapèzes. Par une évaporation lente, j'en ai obtenu des rhombes applatis, fort gros & tout-à-fait semblables au spath calcaire d'Islande.

Le nitrate de bismuth détone foiblement & par scintillations rougeâtres ; il se fond & se boursouffle, & il laisse un oxide d'un jaune verdâtre, qui ne se réduit pas sans addition. Ce sel, exposé à l'air, perd sa transparence en même-tems que l'eau de sa cristallisation se dissipe. Dès qu'on essaie de le dissoudre dans l'eau, il la rend blanche, laiteuse, & y forme un précipité d'oxide de bismuth.

Il en est de même si l'on verse dans l'eau la dissolution nitrique de bismuth ; la plus grande partie de l'oxide de ce demi-métal se précipite sous la forme d'une poudre blanche, nommée *blanc de fard* ou *magister de bismuth*. Cent grains de ce métal dissous dans l'acide nitrique, donnent 113 grains d'oxide précipité, en raison de l'oxigène qui s'y est fixé. Pour avoir ce précipité très-blanc & très-fin, il faut le préparer avec une grande quantité d'eau. Les femmes s'en servent pour blanchir la peau, mais il a l'inconvénient de noircir lorsqu'il est en contact avec des matières odorantes & combustibles ; c'est même un des oxides métalliques dans lesquels cette propriété est la plus énergique. Quoique le nitrate de bifmuth foit en grande partie décompofé par l'eau, il en refte cependant une portion en diffolution, & cette portion ne peut être précipitée que par la chaux ou les alkalis. Ce caractère d'être précipité par l'eau, appartient à toutes les diffolutions de bifmuth. On ne connoît point le nitrite de bifmuth.

L'acide muriatique agit difficilement fur ce demi-métal ; il faut que cet acide foit concentré & qu'on le tienne long-tems en digeftion fur le bifmuth ; cette diffolution réuffit encore mieux en diftillant une grande quantité d'acide muriatique fur le métal ; il s'exhale une odeur fétide de ce mélange : on lave le réfidu avec de l'eau, qui fe charge de la portion d'oxide métallique unie à l'acide. Le muriate de bifmuth criftallife difficilement ; il eft fufceptible de fe fublimer & de former une forte de fel mou, fufible, nommé improprement *beurre de bifmuth,* qui attire fortement l'humidité de l'air ; l'eau le décompofe & en précipite un oxide blanc.

On ne connoît point l'action des autres acides minéraux fur le bifmuth.

Le bifmuth eft calciné par le nitre ordinaire, mais fans détonation fenfible. Ce demi-métal ne décompofe point du tout le muriate ammoniacal, mais fon oxide en fépare complètement l'ammoniaque. On obtient dans cette expérience une grande quantité de gaz ammoniac, & le résidu contient la combinaison de l'oxide métallique avec l'acide muriatique. Si le bismuth n'agit point sur le muriate ammoniacal, en raison du peu d'action que l'acide muriatique a sur ce demi-métal; la propriété de décomposer ce sel, dont jouit son oxide, est bien remarquable, & elle prouve qu'elle se rapproche des substances salines.

Le gaz hydrogène altère la couleur du bismuth, & lui donne une teinte violette.

Le soufre se combine avec lui par la fusion. Il en résulte une sorte de mine grise, bleuâtre & brillante qui cristallise en belles aiguilles tétraèdres semblables par leur couleur & leurs reflets aux plus beaux morceaux d'antimoine.

On ne connoît pas bien l'action de l'arsenic sur le bismuth, on fait que ce demi-métal ne s'allie point au cobalt, & qu'il en reste séparé dans la fonte.

Le bismuth est employé par les potiers d'étain pour donner de la dureté à ce dernier métal. Il pourroit être substitué au plomb dans l'art de coupeller les métaux parfaits; parce qu'il a, comme ce métal, la propriété de se fondre en un verre que les coupelles absorbent. Geoffroy le cadet a trouvé beaucoup de rapport entre ce

demi-métal & le plomb. On ne peut que foup-
çonner les effets du bifmuth fur l'économie
animale ; on croit, avec affez de vraifemblance,
que fon ufage feroit dangereux comme celui
du plomb. On connoît même quelques mauvais effets de ce demi-métal appliqué exté-
rieurement.

On fe fert de l'oxide de bifmuth, appelé
blanc de fard, pour blanchir la peau ; mais il
faut alors éviter avec foin toutes les matières
très-odorantes, & fur-tout celles qui font fétides.
Le voifinage des boucheries, des voiries, des
égoûts, des latrines, même des odeurs fortes,
influe tellement fur cet oxide, qu'il lui donne
une couleur plus ou moins noire. La vapeur des
fulfures alkalins, celle des œufs produifent cet
effet avec beaucoup d'énergie ; on fait en phyfique une expérience qui prouve cette propriété ;
on trace des caractères avec une diffolution de
bifmuth fur le premier feuillet d'un livre blanc,
compofé d'une centaine de pages ; on impregne
le dernier feuillet d'un peu de fulfure alkalin
liquide ; quelques inftans après la vapeur hépatique portée par l'air qui circule entre tous
les feuillets, arrive à l'extrémité du livre &
colore en brun foncé les caractères tracés fur
la première page. On a dit que le gaz hydrogène fulfuré ou hépatique, traverfoit le papier ;

mais M. Monge a prouvé que c'eſt l'air qui le porte ainſi de feuille en feuille, puiſqu'en collant ces feuilles les unes aux autres, la coloration n'a plus lieu.

CHAPITRE XI.

Du Nickel.

LE nickel a été regardé par Cronſtedt comme un demi-métal particulier, qu'il a fait connoître en 1751 & 1754, dans les actes de l'académie de Stockolm. Ce demi-métal eſt ſuivant lui d'une couleur blanche, brillante, tirant ſur le rouge, ſur-tout à l'extérieur. Il eſt très-fragile, & paroît compoſé de facettes dans ſa fracture, ce qui le diſtingue du cobalt. M. Arvidſſon, qui a publié, conjointement avec Bergman, une thèſe ſur les propriétés du nickel, traduite & inſérée dans le journal de phyſique, Octobre 1776, a obſervé que le nickel obtenu par le grillage & la fuſion de ſes mines, comme l'avoit indiqué Cronſtedt, n'eſt rien moins que ce demi-métal pur, & qu'il contient du ſoufre, de l'arſenic, du cobalt & du fer. Comme Bergman eſt parvenu par un grand nombre de procédés ingénieux, à extraire la plus grande partie de ces matières étrangères, & à obtenir du nickel différent par plusieurs de ses propriétés, de celui de Cronstedt; c'est de celui-là que nous parlerons après avoir fait l'histoire de ses mines.

On trouve le nickel uni au soufre & à l'arsenic. Ses mines ont une couleur rouge de cuivre; elles sont presque toujours couvertes d'une efflorescence d'un gris verdâtre; les allemands les nomment *kupfer-nickel*, ou *cuivre faux*. Ce minéral est très-commun à Freyberg en Saxe; il est souvent mêlé avec la mine de cobalt grise. Mais sa couleur rouge, son efflorescence verdâtre le distinguent de cette mine qui est grise ou noire, & dont l'efflorescence est rouge; il est souvent cristallisé en cubes. Wallerius désigne le kupfer-nickel sous le nom de mine de cobalt d'un rouge de cuivre; il la croit un composé de cobalt, de fer & d'arsenic. Linnæus le regardoit comme du cuivre minéralisé par l'arsenic. M. Romé de Lisle l'a rangé avec Wallerius parmi les mines de cobalt, & pense comme lui que c'est un alliage. M. Sage ayant traité cette mine avec le muriate ammoniacal, en a retiré du fer, du cuivre & du cobalt. Il croit qu'elle est formée de l'alliage de ces trois matières métalliques avec l'arsenic. On y trouve aussi un peu d'or, suivant ce chimiste. Il est bon d'obferver qu'il a eu des réfultats différens de ceux de Bergman. Il dit avoir opéré fur des kupfer-nickels de Biber en Heffe, & d'Allemont en Dauphiné.

Cronftedt affure qu'on peut féparer du nickel la matière métallique nommée *fpeiff* par les allemands, & qui fe raffemble dans les creufets où on fond le fmalt. M. Monnet croit que le fpeiff de la manufacture de Gengenback, à quatorze lieues de Strasbourg, eft du vrai nickel ; & comme la mine de cobalt qu'on emploie dans cet endroit pour faire le fmalt, eft très-pure, il en conclut que le nickel eft néceffairement produit par le cobalt lui-même, comme nous le verrons plus bas. Mais M. Baumé a retiré du nickel de prefque toutes les mines de cobalt, par le moyen du fulfure alkalin. Il paroît donc que la mine de cobalt que l'on travaille à Gengenback, contient du nickel qu'il eft impoffible d'y reconnoître à l'œil, à caufe de l'union intime de ces deux matières métalliques.

Pour retirer le nickel de fa mine, on la fait griller lentement, afin d'enlever une portion du foufre & de l'arfenic. Elle fe change en un oxide verdâtre ; plus elle eft verte, plus elle contient de nickel, d'après Bergman & Arvidffon. On la fond enfuite avec trois parties de flux noir & du muriate de foude, & on en tire un régule tel que l'a désigné Cronstedt, mais qui est bien éloigné d'être le nickel pur ; ses scories sont brunes ou bleues. Beaucoup de chimistes, depuis le travail de M. Arvidsson, regardent encore cette substance métallique comme un alliage naturel de fer, de cobalt & d'arsenic. Quant au cuivre, il n'y a que M. Sage qui dit en avoir retiré du kupfer-nickel. M. Monnet pense que le nickel n'est que du cobalt privé du fer & de l'arsenic. A mesure que nous examinerons les propriétés de ce demi-métal, nous verrons sur quoi sont fondées ces différentes opinions ; nous croyons avec Bergman, que ce qui en a imposé aux chimistes sur cet objet, c'est l'extrême difficulté que l'on éprouve pour obtenir du nickel très-pur ; vérité bien démontrée dans la dissertation de M. Arvidsson, déjà citée. Comme il est certain qu'amené autant qu'il est possible à cet état de pureté, il a des propriétés très-particulières, & qu'on n'a pas encore pû ni le séparer par l'analyse en différentes substances métalliques, ni le recomposer par un alliage quelconque, on doit le regarder comme un demi-métal particulier, jusqu'à ce que des expériences ultérieures nous aient convaincus du contraire.

Le demi-métal, que fournit la simple fusion du kupfer-nickel grillé, est à facettes d'un blanc rougeâtre, & très-fragile. Il contient beaucoup d'arfenic, de cobalt & de fer. M. Arvidſſon lui a fait éprouver fix calcinations qui ont duré depuis fix juſqu'à quatorze heures chacune; il a réduit le demi-métal après chaque calcination; il a obſervé qu'en le calcinant, il s'en exhale des vapeurs d'arfenic & des vapeurs blanches qui ne ſentent point ce demi-métal; la poudre de charbon mêlée dans ces opérations, facilite la volatiliſation de l'arfenic. Le nickel dont le poids étoit beaucoup diminué par ces fix calcinations, ſentoit encore l'arfenic & étoit attirable. On le fondit fix fois avec de la chaux & du borax, & on le calcina une feptième en y ajoutant du charbon, juſqu'à ce qu'il ne répandît plus de vapeurs d'arfenic. Cet oxide étoit ferrugineux, nuancé de taches vertes; réduit, il donna des fcories martiales & un bouton encore attirable à l'aimant. Le fuccès a toujours été pareil avec plufieurs nickels de différens pays. Le foufre, le fulfure de potaffe, la détonation du nitre, les diffolutions dans l'acide nitrique & dans l'ammoniaque, employés par M. Arvidſſon, n'ont jamais pu enlever tout le fer du nickel. Il a conclu de ces expériences, qu'il eſt impoſſible de purifier exactement ce demi-métal; que le foufre ne s'en fépare que par les calcinations répétées; que l'arfenic y eſt plus adhérent; qu'on peut l'en extraire à l'aide de la poudre de charbon & du nitre; que le cobalt y eſt encore plus intimément combiné, puiſque le nitre le fait découvrir, quoique rien n'indiquât ſa préſence; & qu'il eſt impoſſible de le priver de tout le fer qu'il contient, puiſque lorſque le nickel a été traité de toutes ces manières, il eſt quelquefois plus attirable à l'aimant que jamais. M. Arvidſſon croit, d'après cela, que cette ſubſtance n'eſt autre choſe que du fer dans un état particulier; & il préſente un tableau comparé de pluſieurs propriétés de ce métal avec celles du cobalt, de l'aimant & du nickel, d'après lequel il regarde ces trois matières métalliques, comme du fer différemment modifié. Mais la principale propriété du nickel, qui a conduit M. Arvidſſon à cette concluſion, eſt ſon magnétiſme. Ne pourroit-on pas croire qu'elle n'eſt pas ſuffiſante pour confondre deux matières métalliques différentes dans toutes leurs autres propriétés, puiſque d'ailleurs il eſt poſſible que le magnétiſme ne ſoit pas particulier au fer, & ſe rencontre dans pluſieurs ſubſtances métalliques. Je penſe donc que malgré la propriété que préſente le nickel d'être attirable à l'aimant, on doit le conſidérer lorſqu'il a été purifié par les procédés de M. Arvidſſon, comme un demi-métal particulier, puifque, comme je l'ai déjà annoncé, on ne peut ni en extraire d'autres fubftances métalliques, ni l'imiter parfaitement par aucun alliage, puifqu'enfin il a alors des propriétés qui n'appartiennent qu'à lui, & à l'examen defquelles nous allons paffer. M. Kirwan a adopté entièrement cette opinion dans fa minéralogie.

Il n'offre pas de facettes, comme l'avoit indiqué Cronftedt, mais fa caffure eft grenue ; il pèfe neuf fois plus que l'eau ; il n'eft pas fragile, comme Cronftedt l'avoit annoncé ; il jouit au contraire de la ductilité dans un degré affez marqué pour que Bergman doute s'il doit être rangé parmi les métaux ou les demi-métaux ; il eft prefque auffi difficile à fondre que le fer forgé ; il eft très-fixe ; il fe calcine lorfqu'on le chauffe à l'air, & il donne un oxide d'autant plus vert qu'il eft plus pur. On ne fait point fi cet oxide peut fe fondre en verre ; on le réduit à l'aide des fondans & des matières combuftibles qui le décompofent comme tous les autres. On ne connoît point l'action de l'air & de l'eau fur le nickel. Son oxide fondu avec des matières propres à faire du verre, leur donne une couleur d'hyacinthe, plus ou moins rouge. L'action de la chaux, de la magnéfie & des trois alkalis purs fur le nickel eft encore inconnue.

M. Sage dit qu'en diftillant quatre parties

d'acide fulfurique concentré fur une partie de régule de kupfer nickel en poudre, il paffe de l'acide
fulfureux ; le réfidu eft grisâtre ; & en le diffolvant
dans l'eau diftillée, il eft de la plus belle couleur verte. Il fournit des criftaux feuilletés de la
couleur de l'émeraude. Suivant M. Arvidffon,
l'acidé fulfurique forme avec l'oxide de nickel
un fel vert en criftaux décaèdres ; ce font deux
pyramides quadrangulaires, réunies & tronquées
près de leur bafe.

Le même oxide fe diffout très - bien dans
l'acide nitrique. Le nitrate de nickel criftallife
en cubes rhombéaux, fuivant M. Sage ; toutes
les autres diffolutions du nickel, ou de fon
oxide dans l'acide muriatique & dans les acides
végétaux, font plus ou moins vertes. Les alkalis
fixes le précipitent en blanc verdâtre & le re-
diffolvent ; la liqueur devient alors jaunâtre.
L'ammoniaque, verfée dans une diffolution
acide de nickel, y produit une belle couleur
bleue ; ce fel préfente le même phénomène,
lorfqu'on le mêle avec les précipités de ce demi-
métal par les alkalis fixes. Comme les diffolutions de cuivre offrent la même couleur avec
l'ammoniaque, & qu'on eft même convenu de regarder cette couleur comme une pierre de touche
très-propre à indiquer la préfence de ce métal
par-tout où il fe trouve, on a cru, & quelques

perfonnes

perfonnes croient encore d'après cela, que le nickel contient du cuivre. Cependant Cronftedt a tenté en vain tous les moyens connus de retirer ce métal de la diffolution de nickel colorée en bleu par l'ammoniaque. D'ailleurs ce fel ne diffout pas immédiatement le nickel, comme il diffout le cuivre. Il eft donc démontré par-là, comme le penfe Bergman, que cette propriété appartient au nickel lui-même, & qu'il ne la doit point au cuivre. Ce dernier chimifte n'a pas reconnu des fignes certains de la diffolution de nickel par l'acide carbonique, en tenant pendant huit jours ce métal dans de l'eau gazeufe ou chargée de cet acide.

Le nickel détone avec le nitre; cette détonation a fourni à M. Arvidffon un moyen de reconnoître dans ce demi-métal la préfence du cobalt, qu'aucune autre épreuve n'avoit rendue fenfible. Le nickel eft enfuite plus ou moins oxidé, fuivant la quantité de nitre qu'on a employée. Ce fel neutre a auffi la propriété d'augmenter l'intenfité de la couleur d'hyacinthe que l'oxide de nickel communique aux verres, & de la faire reparoître lorfqu'elle a été diffipée par la fufion; ce qui arrive affez fouvent à cet oxide, & ce qui lui eft commun avec l'oxide du demi-métal que nous examinerons après celui-ci.

L'oxide de nickel fondu avec du borax, lui donne aussi une couleur d'hyacinthe.

Il décompose en partie le muriate ammoniacal. Le sublimé ferrugineux que M. Sage a obtenu dans cette expérience, dépend de ce qu'il a employé un régule qui n'étoit pas aussi pur que celui de M. Arvidsson; car ce dernier chimiste assure que le muriate ammoniacal sublimé avec ce métal étoit blanc, & ne donnoit aucun indice de fer par la noix de galle. Il passe un peu d'ammoniaque & d'acide muriatique; le résidu réduit, donne un nickel qui a perdu un peu de son magnétisme.

On ne connoît point l'action du gaz hydrogène sur le nickel.

Ce demi-métal se combine bien au soufre par la fusion; il forme alors une espèce de minéral dur, de couleur jaune, & à petites facettes brillantes. Lorsqu'on le chauffe fortement & en contact avec l'air, il pétille & répand des étincelles très-lumineuses, comme celles qui sortent du fer forgé. Cronstedt, à qui est due cette expérience, ne l'a pas suivie plus loin; il a observé seulement que ce phénomène n'a pas lieu, si on a soin d'ôter le contact de l'air, en couvrant ce minéral de verre en fusion; ce qui indique que cet effet n'est dû qu'à la combustion rapide du nickel, opérée par le soufre. Le même chimifte nous apprend que ce demi‑métal fe diffout dans les fulfures alkalins, & forme un compofé femblable aux mines de cuivre jaunes. Le foufre ne peut être féparé du nickel que par des fufions & des calcinations multipliées.

Le nickel fe combine avec l'arfenic, auquel il adhére fortement. M. Monnet, qui regardoit d'abord, d'après Cronftedt, le nickel comme un demi‑métal particulier, ayant obfervé que lorfqu'il eft uni à l'arfenic, il forme un verre bleu, femblable à celui que fournit le cobalt, a penfé, d'après cela, que le nickel n'eft que du cobalt privé d'arfenic & de fer. Il fuit de cette opinion que M. Monnet regarde le cobalt ainfi que le nickel, comme un véritable alliage. M. Bergman croit que fi, en ajoutant de l'ar‑fenic au nickel, ce dernier peut donner du verre bleu, c'eft parce que le cobalt que le nickel contient toujours, & dont les propriétés font mafquées par ce dernier, qui eft en beau‑coup plus grande quantité, eft oxidé & féparé du nickel par l'arfenic, & qu'alors il jouit de fes propriétés, & fur‑tout de celle de fe fon‑dre en verre plus ou moins bleu. Nous avons dit qu'on ne fépare entièrement le nickel de l'arfenic qu'à l'aide de la calcination répétée avec du charbon en poudre.

Le nickel s'unit encore plus intimément au

Hh ij

cobalt qu'à l'arſenic ; & on ne l'en ſépare qu'avec la plus grande difficulté : il peut même y être combiné ſans manifeſter ſes propriétés, & il n'y a que le nitre, le borax & l'arſenic qui puiſſent en indiquer la préſence par la fuſion.

Cronſtedt dit que le nickel forme avec le biſmuth un régule caſſant & écailleux. La diſſolution par l'acide nitrique peut ſéparer quoiqu'imparfaitement ces deux matières demi-métalliques, par la propriété que nous connoiſſons au nitrate de biſmuth d'être décompoſé par l'eau.

On n'a fait encore aucun uſage du nickel.

CHAPITRE XII.

DU MANGANÈSE.

ON connoiſſoit depuis long-tems ſous le nom de *magnéſie noire* ou *manganéſe*, un minéral d'une couleur griſe, ſombre, qui ſalit les doigts, qu'on emploie dans les verreries pour colorer ou blanchir le verre. Les ouvriers l'avoient appelé le *ſavon du verre*, à cauſe de cette dernière propriété. La plupart des naturaliſtes l'avoient pris pour une mine de fer pauvre, à raiſon de ſa couleur & de la terre ferrugineuſe dont ſa furface eſt ſouvent enduite. Pott & Cronſtedt, après une analyſe exacte, ne l'ont point reconnu pour une matière ferrugineuſe. Le dernier dit y avoir trouvé un peu d'étain. M. Sage l'a rangé parmi les mines de zinc, & il croit qu'il eſt formé par la combinaiſon de ce demi-métal & du cobalt avec l'acide muriatique ; il ajoute, d'après ſes eſſais, qu'on y rencontre quelquefois du fer ou du plomb.

La peſanteur de ce minéral, la propriété de teindre le verre, & celle de donner par les pruſſiates alkalins verſés ſur ſes diſſolutions dans les acides un précipité blanchâtre, avoient fait ſoupçonner à Bergman, comme il nous l'apprend dans le dernier paragraphe de ſa Diſſertation ſur les attractions électives, que ce minéral contenoit une ſubſtance métallique particulière. Son ſoupçon a été pleinement confirmé par un de ſes élèves, M. Gahn, docteur en médecine à Stockolm, qui a fait conjointement avec Schéele, la découverte de l'acide phoſphorique dans les os. Ce médecin eſt le premier qui ait obtenu du régule de manganèſe, vraiſemblablement en traitant ce minéral avec un flux réductif. Le degré de feu néceſſaire pour cette opération eſt ſans doute exceſſif ; car j'ai vu M. Brongniart, chimiſte très-habile & très-exercé, eſſayer en vain de réduire en culot ce minéral dans un fourneau, qui donne cependant un grand coup de feu. On m'a affuré qu'on avoit réuffi à Paris en employant le flux de M. de Morveau, avec lequel ce chimifte obtient le fer en culot très-bien fondu. Mais je crois, comme M. de la Peyroufe, que les flux nuifent beaucoup dans cette opération. J'ai tenté cette réduction dans un très-bon fourneau de fufion conftruit au laboratoire de l'école vétérinaire d'Alfort. Je n'ai point obtenu encore un culot entier, mais j'en ai retiré une bonne quantité de grenailles de deux ou trois lignes de diamètre. En employant plufieurs fois des alkalis fixes & du borax, je n'ai point eu de métal. Dans mes différens effais, chaque petit globule métallique de manganèfe eft environné d'un verre ou d'une fritte vitreufe verte foncée.

Cette matière doit, d'après nos principes, être regardée comme un demi-métal particulier, puifqu'on ne peut en faire l'analyfe, & puifqu'elle préfente d'ailleurs des propriétés qui n'appartiennent à aucune autre fubftance métallique. Pour avoir une nomenclature uniforme, nous appellerons cette fubftance le *manganéfe*.

Ce demi-métal eft beaucoup mieux connu aujourd'hui d'après les travaux de MM. Bergman, Schéele, Gahn, Rinman, d'Engeftroem, Ilfeman, de la Peyroufe. C'eft des travaux de ces chimistes, ainsi que de mes expériences particulières, que j'emprunterai ce que je vais en dire. Je ferai observer d'abord que la difficulté de réduire les mines de ce demi-métal a été cause que l'on connoît beaucoup mieux les propriétés de son oxide que celles de sa substance métallique. Schéele, l'un des plus habiles chimistes de ce siècle, paroît n'avoir pas pu réduire cette substance, puisqu'il n'indique aucune de ses propriétés dans l'état métallique.

Les mines de manganèse se reconnoissent à leur couleur grise, brune ou noire, plus ou moins brillante, & à leur forme. On peut en distinguer un assez grand nombre de variétés.

Variétés.

1. Mine de manganèse cristallisée en prismes tétraèdres, rhomboïdaux, striés, suivant leur longueur, & séparés les uns des autres.

2. Mine de manganèse cristallisée, dont les prismes sont disposés en faisceaux.

3. Mine de manganèse cristallisée en petites aiguilles, qui sont disposées en étoiles.

4. Mine de manganèse effleurie noire & friable. Elle tache les doigts comme de la suie.

5. Mine de manganèse veloutée. Ce sont de très-petites aiguilles effleuries, dont la belle couleur noire matte imite le velours.

Hh iv

6. Mine de manganèfe compacte & informe ; elle eft d'un gris noir , fouvent caverneufe , très-pefante. Elle falit les doigts, on y trouve quelquefois des aiguilles brillantes. La pierre de Périgueux appartient à cette variété.

7. Manganèfe fpathique, trouvée dans les mines de fer de Klapperud à Fresko , dans le Dahlland , & décrite par M. Rinman.

8. Manganèfe native en globules métalliques trouvée à Sem , dans le comté de Foix, par M. de la Peyroufe. Ce naturalifte a décrit dans le Journal de Phyfique , Janvier 1780, beaucoup de variétés de mines de manganèfe trouvées dans le même endroit.

Schéele a découvert l'oxide de manganèfe dans les cendres des végétaux, & il lui attribue la couleur verte ou bleue que prend fouvent l'alkali fixe calciné. La couleur verte que préfente la potaffe lorfqu'on la traite par la chaux, & la couleur rofe que j'ai fouvent obfervée dans fa combinaifon avec les acides, font dues (fuivant lui) à cet oxide métallique. On le trouve en petite quantité dans tous les charbons.

Le manganèfe extrait de fa mine eft d'un blanc brillant dans fa fracture ; fon tiffu eft grenu comme celui du cobalt. Il eft dur & fe brife après avoir fubi un peu d'applatiffement par le marteau. Son infusibilité est telle, qu'il est plus difficile à fondre que le fer ; ce qui a d'abord fait conjecturer à Bergman qu'il avoit quelque rapport avec le platine.

Le manganèse chauffé avec le contact de l'air, se change en un oxide d'abord blanchâtre, & qui devient de plus en plus noir, à mesure qu'il se calcine davantage. J'ai observé que les petits globules de manganèse, obtenus par le procédé que j'ai indiqué plus haut, s'altèrent très-promptement par le contact de l'air, ils se ternissent d'abord & se colorent en lilas & en violet ; bientôt ils tombent en poussière noire, & ressemblent alors à l'oxide de manganèse natif.

Cette oxidation rapide du régule de manganèse par le contact de l'air, est un fait dont l'observation a toujours eu pour moi quelque chose de très-singulier. Des globules métalliques durs, brillans, très-réfractaires, se conservent entiers pendant assez long-temps dans un flacon bien bouché, pourvu que leur surface soit entière & recouverte de la petite couche d'oxide qui s'y est formée pendant la fusion du demi-métal ; mais si l'on casse ces globules en trois ou quatre fragmens, on trouve en fixant les yeux quelques minutes sur leur cassure exposée à l'air, qu'elle change promptement de couleur, de blanche qu'elle étoit, elle devient rapidement rosée, pourpre ou violette, & enfin presque brune. Si on laisse les fragmens dans un flacon qui contienne en même temps une certaine quantité d'air, & si on les secoue légérement de temps en temps, au bout de quelques mois on les trouve réduits en une poussière presque noire; c'est une sorte de pulvérisation ou d'efflorescence métallique analogue à celle des substances salines ou des pyrites. Elle prouve la forte attraction qui existe entre le manganèse, & l'oxigène atmosphérique, & la rapidité avec laquelle ces substances tendent à s'unir.

On n'a point examiné l'action du manganèse sur les terres & sur les substances salino-terreuses. L'oxide de ce demi-métal donne au verre une couleur violette ou brune, susceptible d'un grand nombre de modifications, & qui se dissipe facilement par l'action des matières combustibles. Le nitre révivifie ou fait reparoître promptement cette couleur brune ou violette, en rendant de l'oxigène au manganèse. Telle est la raison pour laquelle les matras & les cornues de verre blanc que l'on emploie dans nos laboratoires, pour obtenir l'air vital du nitre, prennent toujours une couleur brune ou violette. Schéele a fait un grand nombre d'expériences ingénieuses sur cette coloration du verre par l'oxide de manganèse.

On ne connoît pas bien la manière dont les alkalis agissent sur le manganèse. Mais on fait que l'oxide de ce demi-métal s'y combine, & est révivifié par l'ammoniaque. Bergman observe que dans cette combinaison il se dégage un gaz particulier, qu'il regarde comme un des principes de l'ammoniaque, & sur lequel il ne donne point de détails. Il paroît que c'est le gaz azotique d'après la découverte de M. Berthollet, & que l'hydrogène de l'ammoniaque se porte sur l'oxigène qu'il enlève au manganèse ; celui-ci est alors réduit & devient blanc. Schéele a donné le nom de *caméléon minéral* à une combinaison de potasse & d'oxide de manganèse, qui prend une belle couleur verte dans l'eau chaude, & rouge avec l'eau froide. L'oxigène & le calorique paroissent être les principales causes des phénomènes que présente cette combinaison. Peut-être l'azote que je regarde comme le principe alkalifiant ou comme l'*alkaligène*, se dégage-t-elle de la potasse dans cette opération, & est-elle en partie la cause de ces singulières modifications de la couleur.

L'acide sulfurique est décomposé par le manganèse & dissout son oxide. Cette dissolution est colorée, & elle perd sa couleur par l'addition d'une matière combuftible, comme le fucre, le miel; elle donne un fulfate de manganèfe tranfparent en criftaux parallélipipèdes. Ce fulfate eft décompofé par le feu & donne de l'air vital; les alkalis en féparent un oxide de manganèfe qui devient beau par fon expofition à l'air.

L'acide nitrique diffout ce demi-métal en donnant des vapeurs rouges. Son oxide n'eft point attaqué par cet acide, à moins que ce dernier ne foit rutilant, ou qu'on n'y ajoute un corps combuftible, comme du miel ou du fucre. Les alkalis précipitent de ces diffolutions un oxide blanc diffoluble dans les acides, qui noircit & s'oxide davantage lorfqu'on le chauffe. Bergman penfe que ce demi-métal eft une des fubftances métalliques qui a le plus d'affinité avec les fels, puifque dans fa table d'attractions chimiques il le place prefqu'au haut des colonnes qui expriment les attractions électives des acides pour les différentes fubftances auxquelles ils font fufceptibles de s'unir.

L'acide muriatique diffout auffi le manganèfe, qui le colore à froid en brun foncé; en chauffant cette diffolution, elle perd fa couleur; l'eau la précipite, & les alkalis la décompofent.

Nous avons vu dans l'hiftoire de cet acide,

qu'en le diftillant fur l'oxide de ce demi-métal, celui-ci devient blanc & fe rapproche de l'état métallique, en donnant une partie de fon oxigène à l'acide muriatique qui fe dégage en gaz acide muriatique oxigéné. Il paroît que cet acide a plus d'affinité avec le manganèfe, que n'en a l'acide fulfurique, puifqu'une diffolution de ce demi-métal par ce dernier, verfé dans l'acide muriatique, forme un précipité que Bergman a reconnu pour être du muriate de manganèfe, par la propriété qu'il a de fe diffoudre dans l'alcohol; propriété que ne préfente point le fulfate du même demi-métal.

L'acide fluorique ne diffout que très-peu d'oxide de manganèfe; on unit mieux ces deux fubftances, fuivant Schéele, en décompofant le fulfate, le nitrate ou le muriate de manganèfe par le fluate ammoniacal.

L'acide carbonique diffout une petite quantité de manganèfe par la digeftion à froid; la potaffe & le contact de l'air en précipitent l'oxide métallique.

Schéele a examiné l'action du nitre, du borax & du muriate ammoniacal fur l'oxide de manganèfe. Cet oxide dégage l'acide du nitre par la chaleur; il forme avec la potaffe une maffe verte foncée, diffoluble dans l'eau, à laquelle elle donne la même couleur. Celle-ci n'eft verte

qu'à raifon du fer contenu dans le manganèfe;
à mefure que le fer s'en précipite, il laiffe la
diffolution bleue; l'eau & les acides précipitent cette diffolution alkaline. C'eft le *caméléon
minéral* de Schéele dont nous avons déjà
parlé.

Le nitrate de potaffe, chauffé dans des vaiffeaux de verre contenant du manganèfe, donne
à ce verre une couleur violette d'autant plus
foncée que la calcination de cet oxide par l'acide
nitrique eft plus complète.

Le borax fondu avec l'oxide de manganèfe
prend une couleur brune ou violette.

Le muriate ammoniacal, diftillé avec cet
oxide métallique, donne de l'ammoniaque, &
celle - ci eft en partie décompofée. Schéele,
qui a fait cette obfervation, a annoncé en
même-tems qu'il fe dégage un fluide élaftique
qu'il regarde comme un des principes de l'ammoniaque, mais il n'a point indiqué la nature
de ce fluide, & M. Berthollet a reconnu depuis
que dans les décompofitions de l'ammoniaque
par les oxides métalliques, il fe forme de
l'eau par l'union de l'hydrogène, l'un des principes de ce fel, avec l'oxigène des oxides,
tandis que l'azote, autre principe de l'ammoniaque, fe dégage dans l'état aériforme ou gazeux,
en fe combinant avec le calorique.

On ne connoît pas l'action de l'hydrogène & du foufre fur le manganèfe & fur fon oxide natif. L'arfenic même en oxide blanc paroît être fufceptible d'enlever à cet oxide une portion de fon oxigène, puifqu'il décolore les verres brunis par cette fubftance.

Bergman ajoute à ces propriétés que le manganèfe ne peut pas être exactement féparé du fer qu'il contient toujours; ainfi donc il en eft de ce nouveau demi-métal, comme du nickel: on ne le connoît point encore dans fon état de pureté. Schéele dans l'analyfe exacte qu'il a faite de l'oxide de manganèfe naturel, y a découvert du fer, de la chaux, de la baryte & un peu de filice.

On emploie l'oxide de manganèfe, nommé *magnéfie noire*, dans les verreries, foit pour ôter les teintes de jaune, de verd ou de bleu aux verres blancs, foit pour colorer ces fubftances en violet. Il eft vraifemblable que ce phénomène eft dû à l'action de l'oxigène féparé de l'oxide de manganèfe par la chaleur fur les fubftances colorées.

On fe fert aujourd'hui de l'oxide de manganèfe natif en chimie pour préparer l'acide muriatique oxigéné, & pour un grand nombre d'autres expériences.

Cet oxide natif donne, en le chauffant feul

dans un appareil pneumato - chimique, de l'air vital ou gaz oxigène très - pur ; c'est cet air vital qui seul peut être employé avec avantage, pour les malades chez lesquels son administration est indiquée.

L'affinité du manganèse pour le principe de la combustion, guide aussi les chimistes modernes dans un grand nombre de cas.

Fin du Tome second.